U0304228

九州书源　廖宵　杨明宇◎编著

清华大学出版社
北京

## 内容简介

本书以光影魔术手、美图秀秀和可牛影像3个简单、易学的软件为例，讲解数码照片处理的方法，包括数码相机的选购及保养、数码照片的拍摄技巧、处理曝光不足/过度的照片、调整照片的色彩、制作各种不同风格的照片、为照片添加水印和边框、去除脸上的痘痘、快速瘦脸瘦身、制作动感闪图及摇头娃娃、为照片添加文字等内容。

本书适用于喜爱摄影，喜欢数码照片处理，想要通过简单、快捷的方法制作各种效果逼真、美观的图片的各类用户，包括摄影爱好者、数码照片处理初学者和一般的家庭用户等。



**图书在版编目（CIP）数据**

数码照片处理就这么简单（家庭版）/九州书源编著．—北京：清华大学出版社，2012.9
（一学就会傻瓜书）

ISBN 978-7-302-28156-6

I．①数… II．①九… III．①数字照相机-图像处理软件 IV．①TP391.41

中国版本图书馆CIP数据核字（2012）第033711号

责任编辑：朱英彪
封面设计：刘 超
版式设计：文森时代
责任校对：王 云
责任印制：杨 艳

出版发行：清华大学出版社
网 址：http://www.tup.com.cn，http://www.wqbook.com
地 址：北京清华大学学研大厦A座 邮 编：100084
社总机：010-62770175 邮 购：010-62786544
投稿与读者服务：010-62776969，c-service@tup.tsinghua.edu.cn
质 量 反 馈：010-62772015，zhiliang@tup.tsinghua.edu.cn
印 装 者：北京亿浓世纪彩色印刷有限公司
经 销：全国新华书店
开 本：145mm×210mm 印 张：9.125 字 数：376千字
（附光盘1张）
版 次：2012年9月第1版 印 次：2012年9月第1次印刷
印 数：1～6000
定 价：32.80元

产品编号：044242-01

# 前言

不会PS，一样可以处理数码照片
没有美术功底，同样能制作绚丽美图
不会打扮，同样可以美丽动人
数码照片处理，原来可以这样简单

人每时每刻都会面临选择，而如何选择一本合适的参考书则是每个自学者最重要也最头痛的一个环节。“寓教于乐”是多年前就倡导的一种教育理念，但如何实现、以什么形式体现，却是大多数教育专家研究的课题。我们认为，“寓教于乐”不仅可以体现在教学方式上，也可以体现在教材上。为此，我们创作了这套书，不管是在教学形式上，还是在讲解方式和排版方式上，都进行了一定探索和创新，希望正在阅读这本书的您，能像看杂志一样，在轻松愉悦的环境中学会数码照片处理。

## 本书的特点有哪些

情景教学，和娜娜一起进步：本书不仅讲解了与数码照片处理相关的各种知识，也是主人公娜娜的学习过程。相信娜娜在学习过程中的疑惑您也曾遇到过，不过娜娜最终在阿伟“老师”的指点下，走出了困境，相信通过本书的指导，您一定可以成为第二个“娜娜”。

贴近生活，知识安排以实用为目的：学习的目的是为了解决实际应用的难题，因为您的需要，我们才安排了本书的各节知识。在进行数码照片处理时，您可能会对色彩暗淡/苍白、曝光过度/不足、背景杂乱、人物照片、动感闪图等图片的处理很感兴趣。别着急，书中会根据您的需要，安排相应的章节进行讲解。

基础与操作结合，方能授之以渔：在讲解数码照片处理的知识时，采用基础知识与实际操作相结合的模式，首先以基础的语言叙说，引导您了解各种数码照片在处理前存在的问题，然后以步骤实战的形式告诉您如何正确地处理这些照片，让数码照片的效果更加美观、吸引人。

**排版轻松，带来阅读杂志般的愉悦**：为了让您学得轻松，在内容的排版上，我们吸取了杂志的排版方式，样式灵活，不仅能满足视觉的需求，也能让您在充满美感的环境中学习到您需要的知识。

## 这本书适合哪些人

不管您年龄多大，现在正在干什么，如果您就是下面这些人中的TA，拥有相同的困惑，不妨拿起这本书翻翻，您也许将发现自己苦苦寻找的答案原来就在这不经意的字里行间。

**喜欢摄影的爸爸**：爸爸是一家之主，并且非常喜爱摄影，尤其每次和家人或朋友出去旅游，总是担任着摄影师的职位，这让爸爸很是自豪。但是，爸爸发现自己拍摄的很多照片效果都不太美观，该怎么办呢？

**爱漂亮的妈妈**：妈妈以前是学校的校花，毕业后早早迈入了婚姻的殿堂，现在已经是个贤淑、称职的母亲了。妈妈是个重感情的人，有时间就会和以前的老朋友们聊聊天，朋友们偶尔会叫自己发几张最近的照片看看，妈妈却开始犯难了。

**淘宝商店的店主**：他是淘宝商店众多卖家中的一位，每次一进新货，既高兴又忧愁，高兴的是自己的销量更好了，但更愁的是，拍摄了宝贝照片后，需要对照片进行处理，面对数量众多的照片，却总是无从下手……

**小A、小B、小C……**：他们都是生活中的你我，既不会高深的PS技术，也没有学过任何专业的技巧，只是对数码照片处理很感兴趣。但在众多图形图像处理软件中，如何选择一款既操作简单、处理效果又精美的软件呢？怎样才能使一般的用户也能制作出效果美观的照片呢？

## 有疑问可以找他们

本书由九州书源组织编写，参加本书编写、排版和校对的工作人员有廖宵、曾福全、张良军、陈晓颖、简超、羊清忠、向萍、王君、付琦、朱非、刘凡馨、李伟、范晶晶、任亚炫、赵云、陈良、张笑、余洪、常开忠、徐云江、陆小平、刘成林、李显进、杨明宇、杨颖、丛威、唐青、宋玉霞、刘可、何周和官小波。

如果您在学习的过程中遇到什么困难或疑惑，可以联系我们，我们会尽快为您解答，联系方式为QQ群：122144955，网址：http://www.jzbooks.com。

九州书源

# 目录

## 第01章 今天你“数码”了吗

擦镜纸
10X15CM

## 第03章 使用光影魔术手美化照片

## 第04章 光影魔术手的其他应用

LOVE

偶然
迷途
LOST

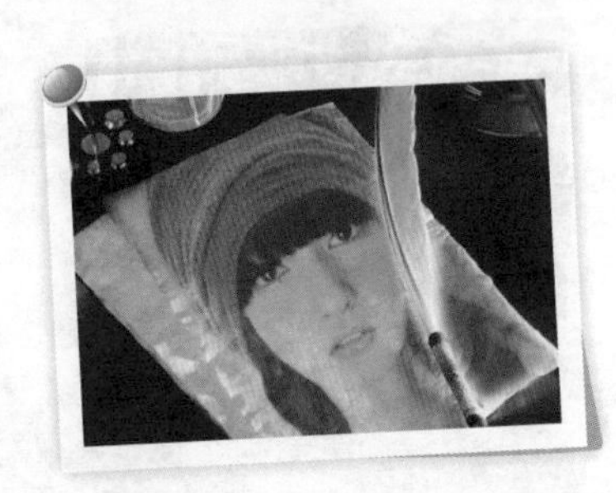

## 第08章 使用可牛影像编辑图片

## 第09章 使用可牛影像美化照片

## 第10章 数码照片处理综合应用

☑ 想知道目前市场上流行的数码相机品牌吗？

☑ 还在为怎样挑选数码相机而烦恼吗？

☑ 想知道怎样从数码相机中获取照片吗？

☑ 还在为处理数码照片而发愁吗？

# 第01章 今天你“数码”了吗

娜娜今天可高兴了，因为家里终于要买数码相机了，娜娜已盼望很久了。都说使用数码相机照相不需要胶卷，可以即拍即看，对于不喜欢的照片还可以直接删除，娜娜觉得数码相机非常方便。今天非得好好看看它与普通相机到底有何不同。阿伟看到一旁东看西看的娜娜，推了推她的胳膊说：“你不是一直想要买数码相机吗？还不快去看看……”阿伟的话还没说完，只看到有一个身影快速地冲向了旁边的专卖店，紧接着便听到了吼叫声：“阿伟，你还不赶快过来教教我怎样购买数码相机……”

# 1.1 如何选购家用数码相机

阿伟看到在数码相机专卖店里不知从何下手的娜娜，告诉她在购买数码相机之前，首先需要知道数码相机的种类和各自的特点。

## 1.1.1 都有哪些数码相机

和购买其他东西一样，要购买数码相机，就必须先了解数码相机。目前数码相机类型大致有单反相机、卡片机、长焦相机和广角相机等。

名称：单反相机
特点：通过镜头取景，可更换不同规格的镜头；全手动功能，拍摄的图像质量较好；但价格高，特别是后期投入极大，相机保养的难度大、成本高。
适用人群：适合热爱摄影或专业的摄影用户使用。

名称：卡片机
特点：通过镜头取景，体形轻薄，便于携带，操作简单，外观时尚漂亮，价格便宜。
适用人群：适合家庭简单拍照，用于留念；或者经济条件有限，但喜欢拍照玩耍，及对外观有一定要求的用户使用。

名称：长焦相机
特点：既有手动功能，也有自动功能；可以拍摄远景，适合于室外拍风景；易携带，价格相对单反相机便宜一些。
适用人群：适合于对摄影有一定兴趣但经济条件有限的人，或喜欢拍远景和想入门学习摄影的用户。

名称：广角相机

特点：增加摄影画面的空间纵深感。拍摄的物体清晰度高，镜头的涵盖面积大，拍摄的景物范围宽广，但画面中容易出现透视变形和影像畸变的缺陷。

适用场合：适合聚会、拍摄空间宽广等场合，也适合拍摄袖珍类的事物。

## 1.1.2 购买属于自己的数码相机

了解了数码相机的类型后，即可开始购买自己所需的数码相机。下面先来看看购买数码相机前应做哪些准备工作。

### 1. 做好预算

决定要购买数码相机后，需要先做好预算工作。想一想自己要购买什么价位的数码相机。数码相机并不是越贵越好，只有适合自己使用需求的才是最好的。下面看一下你属于哪个阶段的消费者吧！

### 2. 根据用途决定购买的品牌

在选购数码相机时，要先确定购买相机的用途和目的，根据需要选择相机的类型。如果你要娱乐性强的相机，可以选择三星；如果想要时尚的相机，可选索尼和卡西欧；如果想要成像好、有手动功能的相机，那就选择佳能和富士吧！

3. 电池的选择

选择一块适合相机的电池是非常重要的。在选购电池时，要先查看自己的数码相机配用的电池。

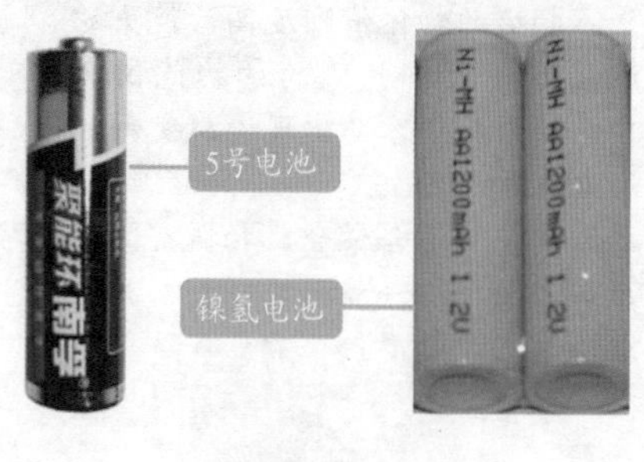


如果相机配用的是5号或7号电池，而你又不经常使用，可以选择碱性电池；如果你需要经常使用，建议选用1800毫安的镍氢可充电电池。

：建议用户在选购镍氢电池时优先考虑采用进口电芯的充电电池，如日本厂商三洋、东芝、松下等。如果你想购买比较便宜的电池，可以选择国产的TCL、爱国者、DEC、中恒等，这些品牌的电池效果也不错。

如果相机配用的是锂电池，选购时最好带上数码相机现场测试，保证购买的锂电池能够正常使用。而且还要考虑电池一次充电的使用时间和可充电的次数等。

4. 查看你的相机是否为行货

行货是指经过合法的入关手续等正规渠道进入国内市场的境外商品。行货质量上乘，提供包修、包换、包退等售后服务，能够保证消费者的自身利益。

动手一试

下面就来查看你购买的相机是不是行货，看看商家有没有欺骗行为。

第1步：**查看包装盒**

拿到数码相机后，应先查看相机包装盒中的货品、产品保修卡及数码相机使用说明书是否齐全。

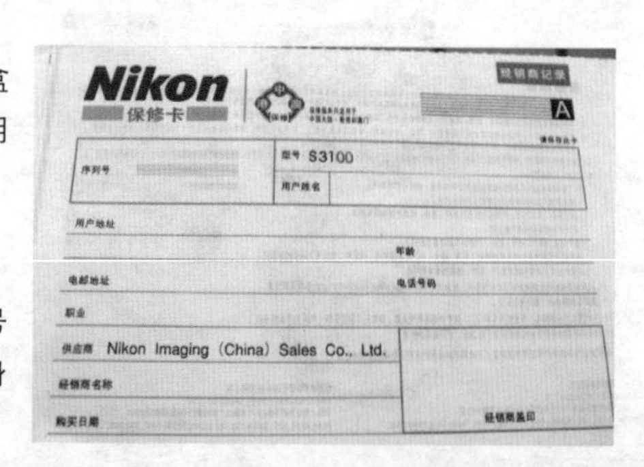


第2步：**检查机身**

在数码相机机身外壳上查看相机的型号是否是销往大陆市场的产品；查看机身是否有磨损或刮痕。

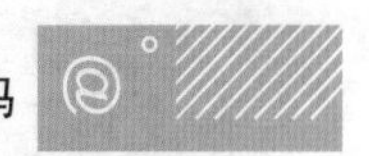

第3步：**检查镜头**

打开相机前盖及后盖，将光圈调至最大，对着稍强的灯光，从镜头后检视镜头内是否有过多的灰尘。然后在灯光下，由斜侧方向检视镜片表面是否有刮痕或其他东西。再看看对焦环、光圈环是否有松动现象。最后再仔细察看镜身上的螺丝，如果螺丝钉有明显的刮花，这支镜头很可能曾经被拆解过。

可向当地数码相机特约维修中心查询，或直接拨打数码相机生产商的服务热线询问相机型号

第4步：**查看附件产品**

认真检查销售商提供的发票、电池、连接线、充电器和存储卡等附件产品，核对是否与厂家提供的资料内容一致。

第5步：**打电话**

拨打厂家国内的技术支持部或分公司的电话，查看自己购买的数码相机到底是水货还是行货。

教你一招

**其他购买相机的途径**

除了到指定的供应商处购买外，还可通过网上选购获得相机。例如到京东商城、凡客诚品等网上商场购买。需要注意的是，网上购买相机有一定的风险。

## 1.1.3 数码相机知识几大误区

数码相机竞争越来越大，很多厂家在打广告时，会把某个部分的功能讲得非常突出，导致消费者没有深思和考虑就进入误区，下面介绍常见的几个误区。

误区1：像素越高相机越好，拍摄的照片越清晰。对于一般的家用数码相机，300~500万像素就完全够用了。

误区2：盲目相信品牌效应。要记住，适用的才是最好的。

误区3：国外的相机总是比国内的好。国内生产的中低端产品，完全可以和国外的产品媲美。如果你是中低端的用户，建议购买时考虑国产机。

误区4：数码相机附加功能越多越好。这种想法也是错误的，越多的功能会增加相机发生故障的频率。对于附加功能一定要合理选择，并不是越多越好。

误区5：存储卡的容量比速度更重要。速度慢的存储卡将使你的数码相机在存储照片时花费更多的时间，对相机性能有严重的影响。

误区6：忽视操作的便捷性。如果是选择家用的数码相机，就不需要太繁琐的操作，简单、便捷才是首要选择。

新手解惑

**Q：数码相机的品牌重要吗？主要有哪些品牌？**

A：品牌是指消费者对产品和产品系列的认知程度，不管对经销商还是消费者都是很重要的。数码相机的主要品牌有以下几种。

佳能 Canon

**相机特色：** 产品丰富，包括家用A系列、准专业G系列、迷你INUX系列、专业EOS数码单反。功能齐全，画质效果好。

尼康 Nikon

**相机特色：** 拥有悠久的光学历史，以专业著称，成像锐度高，是在数码单反领域唯一一家能跟佳能抗衡的品牌。

索尼 SONY

**相机特色：** 外形时尚，画质好，锐度高，焦距也不错。

富士 FUJIFILM

**相机特色：** 成像色彩鲜艳，容易抓住眼球，色彩处理也是可圈可点，尤其是长焦机颇受好评。

松下 Panasonic

**相机特色：** 产品丰富，造型时尚。松下数码相机向来以界面设计优秀、易用性好、操作性优秀而著称。

三星 SAMSUNG

**相机特色：** 相机造型时尚，外形小巧玲珑。

提示：还有奥林巴斯、宾得、理光、莱卡、适马、爱国者、卡西欧等品牌的数码相机，可通过网上搜索来查看它们的详细资料。

跟我练习

**在网上跟娜娜一起完成数码相机的选购任务，你也可以成为网购数码相机的高手哟**

登录京东商城，浏览网站内的数码相机并选择一款自己感兴趣的相机，在其他网站（如凡客诚品、淘宝网）上查看这款相机，对比一下价格，看看商家的信誉是否良好，产品拍摄是否为实物拍摄。如果您对这款相机非常满意，想要购买，可以单击 购买 按钮，将其放入购物车中，然后和卖家商量，看是否可以同城交易或货到付款，以降低网购的风险。

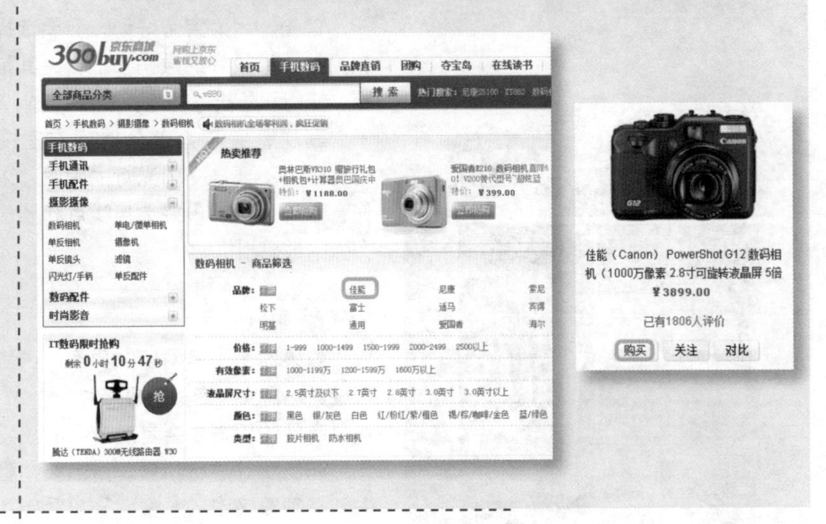


# 1.2 怎样拍摄照片更吸引人

娜娜拿到数码相机就噼里啪啦地拍了起来，但拍摄出的照片效果却很一般。怎样才可以拍摄出吸引人的照片呢？看着埋头苦思的娜娜，阿伟说道："别着急，娜娜，我现在就教你怎样拍摄出吸引人的照片。"

## 1.2.1 相机的选择

与购买相机一样，拍摄照片时也要根据具体的情况选用不同的相机，使拍摄出的照片效果更吸引人。下面列举一些特殊的情况。

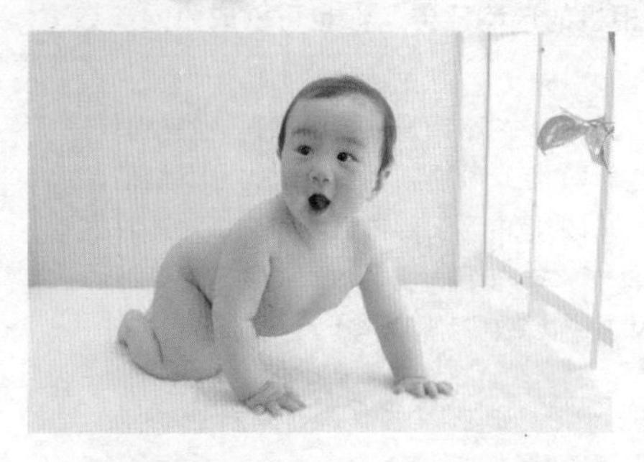

## 拍摄宝宝照片

看着家里可爱的宝宝一天天成长，相信每位父母都想将宝宝的成长过程记录下来，这时，可使用数码相机来进行记录。由于宝宝活泼好动，其拍摄方法与一般的拍摄方法不同。

首先，因为宝宝好动，需要选择一款抓拍效果较好的数码相机，尤其是光圈、快门和防抖等功能。

其次，宝宝大部分时间在室内活动，最好不要接受闪光灯的刺激，以免伤害眼球，所以最好选用噪点和感光能力强的数码相机。

## 拍摄商品

如果你是一名网店的卖家，当然不可避免地需要为商品拍摄照片。

商品的拍摄主要是对商品的质感、色彩和结构等进行拍摄。商品要销售出去就必须要吸引人，最好选用微距功能强和具有手动功能的数码相机，其次，要根据不同的商品选择适当的光线与背景进行拍摄。

## 拍摄远景

当需要拍摄远方的景物时，使用普通的数码相机拍摄出来的效果不太理想，这时，最好选用一款镜头较好、有三脚架和光学变焦的相机。

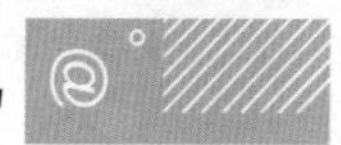

## 1.2.2 相机的参数设置

要想拍摄出理想的照片效果，需要根据具体情况对相机的参数进行设置，对于一般的家庭用户，需要对以下几个参数进行设置。

### 光圈

光圈主要用来改变曝光量，值越小，进光量越大，尤其在光线不足的环境下需要对光圈进行设置。

### 白平衡

白平衡能实现数码相机在各种光线条件下拍摄出的照片色彩和人眼所见的完全相同。如果白平衡设置不当，会出现偏色的情况，在拍摄时，应根据光源设置白平衡。

### 快门

快门也可用于改变光线，一般的相机都指明了快门速度的最大值和最小值。值越大，快门速度越低，在夜景等昏暗环境下效果越明显，可使照片效果更明亮清晰；值越小，快门速度越高，光线越小，感光时间和曝光量减少，抓拍效果更准确。一般情况下，1/30秒以上的快门是高速快门，能固定动态物体的影像。

### 闪光灯

闪光灯是照相感光的摄影配件，也是加强曝光量的一种方式，能在很短时间内发出很强的光线。在昏暗的环境下使用闪光灯，可使拍摄的照片效果更加明亮。闪光灯常用于光线较暗的环境瞬间照明，也可在光线较亮环境下给被拍摄对象进行局部补光。

### 感光度

传统的数码相机用ISO值来表示感光度，其值越大，胶卷对光线的敏感程度就越强。而目前的数码相机则是通过CCD来控制感光度，如果对数码相机的感光度不了解，在拍摄时最好将感光度的值设置为“最佳感光度”。

## 1.2.3 相机的使用

拍摄照片除了准备合适的相机，并进行适当的设置外，还需要注意一些相机的使用小技巧，这样才能保证拍摄出的照片质量更好。

1. 保持拍摄的稳定

手持相机时，即使使用具备防抖功能的相机进行拍摄，手的抖动还是可能造成画面模糊。这时，可使用三脚架或将身体倚靠在桌子、墙壁等物体上，提高手的稳定性，保证照片的清晰度。

2. 调准焦距

对焦不准也会使拍摄的照片出现模糊现象。目前的数码相机都可以通过按快门来锁定焦点和曝光量。如拍摄人物照时，将焦点放在人物脸部，将快门锁定键按下一半之后调整构图，最后再按下快门即可。

3. 选择光线

光是摄影的前提，能使物体呈现不同的质感。光线一般分为顶光、顺光、逆光和散射光等。一般情况下，使用顺光拍摄的照片清晰度好，色彩自然，其他光线多用于拍摄特殊效果的照片。

4. 正确构图

构图就是通过相机取景器选择一个拍摄的范围。可根据具体的情况进行构图。但要注意，不要将被拍摄的对象填满整个空间，适当给照片留一些空白。

5. 把握拍摄的时机

拍摄动态对象时，要想拍摄出一幅好的作品，时机的掌握是至关重要的。首先，要选一个好的拍摄地点，然后观察被拍摄物体的活动范围，确定构图，进行相机设置后，再按快门拍摄。拍摄时，可使用运动和连拍等模式，以提高拍摄的成功率。

跟我练习

**在户外拍摄照片**

根据所学知识，跟着娜娜到户外拍摄一些好看的照片吧！通过练习，你也可以拍摄出更吸引人的作品哟！

# 1.3 数码照片的格式

购买了数码相机后，娜娜迫不及待地拿着相机到处拍照。这时，娜娜的手机响起来了，摸出手机一看，原来是好朋友发的短信，叫她拍一张JPEG格式的照片。娜娜看着短信有点疑惑了，数码照片还要区分格式吗？又有哪些格式呢？

阿伟告诉娜娜，数码照片的格式不同，拍出的照片效果也不同。下面就带你去看看不同的数码照片格式吧！

## 1.3.1 原汁原味的RAW格式

RAW格式是直接读取传感器（CCD或者CMOS）上的原始记录数据，是一种非压缩、非破坏性的格式。

1. RAW格式的特点

RAW格式的数码照片具有以下两方面的特点。

特点1：RAW格式是未经任何曝光补偿、色彩平衡等处理的原始照片。处理这类照片需要使用特殊的软件。

特点2：RAW格式的照片没有经过压缩也不会损伤数码照片的质量，可用于印刷出版。

2. 怎样正确使用RAW格式

高级数码相机大多支持RAW图像格式，但不少用户还是不太明白应该怎样使用它。使用RAW格式的方法有以下两种。

方法1：使用数码相机厂商附送的软件。例如，佳能公司的RAW文件浏览器File Viewer Utility。该软件可以在电脑上浏览照片、查看相机设置及调整RAW格式的图像参数，包括曝光调整、色阶曲线、白平衡和锐度等。

提示：不同的制造商对各自的RAW文件采用不同的文件扩展名。如富士为.raf，佳能为.crw或.cr2，柯达为.kdc，尼康为.nef，奥林巴斯为.orf，索尼为.arw，松下为.rw2。

方法2：通过Photoshop中的RAW插件处理RAW格式的数码照片。Photoshop除了具备厂家提供软件的具体功能外，还可以对照片进行各种专业化的处理，并可将其存储为其他格式。

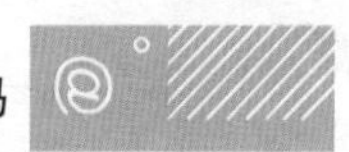

## 1.3.2 多姿多彩的TIFF格式

TIFF是TaggedImageFileFormat的简称，也是一种非破坏的存储格式。目前大多数的数码相机都支持TIFF格式的照片。TIFF格式的优点有以下两个方面。

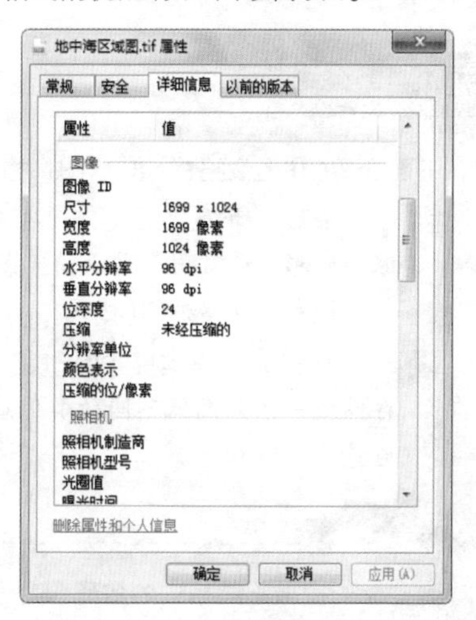


优点1：TIFF格式的照片质量好且兼容性比RAW格式高，大多数图像处理软件都支持TIFF格式。

优点2：TIFF格式的照片可以记载照片的分辨率，对于出版社排版印刷十分方便。

提示：TIFF与RAW都是非破坏性的存储格式，但是RAW格式的照片容量要比TIFF格式的容量小，且RAW格式的照片存储效率更高。

## 1.3.3 轻松自由的JPEG格式

JPEG也叫JPG，是一种有损压缩存储格式。主要针对彩色或灰阶的图像进行处理，但也是用户最熟悉的图片格式。该格式的优点是存储速度快、拍摄效果好、兼容性高。

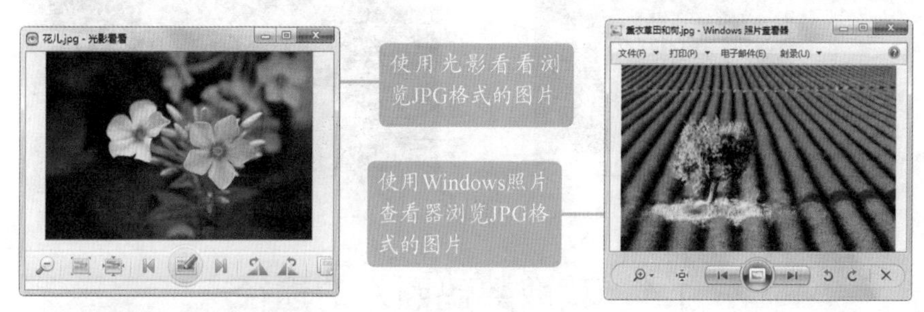


新手解惑

**Q：这几种图片格式各有什么缺点呢？**

A：RAW格式的照片只能用特殊的软件打开，兼容性较差；TIFF格式的照片占用的空间较大，反应最慢；JPEG格式的照片是经过压缩的，丢掉了原始图像的部分数据，而且这些数据无法恢复。

### 1.3.4 其他数码照片格式

数码照片的格式多种多样，除了前面讲的3种图像格式外，还有其他的图像格式，如GIF图像格式和FPX图像格式等。

下面介绍GIF图像格式和FPX图像格式的特点。

- **GIF格式：** 扩展名是.GIF，也是有损压缩存储格式。它丢失的是图像的色彩，通常用来显示简单图形及文字。数码相机中的Text Mode拍摄模式可以储存GIF格式。
- **FPX格式：** 扩展名是.FPX，是一种多重解像度的图像格式。图像被存储成一系列高低不同的解像度，当图像被放大时仍可保持图像的质量。

跟我练习

拍摄不同格式的数码照片

在户外拍摄一张RAW格式和TIFF格式的照片，并使用不同的软件浏览和编辑图片。

## 1.4 获取数码照片的途径

了解了数码照片的格式后，娜娜很快便拍好了朋友需要的照片，并想马上将拍摄的照片发送给好友，于是让阿伟教她把数码相机中的照片存入电脑中的方法。

### 1.4.1 从数码相机中获取照片

拍好的照片是存放在相机的存储卡中的，要想获得照片需要将存储卡中的照片导入电脑中。

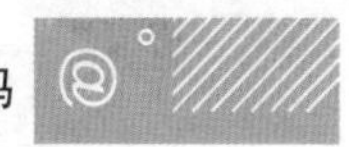

## 动手一试

下面使用自动导入功能将数码相机中的照片导入电脑。但在导入之前需先将内存卡与电脑连接起来。

### 第1步：连接数码相机和电脑

将数码相机的数据线一端与数码相机相连接，另一端插入电脑的USB接口。然后打开数码相机的电源开关（某些相机将提示选择模式，如选择“浏览”模式）。

**提示**：将数码相机的存储卡取出，将存储卡放入读卡器中，然后再将读卡器插入电脑的USB接口，也可连接数码相机和电脑。

### 第2步：打开数码相机存储卡

电脑识别出相机存储卡后，双击“计算机”图标，打开“资源管理器”窗口，在“有可移动存储的设备”栏中双击连接相机后出现的可移动存储磁盘图标，这里为“可移动磁盘（G:）”。

### 第3步：打开照片文件夹并复制照片

在“资源管理器”窗口的路径下拉列表框中选择“可移动磁盘（G:）/DCIM/101CANON”选项，打开101CANON文件夹。使用鼠标框选或按Ctrl键加鼠标左键的方式选择不相邻的照片，然后选择“编辑”/“复制”命令或按Ctrl+C键进行复制。

**提示**：按Ctrl+A键可选择所有照片，按Shift键加鼠标左键可选择相邻的照片。

### 第4步：新建文件夹

在“资源管理器”窗口左侧的目录树结构中选择“本地磁盘（E:）”选项，在本地磁盘（E:）中单击 新建文件夹 按钮，新建一个文件夹。将文件夹的名字命名为“家人”，并双击该文件夹。

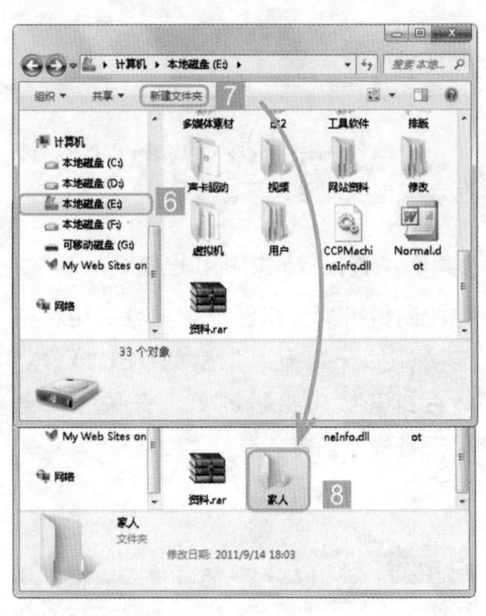


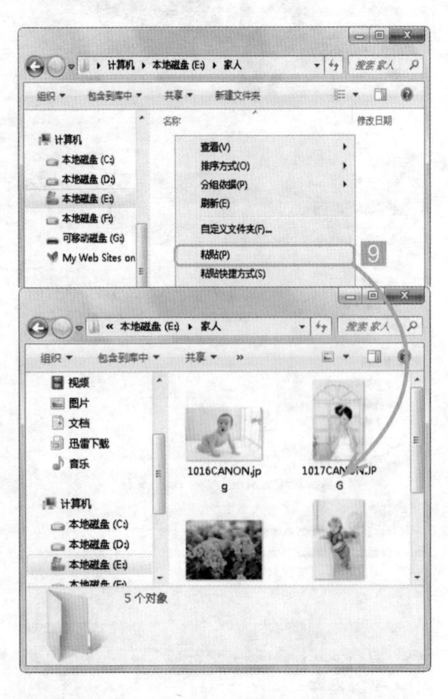


### 第5步：粘贴照片

打开目标文件夹，在空白区域单击鼠标右键，在弹出的快捷菜单中选择“粘贴”命令。

提示：按Ctrl+V键也可以将复制的照片粘贴到目标文件夹中。

### 第6步：解除相机与电脑的连接

照片复制完成后，关闭“资源管理器”窗口，单击任务栏右下角的图标，在弹出的快捷菜单中选择“弹出DataTraveler 120”命令，系统弹出“安全地移除硬件”提示框后，关闭相机电源，拔出数据线。

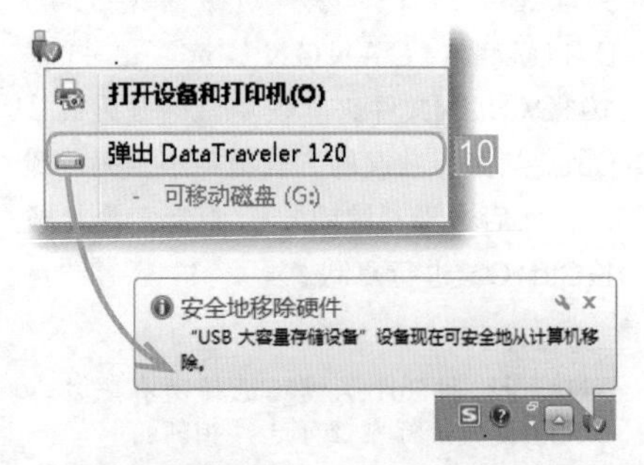

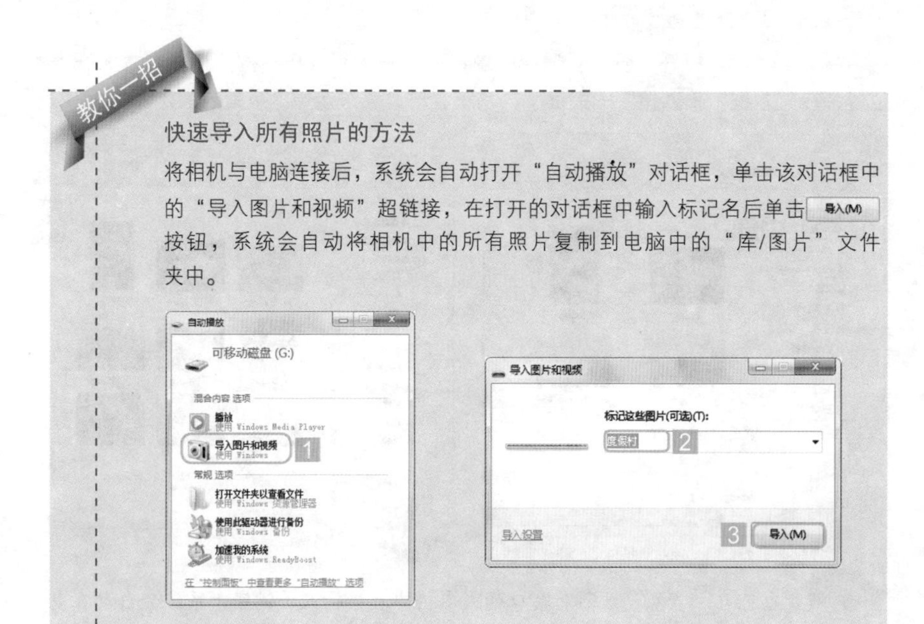


教你一招

快速导入所有照片的方法

将相机与电脑连接后，系统会自动打开“自动播放”对话框，单击该对话框中的“导入图片和视频”超链接，在打开的对话框中输入标记名后单击 导入(M) 按钮，系统会自动将相机中的所有照片复制到电脑中的“库/图片”文件夹中。

## 1.4.2 在Windows中查找并浏览照片

存放在电脑中的照片可以通过Windows查找获得，找到照片后还可以通过系统自带的图片浏览器进行浏览。

1. 通过“开始”菜单查找

单击“开始”菜单按钮，在打开窗口的“搜索”文本框中输入需要查找的内容，系统会自动搜索出符合条件的结果，并显示出来。

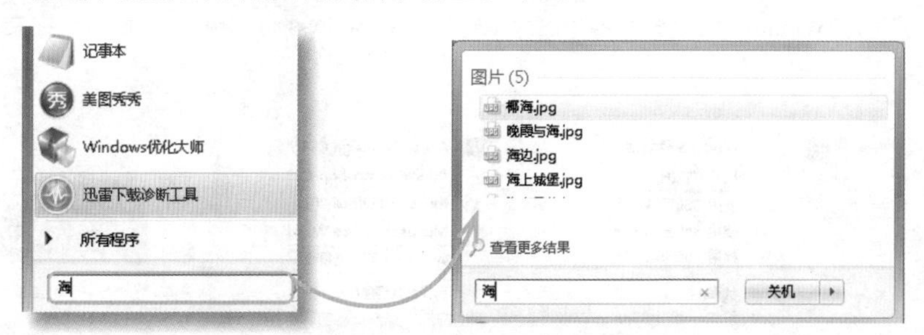

### 2. 通过资源管理器查找

按Win+E键，打开“资源管理器”窗口，在左侧目录树结构中选择照片所在的位置，在文本框中输入搜索的关键字，系统会自动在该选择的范围内进行查找。

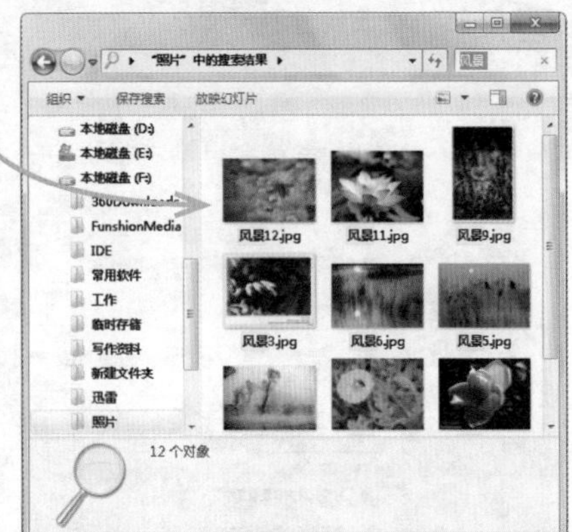


**提示**：也可在“资源管理器”窗口的文本框中直接输入关键字，系统会自动在电脑中查找符合条件的信息并显示出来，但这种方法查找的时间较长。

**教你一招**

利用资源管理器快速查找照片

除了在文本框中输入搜索条件进行查找外，还可利用它的数据筛选功能进行查找。单击文本框，在弹出的快捷菜单中可以选择“拍摄日期”、“类型”、“标记”、“名称”、“修改日期”和“大小”等条件进行筛选，可更快速地得到查找的结果。

### 3. 浏览照片

选择需要查看的照片，单击鼠标右键，在弹出的快捷菜单中选择“打开方式”/“Windows照片查看器”命令，打开“Windows照片查看器”窗口，在其中可以对照片进行浏览。

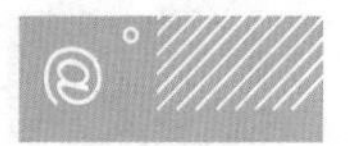

跟我练习

## 在资源管理器中查找拍摄日期为2011年9月13日的照片

在文本框中选择筛选条件为拍摄日期：2011年9月13日。

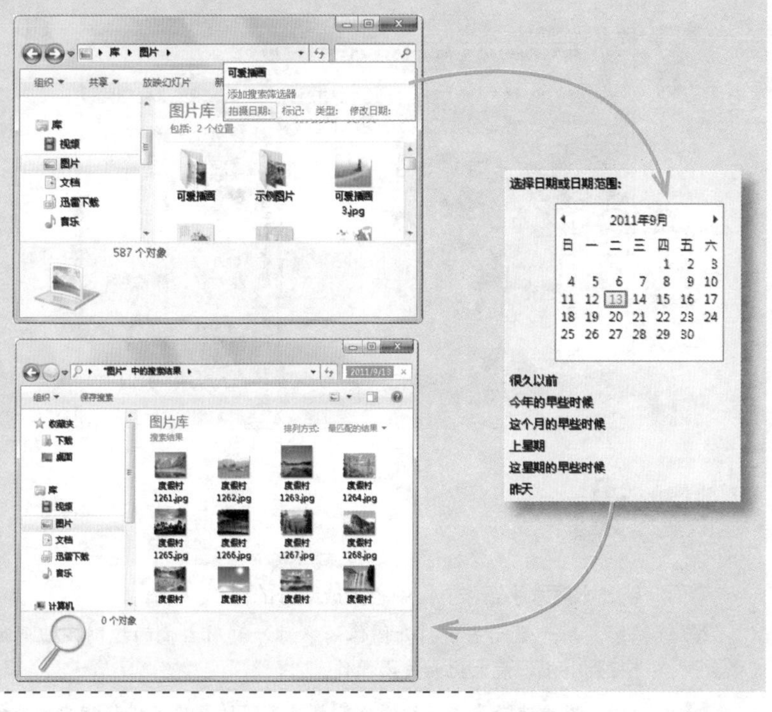

# 1.5 傻瓜式数码照片处理工具

娜娜在电脑中查看拍摄的照片，发现有些照片的效果很不理想。阿伟告诉她，可以使用光影魔术手、美图秀秀和可牛影像等图像处理软件进行处理。它们的操作简单，一学就会，因此又被叫做傻瓜式图形图像处理软件。下面就先了解一下吧！

## 1.5.1 光影魔术手——轻松改善照片画质及效果

光影魔术手是对数码照片画质及效果进行改善与处理的专业软件。该软件完全免费，简单易用，不需要任何专业的技术就能制作出专业、好看的照片，是图形图像后期处理的必备软件之一。

1. 光影魔术手的工作界面

在“开始”菜单中选择“所有程序”/“光影魔术手”/“光影魔术手”命令启动软件，可以看到光影魔术手的界面由标题栏、菜单栏、工具栏、图像编辑区、状态栏和右侧快捷功能区等组成。

下面介绍光影魔术手工作界面中各组成部分的作用。

1 标题栏：用于显示当前打开图像的名称，利用右侧的控制按钮可对当前窗口进行最小化、最大化和关闭操作。

2 菜单栏：用于选择要进行的操作，单击不同的菜单可进行相应的操作。

3 工具栏：单击相应的按钮可执行对应的操作。如单击“浏览”按钮，可打开“光影管理器”窗口浏览图片。

4 图像编辑区：对图像进行处理操作，可直观地显示图像处理后的效果。

5 右侧快捷功能区：该区域和工具栏类似，提供了图像处理的快捷方式，包括基本调整、数码暗房、边框图层、便捷工具、EXIF信息、光影社区和历史操作等。

6 状态栏：用于显示图像的基本信息，如图像的名称、像素大小、色相和饱和度的值等。

### 2. 设置图像编辑区的属性

用户可以根据自己的习惯调整图像编辑区的属性，选择“查看”/“选项”命令，在打开的“选项”对话框的“界面”选项卡中进行设置即可。可在“编辑器背景颜色”下拉列表框中更改编辑区的颜色；在“鼠标滚轮响应”栏中改变滑动鼠标滚轮时所做的操作；在“窗口双击鼠标”栏中改变双击鼠标所做的操作。

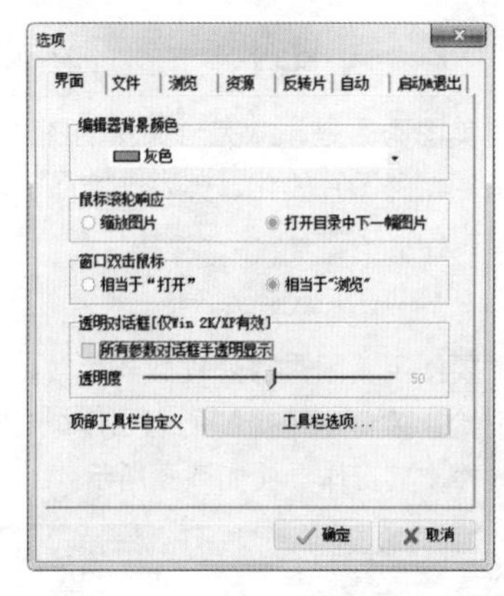


### 3. 调整工具栏图标

为了便于用户操作，工具栏中的图标默认显示较大，当显示器的分辨率较低时，可能会显示不全，此时工具栏右侧会出现一个▸按钮，单击该按钮可将工具栏向左移动，显示右侧的图标。用户可根据需要修改图标的大小和选择显示的图标。

将光影魔术手工具栏的默认图标调整为小图标，并将一些图标隐藏，使工具栏能完全显示。

**第1步：打开“工具栏选项”对话框**

启动光影魔术手，选择“查看”/“选项”命令，在打开的“选项”对话框中选择“界面”选项卡，在其中单击 工具栏选项... 按钮，打开“工具栏选项”对话框。

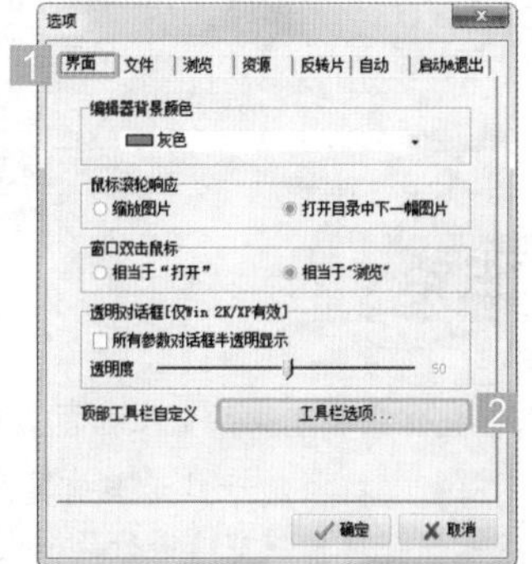

**第2步：调整图标**

在该对话框的“工具栏图标”栏中选中“小图标”单选按钮，在“工具栏显示的快捷图标”栏中取消选中“日历”、“彩色魔术棒”、“礼物”复选框，然后单击 确定 按钮即可。

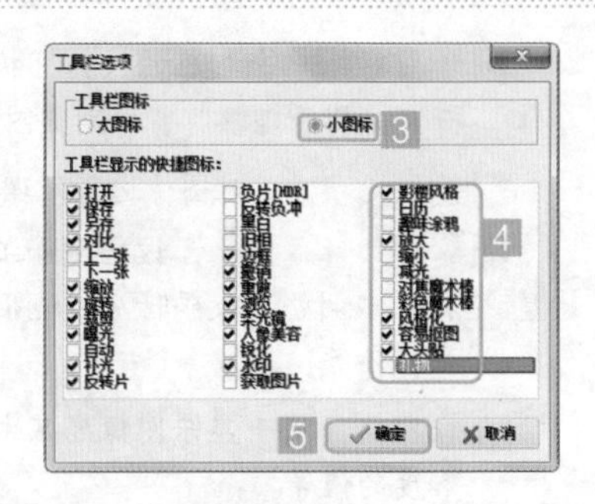

## 1.5.2 美图秀秀——1分钟搞定各种个性化图片

美图秀秀是一款完全免费的图片处理软件，可制作各种个性化效果的图片。它拥有独特的图片美化、美容、饰品、场景和拼图等功能，操作简单，1分钟就能完成各项操作。

1. 认识美图秀秀

要使用美图秀秀处理数码照片，需要先认识其工作界面，熟悉其工作环境。在“开始”菜单中选择“所有程序”/“美图”/“美图秀秀”/“美图秀秀”命令启动该软件，其工作界面如下图所示。

知识点拨

下面介绍美图秀秀工作界面中各组成部分的作用。

1 标题栏：用于显示当前美图秀秀软件的名称和版本号，利用右侧的控制按钮可对当前窗口进行最小化、最大化和关闭操作。

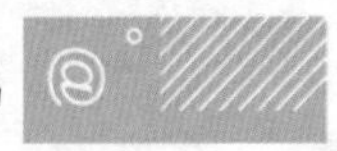

2 功能选项卡：单击不同的选项卡可对照片进行相应的处理。如选择“美容”选项卡，在打开的窗格中可对照片进行美容处理。

3 工具栏：单击相应的按钮可执行对应的操作。包括打开、保存、新建、抠图、旋转、裁剪、尺寸、涂鸦和拍照等功能。

4 图像编辑区：对图像进行处理操作，可直观地显示图像处理后的效果。

5 右侧快捷功能区：该区域和光影魔术手的右侧快捷功能区类似，提供了图像处理的快捷方式，包括热门、基础、LOMO、影楼、时尚、艺术和渐变等效果的处理。

2. 美图看看

在安装美图秀秀时，系统会自动安装其自带的美图看看软件。该软件界面左侧为目录树结构，可选择文件位置；右侧为图片浏览区，可设置文件浏览尺寸的大小；最上面有“文件”按钮和“换肤”按钮，单击它们会打开相应的菜单栏，在其中可以打开、编辑、查看、播放图片，还可以改变软件的肤色等。

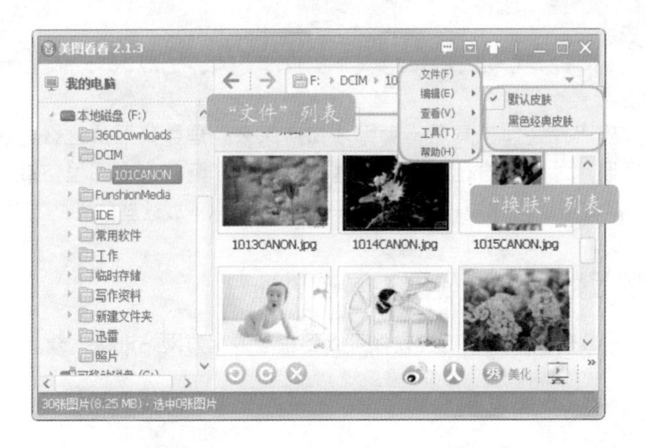


提示：该软件与光影看看类似，其使用方法将在后面的章节中进行讲解，这里不做详细介绍。

## 1.5.3 可牛影像——教你成为数码照片处理专家

可牛影像也是一款完全免费的图像处理软件，可以修复、美容人像，制作日历、精美文字、动态图片，而且还有多种专业PS特效供你选择，让你不费吹灰之力成为数码照片处理专家。

在“开始”菜单中选择“所有程序”/“可牛影像”/“可牛影像”命令启动软件，可看到可牛影像的工作界面与美图秀秀类似，不同的是在图像编辑区下方有一块图片浏览区，在该区域中可以浏览当前图像文件夹中的图片。

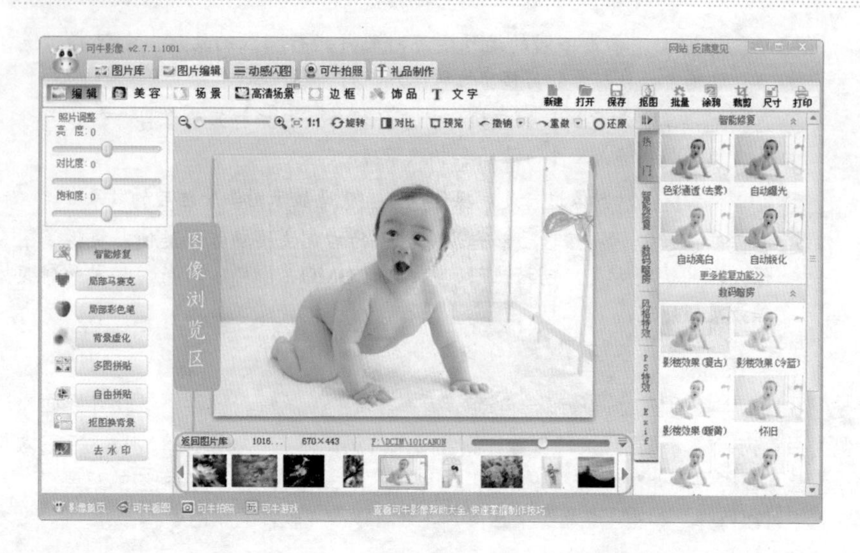

# 1.6 下载与安装数码照片处理工具软件

认识了数码照片处理工具后，娜娜才知道原来处理数码照片这么方便。娜娜想要马上处理照片才发现自己还没有这些软件呢！“阿伟，在哪里下载这些软件呀？”娜娜大声喊道。阿伟说：“别急，马上就告诉你下载这些软件的方法。”

## 1.6.1 下载数码照片处理工具软件

要得到这些数码照片处理工具软件可以到相应的官方网站进行下载。

下面就到光影魔术手的官方网站（http://www.neoimaging.cn）对光影魔术手进行下载。

**第1步：输入官方网站地址**

选择“开始”/“所有程序”/Internet Explorer命令启动IE浏览器，在地址栏中输入光影魔术手的官方网址http://www.neoimaging.cn。

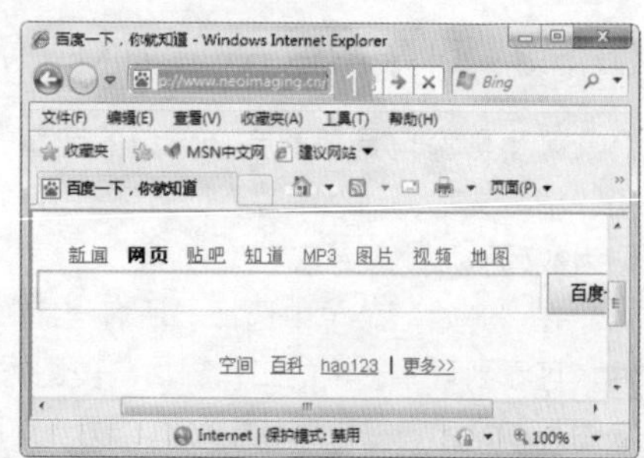

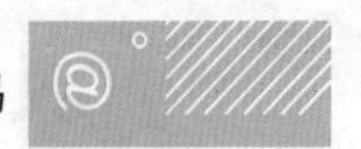

**第2步：下载光影魔术手**

输入地址后，按Enter键进入光影魔术手的官方网站，直接单击 下载软件 按钮或“本地下载”超链接，下载最新版本的光影魔术手。

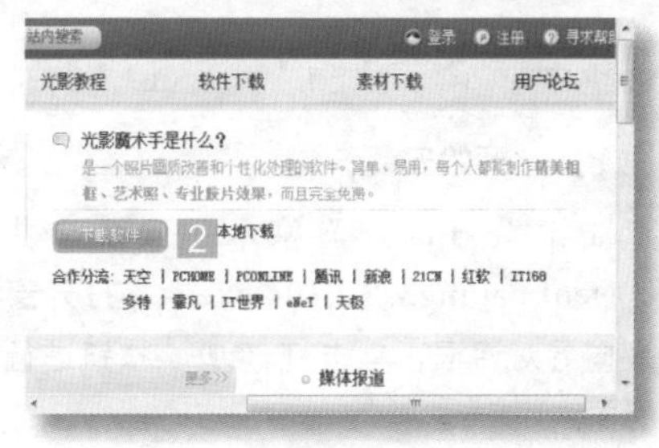


**提示**：单击“软件下载”超链接，在打开的网页中可以选择光影魔术手的历史版本。

**第3步：下载参数设置**

在打开的“文件下载”对话框中单击 保存(S) 按钮，打开“另存为”对话框。

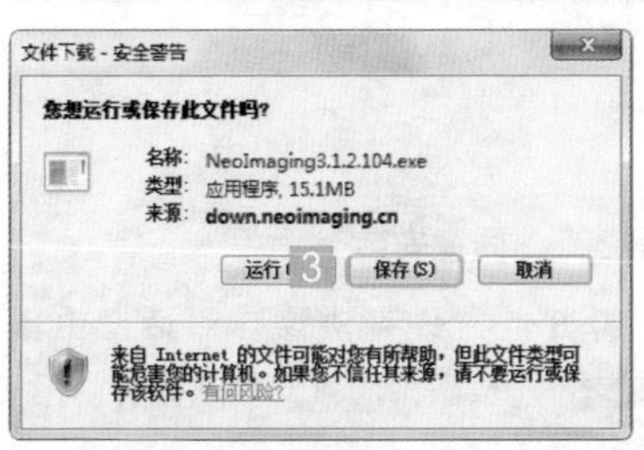


**第4步：设置保存位置**

在下拉列表框中设置文件的保存位置，然后单击 保存(S) 按钮即可。

**提示**：除了可以在官网下载应用软件外，还可使用一些专门下载软件的工具进行下载，如迅雷7、360软件管家等。

## 1.6.2 安装数码照片处理工具软件

所有的软件被下载下来后，都是以.exe为后缀名的可执行文件，它不能直接用来编辑或处理文件，需要先进行安装。

**提示**：美图秀秀和可牛影像的下载与安装方法与光影魔术手相同，用户可根据相同的方法进行下载与安装。

安装下载好的光影魔术手安装文件（NeoImaging3.1.2.104.exe）。

### 第1步：开始安装

双击下载好的光影魔术手安装文件（NeoImaging3.1.2.104.exe），打开安装向导对话框，单击 下一步(N) > 按钮进行安装。

### 第2步：同意安装

在打开的"许可协议"对话框中单击 我同意(I) > 按钮，同意安装该软件。

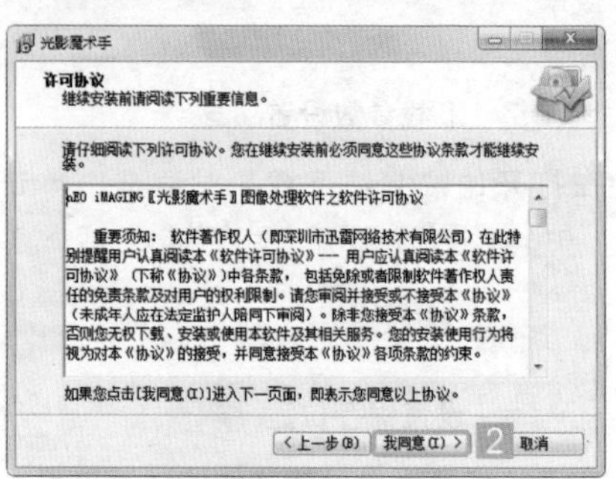


### 第3步：选择安装模式

在打开的"安装模式"对话框中选中"标准"单选按钮，以标准模式进行安装，单击 下一步(N) > 按钮。

提示：也可选择"自定义"安装模式，自由选择安装组件，建议经验丰富的用户选用。

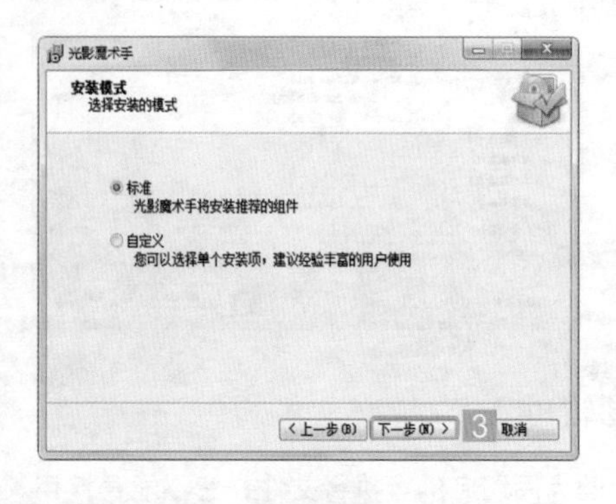


### 第4步：安装程序

在打开的对话框中取消选中"安装百度超级搜霸"复选框，再次单击 下一步(N) > 按钮，在打开的"准备安装"对话框中单击 安装(I) 按钮开始进行安装，安装完成后单击 完成(F) 按钮结束安装。

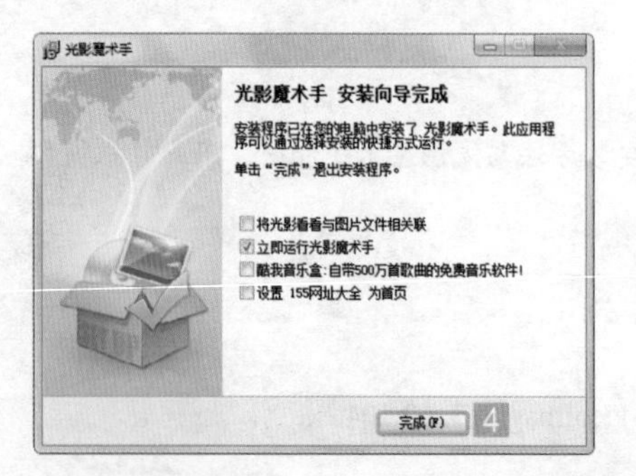

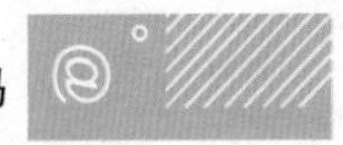

跟我练习

在迅雷7软件中下载美图秀秀，并进行安装

启动迅雷7，在搜索文本框中输入“美图秀秀”，并选择“使用狗狗搜索”选项进行搜索。在打开的网页中列出了关于美图秀秀的所有搜索结果，选择一个选项进行下载，然后将下载好的文件进行安装。

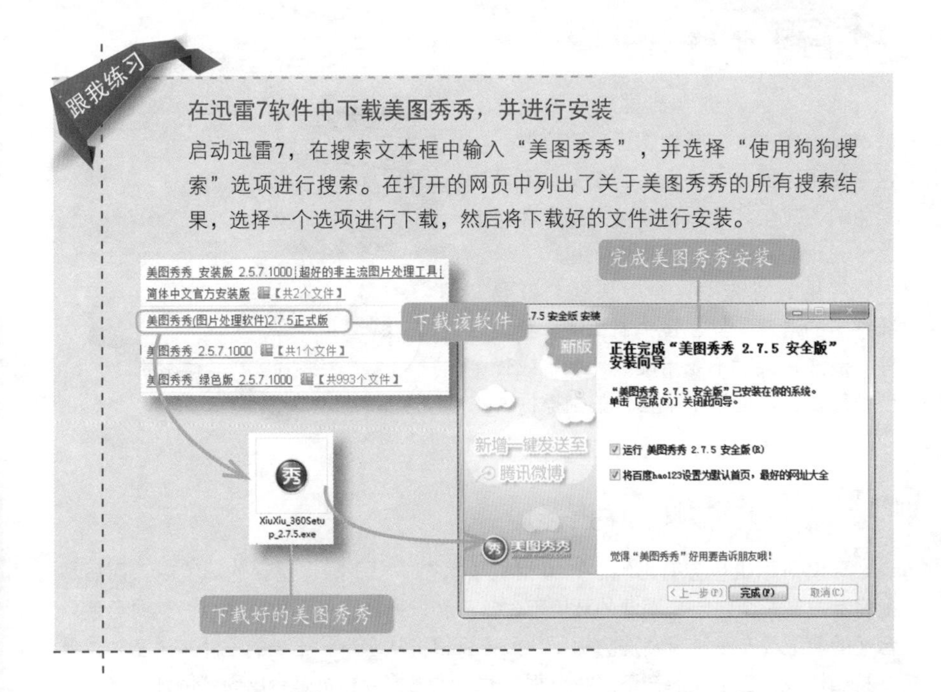


# 1.7 更进一步——数码相机保养小技巧

通过学习，娜娜已经了解了数码相机的相关知识，不仅掌握了购买数码相机的基本方法，并且知道了处理数码照片的工具软件，让娜娜对数码相机的选购和对数码照片的处理有了全新的认识。阿伟告诉娜娜要想更好地掌握数码相机的知识，还需要进一步掌握以下几个技能。

## 第1招 使用相机包

在外出度假或旅游时，使用一个结实、好用的摄影包来装相机、存储卡、电池套件、辅助镜头或小型便携式三脚架是非常方便的。如果需要放置相机及其所有配件，建议购买Tamrac、Lowepro和Domke等厂商生产的相机包；如果你的相机是傻瓜相机，建议使用小巧实用型的相机包。

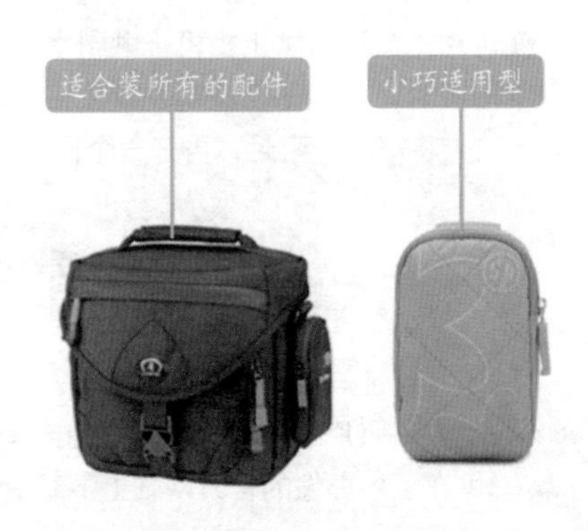

## 第2招 清洗镜头

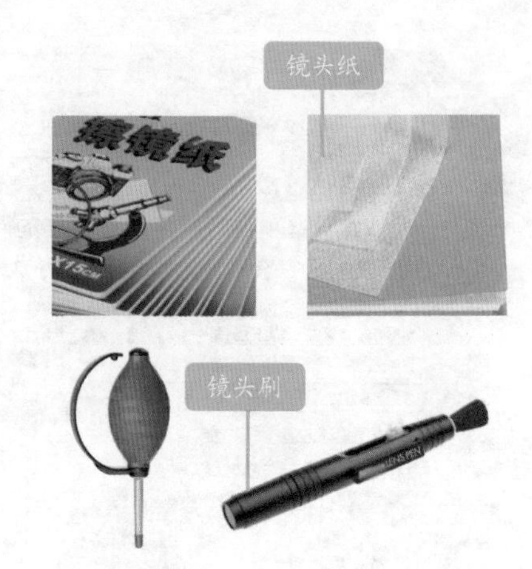


镜头上的污迹会严重降低图像质量，如出现斑点、减弱图像对比度等。但在使用过程中，手指碰到镜头是不可避免的，灰尘和沙砾也会落到光学装置上。这时，就需要定期清洗镜头。

常用的清洗工具有镜头纸、带有纤维布的清洗工具、镜头刷和清洗套装等。清洗镜头时不能用硬纸、纸巾或餐巾纸擦拭，这些纸巾中包含的刮擦性木质纸浆会损害相机镜头。

## 第3招 环境对相机的影响

环境对相机也会有影响。如果相机原本在一个干燥、温暖的环境中，而后马上将其放在一个较热、潮湿的环境下，镜头和取景器上就会出现雾点，这时可使用合适的薄纸或布来进行清洗。相反，如果将相机从寒冷、干燥的室外带进室内，最好将相机放在包里预热一下。拿出相机时要注意检查相机是否出现“倒汗”，如果有，要及时处理。

## 第4招 防止电池漏电

如果两周或更长时间不使用相机，建议将电池取出来，因为电池会漏电腐烂，影响电路连接，使相机无法正常工作。

## 第5招 防水、防雾、防沙

使用相机盒可以防止相机接触到水（特别是咸水）、灰尘和沙砾。在沙滩、雾或雨中拍摄时，也可使用塑料袋罩住相机，在袋上割一个小孔让镜头伸出来拍照，然后用胶带将塑料袋密封，再开一个窗口，便于自己操作相机。

# 1.8 活学活用

（1）怎样选购数码相机?

（2）数码照片的格式有哪些？各自有什么特点?

（3）在可牛影像的官方网站上下载最新版本的可牛影像，并进行安装。

Life

NEW CENTURY

☑ 想知道怎样使用光影魔术手处理图片吗？

☑ 还在为照片曝光不足或过度而发愁吗？

☑ 想知道怎样使照片的色彩更艳丽吗？

☑ 想感受一下季节的变化吗？

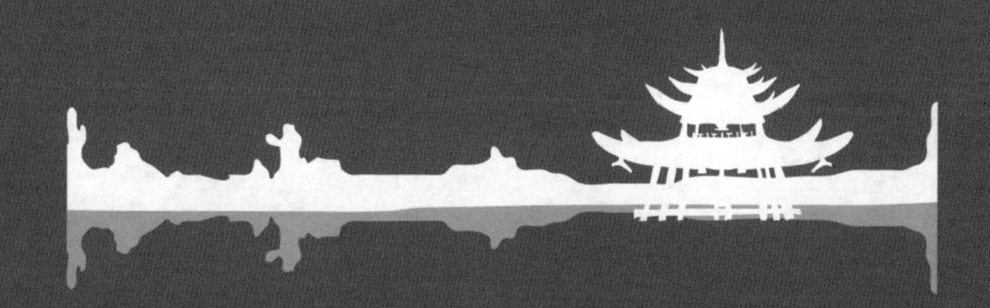

# 第 02 章 使用光影魔术手处理照片

娜娜太高兴了，终于可以亲自动手处理拍摄的数码照片了。都说光影魔术手十分简单、易用，今天可得好好地用它来处理一下照片，看看它是不是真那么方便。阿伟看到一旁傻笑的娜娜，无奈地摇了摇头说：“你不是一直吵着要把你的照片处理一下吗？还不快去！”阿伟的话一说完，只看到娜娜飞快地冲向了电脑桌旁，紧接着又听到了一个声音：“阿伟，怎么处理数码照片啊！快来教教我……”

# 2.1　图片的基本操作

阿伟看到开启光影魔术手后就乱点的娜娜，告诉她，要使用光影魔术手处理照片需要先学会图片的基本操作方法，包括打开、浏览、查看、打印和保存图片等。

## 2.1.1　打开图片

要对图片进行处理操作，需要先将图片打开。这是对图片进行所有操作的基础。打开图片的方法有多种，下面就来学习如何使用光影魔术手打开图片。

1. 通过“打开”对话框打开

启动光影魔术手，选择“文件”/“打开”或“文件”/“在新窗口打开”命令，打开“打开”对话框，在其中选择需要打开的图片后单击 打开(O) 按钮即可。

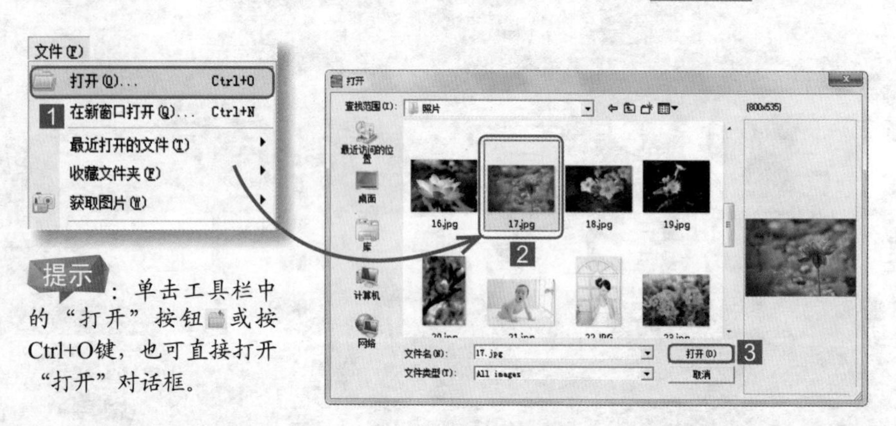


提示：单击工具栏中的“打开”按钮或按Ctrl+O键，也可直接打开“打开”对话框。

2. 通过右键快捷菜单打开

单击电脑桌面任务栏中的按钮，打开“资源管理器”窗口，在其中打开图片文件夹，选择需要打开的图片，单击鼠标右键，在弹出的快捷菜单中选择“打开方式”/“光影魔术手”命令即可。

3. 双击图片打开

双击“计算机”图标，打开“资源管理器”窗口，在其中打开图片文件夹，然后双击需要打开的图片，默认以光影魔术手方式打开。

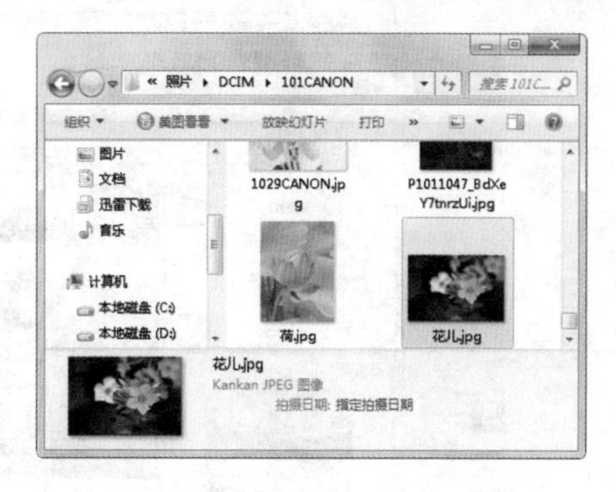


提示：默认以光影魔术手打开图片的前提是要先将光影魔术手设置为默认图片启动程序。

教你一招

### 设置默认启动方式的方法

如果默认的图片启动程序不是经常使用的光影魔术手，可以进行手动设置，其方法为：选择图像文件，单击鼠标右键，在弹出的快捷菜单中选择“打开方式”/“选择默认程序”命令，在打开的对话框中单击 浏览(B)... 按钮，在打开的对话框中选择光影魔术手的启动文件NeoImaging.exe即可。

## 2.1.2 浏览图片

通过光影魔术手提供的浏览图片工具可与家人、朋友一起浏览电脑中的照片。

1. 光影管理器

光影管理器可用于浏览文件夹中的所有图片。启动光影魔术手，在菜单栏中选择“文件”/“浏览”命令或单击工具栏中的“浏览”按钮，即可打开光影管理器。

**知识点拨**

下面介绍光影管理器工作界面中各组成部分的作用。

1 标题栏：用于显示光影管理器的名称及图片文件夹的位置。

2 菜单栏：选择相应的菜单命令可进行对应的操作，如获取、编辑、查看和编辑图片等。

3 工具栏：单击相应的按钮可执行对应的操作。包括后退、前进、返回、收藏、复制、删除、查看、移动、编辑等。

4 地址栏：用于显示当前文件所在位置。

5 文件夹目录树结构：该区域主要显示电脑中的文件夹结构，可在其中选择所需的文件夹。

6 图像预览区：用于显示当前选择图片的预览图。

7 图像显示区：用于显示当前文件夹下的所有图像文件。

8 状态栏：用于显示当前文件夹中图像文件的数量和选择的图像文件的信息，包括图像名称、大小和修改日期等。

2. 光影看看

光影魔术手提供了一个专门的图片浏览工具——光影看看，它在用户安装光影魔术手时自动安装，类似于Windows照片查看器，能够非常方便地浏览图片。在“开始”菜单中选择“所有程序”/“光影魔术手”/“光影看看”命令，即可打开光影看看。

光影看看下方有多个按钮，它们用于浏览图片，其作用分别如下。

- 切换图片：单击按钮浏览上一张图片，单击按钮浏览下一张图片。
- 缩放图片：单击按钮放大图片，单击按钮缩小图片。
- 旋转图片：单击按钮顺时针旋转图片90°，单击按钮逆时针旋转图片90°。
- 播放图片：单击按钮以幻灯片形式播放图片。
- 复制图片：单击按钮复制当前浏览的图片。
- 删除图片：单击×按钮删除当前浏览的图片。

下面结合光影管理器和光影看看浏览电脑中的照片。

**第1步：启动光影魔术手**

在“开始”菜单中选择“所有程序”/“光影魔术手”/“光影魔术手”命令，启动光影魔术手。

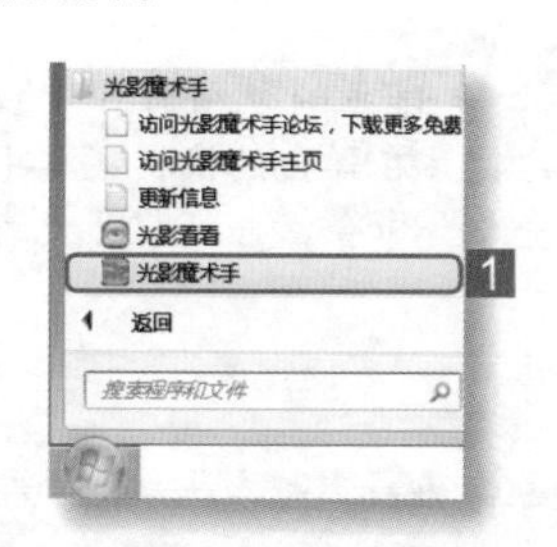


**第2步：打开光影管理器**

在光影魔术手中选择“文件”/“浏览”命令，打开光影管理器。

提示：双击图像编辑区也可打开光影管理器。

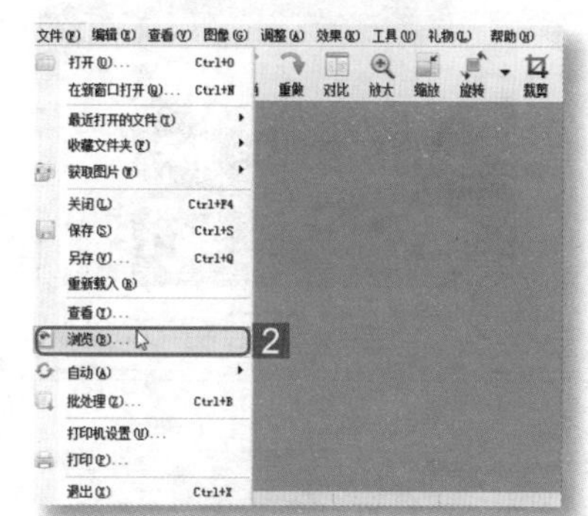


**第3步：选择目标路径**

在光影管理器的文件夹目录树结构中选择需要浏览的照片路径，这里选择“本地磁盘（F:）/照片/照片”，这时，在图像显示区自动显示该文件夹下的所有文件。

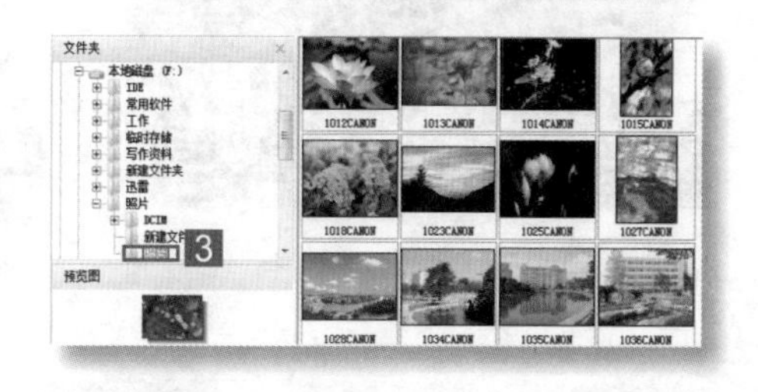

## 第4步：设置缩略图大小

在工具栏中单击“查看方式”按钮，在弹出的快捷菜单中选择“大缩略图”命令。

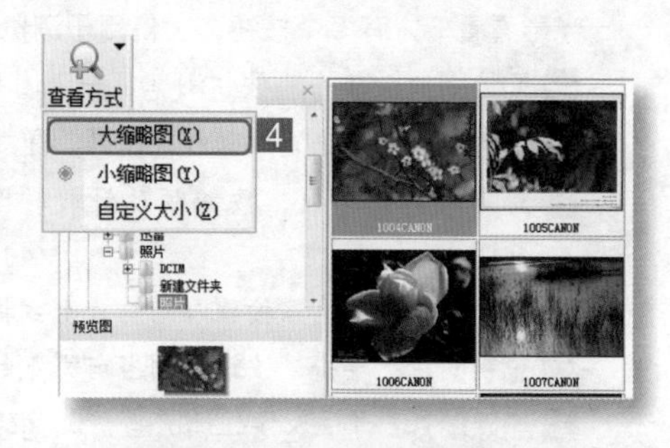


提示：选择“自定义大小”命令，在打开的“光影管理器选项”对话框中可自定义图片缩略图大小。

## 第5步：切换到光影看看

在工具栏中单击“查看”按钮，切换到“光影看看”窗口。

提示：选择要浏览的照片，单击鼠标右键，在弹出的快捷菜单中选择“查看”命令，也可打开光影看看。

## 第6步：浏览照片

单击按钮浏览文件夹中的下一张照片，单击按钮浏览上一张照片。

提示：向上滑动鼠标滚轮可以浏览上一张照片，向下滑动鼠标滚轮可浏览下一张照片。

## 第7步：放大照片

单击按钮放大照片，查看照片中间的建筑物。

提示：单击按钮，可以查看照片的实际大小；单击按钮，可以将照片缩放为适合屏幕的最佳大小。

第8步：**播放照片**

单击按钮，进入光影幻灯片播放模式，系统自动按照幻灯片切换效果进行随机播放。

提示：退出幻灯片播放模式只需按Esc键即可。

## 2.1.3 查看照片信息

图片信息包括相机品牌、镜头型号、白平衡以及摄影时光圈、快门、测光模式、ISO、日期时间等各种与摄影条件相关的信息。光影魔术手提供的EXIF信息包括了图片的详细信息。下面来看看怎样查看图片的EXIF信息。

方法1：使用光影魔术手打开所需查看的照片，在光影魔术手工作界面的右侧快捷功能区中选择EXIF选项卡，在打开的窗格中将显示出详细的EXIF信息，如图所示。

方法2：使用光影魔术手打开所需查看的照片，在光影魔术手工作界面选择“工具”/“EXIF信息”命令或按Ctrl+Alt+I键，打开“Exif信息”对话框。可在该对话框中查看照片的详细信息。

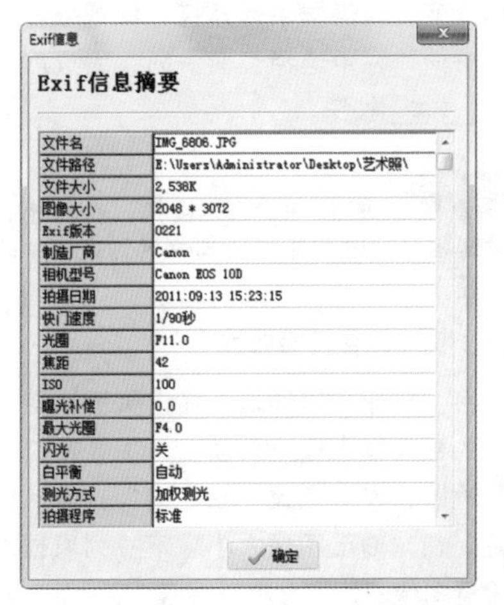

## 2.1.4 打印图片

如果电脑连接了打印机，在光影魔术手中浏览或编辑图片后，还可直接将照片打印出来。

下面通过光影魔术手的“打印”功能来打印照片。

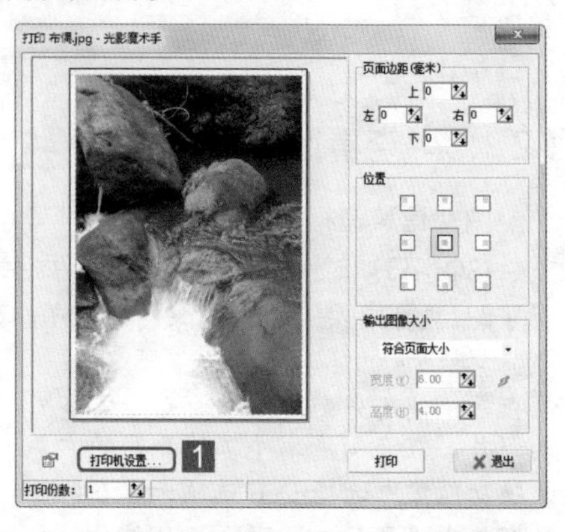

**第1步：打开“打印”对话框**

在光影魔术手中处理完照片后，选择“文件”/“打印”命令，打开“打印”对话框，单击打印机设置...按钮。

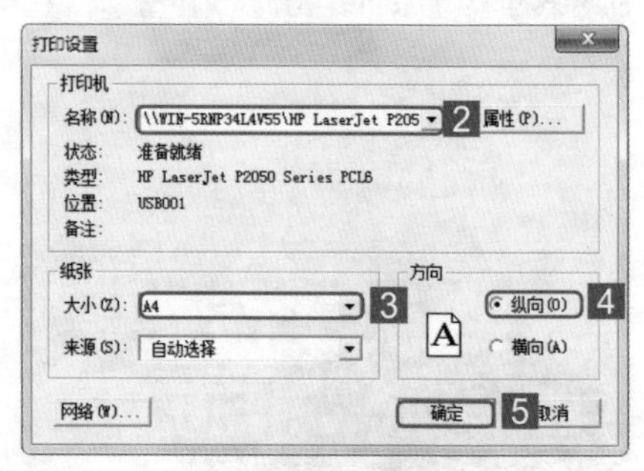

**第2步：设置打印机属性**

打开“打印设置”对话框，在“名称”下拉列表框中选择打印机名称，在“大小”下拉列表框中选择打印的纸张，在“方向”栏中选择页面方向，完成后单击确定按钮。

提示：单击属性(P)...按钮，在打开的对话框中可对打印机的属性进行更详细的设置。

**第3步：设置页面属性**

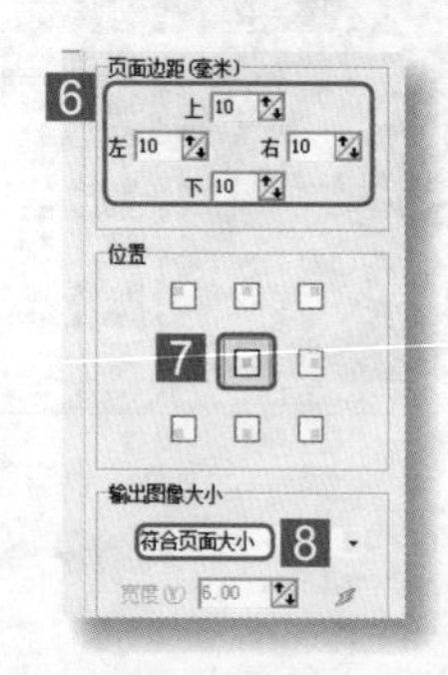

返回“打印”对话框，在“页面边距”栏的数值框中输入页面上、下、左、右的边距，在“位置”栏中选择打印的位置，在“输出图像大小”下拉列表框中设置图像的输出大小。

提示：在“打印份数”数值框中可设置图像打印的份数。

### 第4步：打印图片

在“打印”对话框中单击 打印 按钮，开始打印图片，打印完成后可在该对话框下方看到打印的状态显示为“打印完成”，单击 ✕退出 按钮退出“打印”对话框。

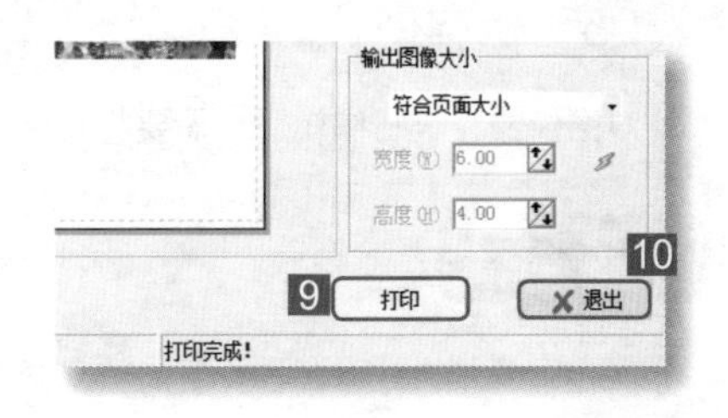


新手解惑

**Q：如何安装打印机？**

A：如果未安装打印机，可直接按打印说明书将打印机与电脑连接，连接后，电脑将提示发现新硬件并打开安装向导，根据提示进行安装即可。

教你一招

**通过Windows照片查看器打印图片**

除了在光影魔术手中打印图片外，还可通过Windows照片查看器打印图片。在Windows照片查看器中浏览照片时，单击 打印(P) ▾ 按钮，在弹出的快捷菜单中选择“打印”命令，打开“打印图片”对话框，在其中设置打印机与页面属性后单击 打印(P) 按钮即可进行打印。

## 2.1.5 保存图片

对图像文件进行编辑后，需要将其保存，以便下次使用。

知识点拨

保存图片的方法有多种，下面就来学习如何使用光影魔术手保存图片。

### 1. 保存文件

选择“文件”/“保存”命令可直接保存图像文件。

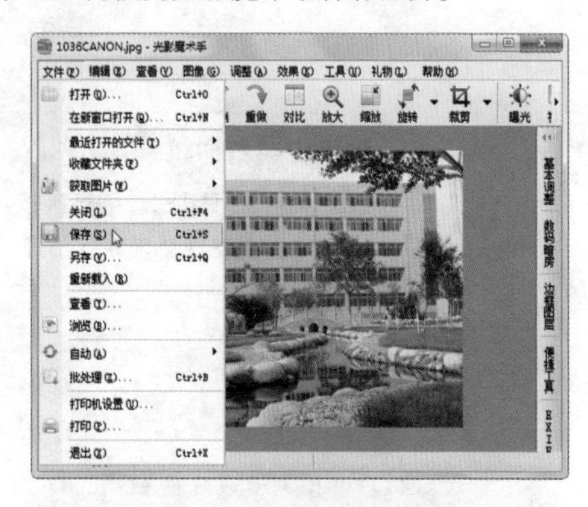

提示：单击工具栏中的“保存”按钮或按Ctrl+S键，也可保存文件。

### 2. 另存为文件

选择“文件”/“另存为”命令或单击工具栏中的“另存为”按钮，在打开的“另存为”对话框中设置图像保存的位置、名称和类型后，单击保存(S)按钮即可。

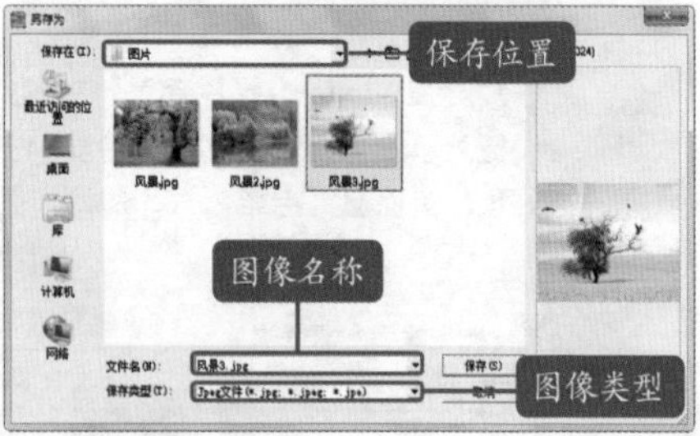


新手解惑

**Q：保存文件时打开的“保存图像文件”对话框有什么用？**

A：保存文件时系统会默认打开“保存图像文件”对话框，在其中可设置图像文件的保存质量、大小和EXIF信息等。可在“保存图像文件”对话框中选中“不再提醒”复选框，下次保存文件时该对话框将不再出现。

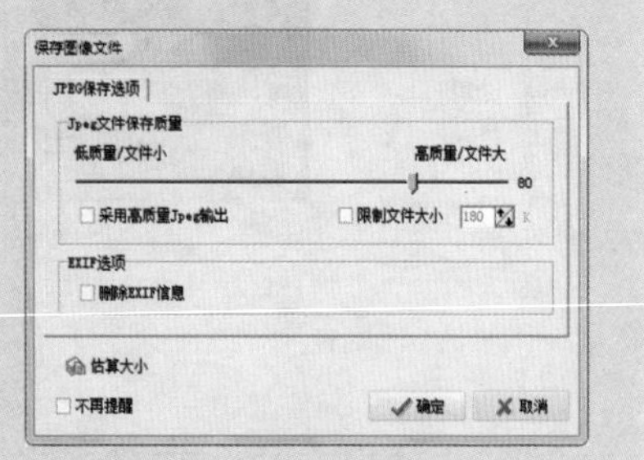

提示：美图秀秀、可牛影像与光影魔术手中图片的基本操作方法类似，这里主要讲解在光影魔术手中图片的操作方法。

# 2.2 图像简单操作任你玩

娜娜浏览照片时发现有些照片太大了，打开照片时反应很慢；有些照片角度不对，拍出的效果不太好看。阿伟看到疑惑的娜娜说道："学习了图片的基本操作知识，现在就教你图像的一些简单操作。"

## 2.2.1 旋转图片

如果对拍摄的照片角度不满意，可通过旋转图片得到预期的效果。在光影魔术手中可以对图像进行规则旋转、镜像旋转和自由旋转等操作。

1. 规则旋转

规则旋转是将图像进行逆时针或顺时针旋转90°或180°，可通过"旋转"对话框进行旋转。在光影魔术手中打开图像后，单击工具栏中的“旋转”按钮，打开“旋转”对话框，在“旋转角度”栏中单击、或按钮后单击按钮即可。

逆时针旋转90°

顺时针旋转90°

翻转180°

教你一招

快速规则旋转图片

在“图像”子菜单中选择相应命令可直接对图片进行旋转操作，不需打开“旋转”对话框。如选择“图像”/“90° 顺时针”命令可直接将图片顺时针旋转90°。另外，按Ctrl+←键和Ctrl+→键可逆/顺时针旋转图片90°。

2. 镜像旋转

镜像旋转是对图像进行上、下或左、右翻转。在“旋转”对话框的“镜像对折”栏中单击和按钮，可使图像产生垂直和水平镜像效果。

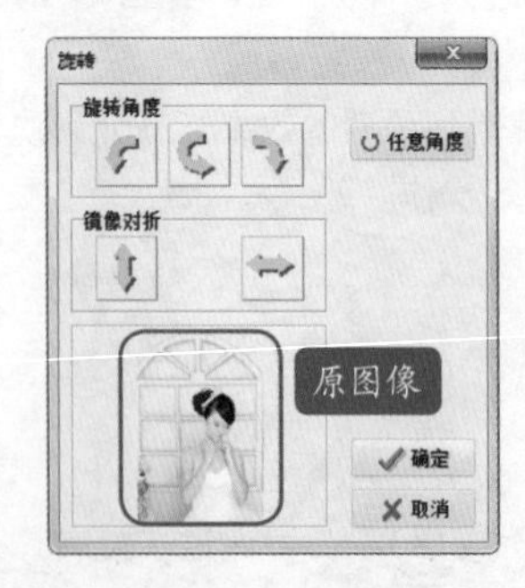

向上翻转

向左翻转

3. 自由旋转

在“旋转”对话框中单击 任意角度 按钮，打开“自由旋转”窗口，在“旋转角度”数值框中输入旋转的角度，单击“填充色”色块，在弹出的“颜色”对话框中选择要填充的空白区域颜色（默认为白色），最后依次单击 确定 按钮即可。

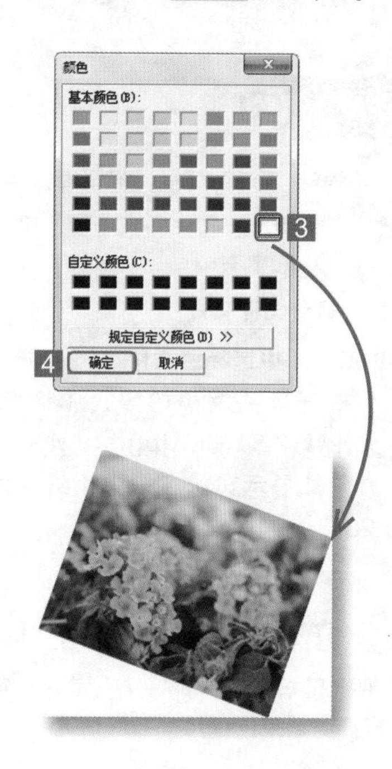


提示：选择“图像”/“自由旋转”命令也可打开“自由旋转”窗口。在窗口中单击 预览 按钮可查看旋转后的图像效果，如果不满意，可单击 复位 按钮，重新对图像进行旋转操作。

教你一招

快速自由旋转图像的方法

在“自由旋转”窗口的图像预览区中按住鼠标左键不放并拖动鼠标在图像上画出直线，单击 确定 按钮，系统会自动计算图像的角度再进行旋转。

## 2.2.2 缩放图片

使用相机拍摄的照片尺寸通常较大，当需要将照片传送给他人或上传到网络中时，照片过大会影响传送的速度，有些照片甚至不符合上传的要求，这时就需要对图像进行缩小处理。

下面就来看看怎样通过光影魔术手将一张较大的照片缩小。

**第1步：打开图像文件**

在光影魔术手中选择“文件”/“打开”命令，打开需要缩小的照片（光盘\素材文件\第2章\南岛.jpg），此时，照片的尺寸显示在状态栏中，这里为3110*2073。

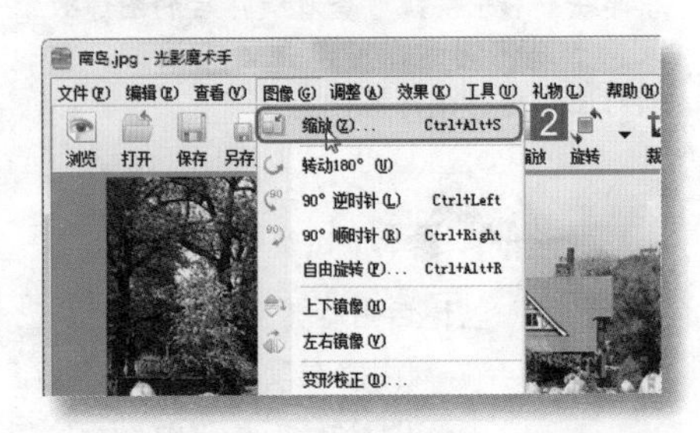

**第2步：打开“调整图像尺寸”对话框**

在菜单栏中选择“图像”/“缩放”命令，打开“调整图像尺寸”对话框。

提示：单击工具栏中的“缩放”按钮或按Ctrl+Alt+S键，也可打开该对话框。

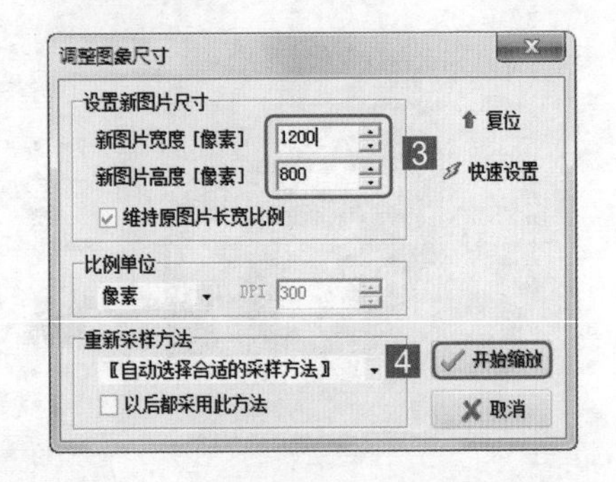


**第3步：缩小照片**

在“新图片宽度”数值框中输入新的照片宽度，照片的高度自动等比例缩放。单击“开始缩放”按钮，开始缩放照片。

提示：在“比例单位”栏中可设置其他大小单位，包括英寸、毫米、百分比和像素等。

**第4步：查看缩小后的照片尺寸**

调整照片大小后自动返回光影魔术手工作界面，在状态栏中可看到照片的尺寸发生了改变（光盘\效果文件\第2章\南岛.jpg）。

新手解惑

Q：“调整图像尺寸”对话框中的“维持原图片长宽比例”复选框有什么作用？

A：该复选框是用来保持图像长宽比例的。选中该复选框，当图像高度改变时，宽度也随之自动改变；改变宽度时，高度也随之自动改变。如果取消选中该复选框，图片可能变形。

教你一招

放大图片的方法

放大图片的方法与缩小图片的方法相同，只需在“调整图像尺寸”对话框的“新图片宽度”或“新图片高度”数值框中输入需要放大的值后，单击 开始缩放 按钮即可，但应注意有时放大图片后会使图片模糊。

## 2.2.3 裁剪图片

由于拍摄模式设置等原因，拍出的照片尺寸会有所不同，可以使用光影魔术手提供的裁剪图片功能调整照片大小，获得需要的照片。

1. 快速裁剪标准尺寸的图片

在光影魔术手的工具栏中单击“裁剪”按钮右边的·按钮，在弹出的下拉菜单中可选择预设的标准尺寸，如寸照、身份证照、护照、QQ头像等照片尺寸。

2. 通过“裁剪”窗口进行裁剪

在光影魔术手中单击“裁剪”按钮，打开“裁剪”窗口，其工作界面如下。

下面介绍“裁剪”窗口中各组成部分的作用。

1 功能按钮：单击对应的按钮可快速设置裁剪区域的位置，包括上、下、左、右和中间等。

2 菜单按钮：单击对应的按钮可弹出相应的快捷菜单或对话框。如单击“去背景”按钮，将打开“去背景”对话框。

3 图像显示区：该区域用于显示当前操作的图像状态。

4 裁剪模式区：该区域主要用于显示当前的裁剪模式，选中对应的单选按钮，可打开相应的裁剪模式。

5 状态栏：用于显示当前图像文件的显示比例、裁剪比例等。

下面在“裁剪”窗口中通过“自由裁剪”模式裁剪照片。

**第1步：打开照片**

打开图片文件夹，选择需要裁剪的照片（光盘\素材文件\第2章\裁剪.jpg），单击鼠标右键，在弹出的快捷菜单中选择“打开方式”/“光影魔术手”命令，通过光影魔术手打开照片。

### 第2步：打开“裁剪”窗口

在光影魔术手的工具栏中单击“裁剪”按钮，打开“裁剪”窗口。

**提示**：选择“图像”/“裁剪/抠图”命令也可打开“裁剪”窗口。

### 第3步：设置照片显示方式

在“裁剪”窗口中单击按钮，在弹出的快捷菜单中选择“最佳缩放显示”命令，此时照片显示完整。

**提示**：也可选择“缩小显示”命令使照片完整显示。

### 第4步：裁剪照片

选中“自由裁剪”单选按钮，在下方选择“矩形选择工具”，然后拖动鼠标在图像显示区画出需要保留的区域，单击 确定 按钮裁剪照片。

**提示**：将鼠标放在虚线方框的4个角上，当鼠标变为形状，拖动鼠标可改变裁剪区域的大小。

### 第5步：查看裁剪的照片

返回光影魔术手工作界面，查看裁剪后的照片（光盘\效果文件\第2章\裁剪.jpg）。

**提示**：还可通过“按宽高比例裁剪”和“固定边长裁剪”方式进行裁剪，其裁剪方法相同。

教你一招

## 裁剪不规则的照片

按宽高、边长或使用“矩形选择工具”⬚裁剪的照片都是规则的矩形，怎么才能裁剪出不规则的照片呢？在“裁剪”窗口中选中“自由裁剪”单选按钮后，在下方将显示出裁剪工具，通过“椭圆形选择工具”、“套索工具”和“魔棒工具”即可裁剪出不规则的形状。

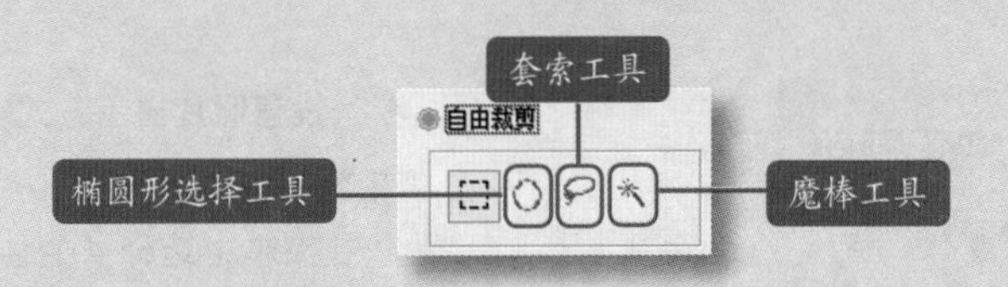


跟我练习

## 对图片进行简单的操作

先启动光影魔术手软件，打开左图所示的照片（光盘\素材文件\第2章\蚱蜢.jpg），将照片顺时针旋转90°，然后缩小图片，再通过“自由裁剪”中的“椭圆形选择工具”裁剪出需要的图形，最终效果如右图所示（光盘\效果文件\第2章\蚱蜢.jpg）。

# 2.3 调整数码照片的画质

在对照片进行旋转、缩放等操作时，娜娜发现拍摄的照片有些光线太暗，有些又太强，还有些照片甚至有斑点。阿伟告诉娜娜，这些情况都可以通过光影魔术手进行调整，提升照片的质量。

## 2.3.1 照片曝光不足/过度怎么办

拍摄照片时常常会出现曝光不足或过度的情况，这时，拍摄出的照片颜色、明暗度、对比度等会不自然。解决照片曝光不足或过度的办法有以下几种。

### 1. 自动曝光

在光影魔术手中打开照片，单击工具栏中的“曝光”按钮，光影魔术手会自动判断并调整照片的曝光，使照片色彩更加鲜艳自然。

提示：选择“调整”/“自动曝光”命令也可对照片进行自动曝光处理。

### 2. 数码补光

在较暗环境下拍摄的照片，背景通常看不清楚，使用自动曝光功能并不能完全改善这种情况，这时，可通过数码补光功能来提高照片亮度。

下面对一张背景昏暗的照片进行补光，使照片更加明亮。

**第1步：打开照片**

在“开始”菜单中选择“所有程序”/“光影魔术手”/“光影魔术手”命令启动该软件，在光影魔术手中选择“文件”/“打开”命令，在打开的对话框中选择需要打开的素材照片（光盘\素材文件\第2章\数码补光.jpg）。

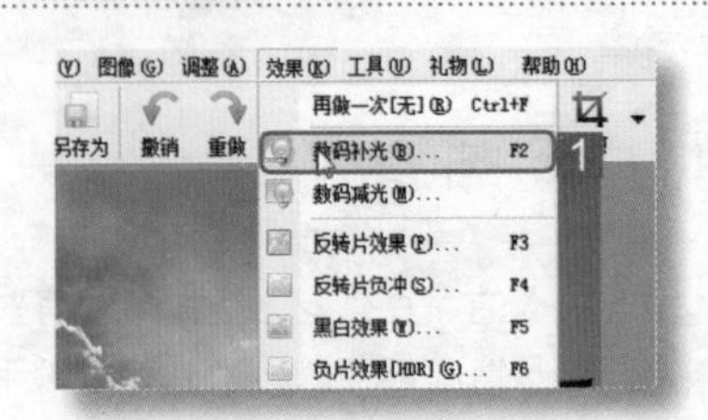


### 第2步：打开“数码补光”对话框

在光影魔术手中选择“效果”/“数码补光”命令，打开“数码补光”对话框。

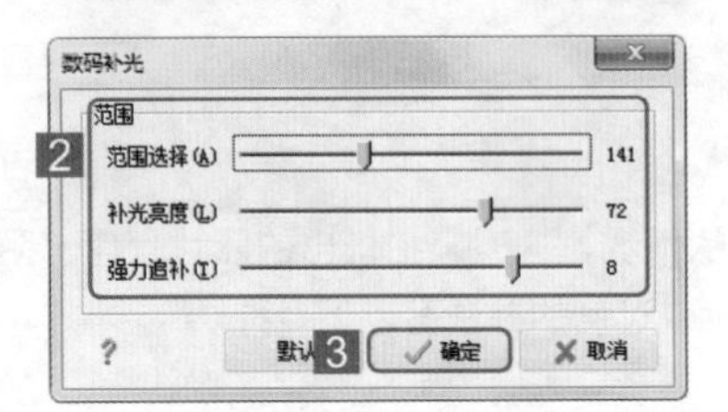


### 第3步：设置参数

在该对话框中拖动滑块，将“范围选择”、“补光亮度”和“强力追补”的值分别设置为141、72和8，然后单击 确定 按钮。

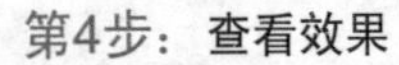

### 第4步：查看效果

返回光影魔术手工作界面，查看补光后的照片效果。

提示：单击工具栏中的“补光”按钮可快速进行补光。

3. 数码减光

曝光不足使照片色彩暗淡，而曝光过度则使照片苍白无力，失去光泽。这时可通过数码减光功能使照片对比度更加自然，色彩更加鲜明。

数码减光的操作与补光操作类似，在光影魔术手中打开要处理的照片，选择“效果”/“数码减光”命令，打开“数码减光”对话框，在其中设置减光的范围和强度后，单击 确定 按钮即可。

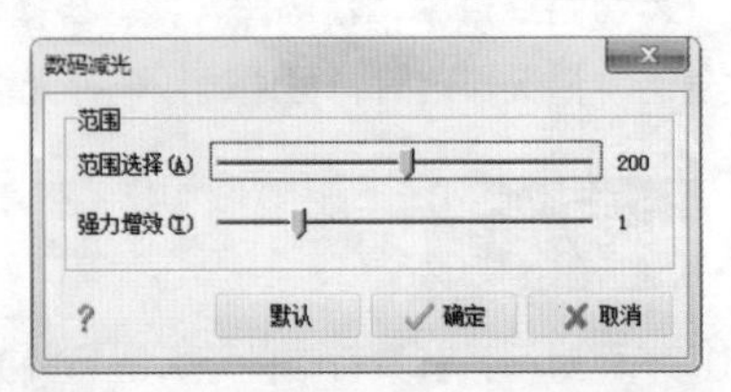

## 2.3.2 怎样处理太粗糙的照片

照片太粗糙主要是拍摄照片时电子干扰相机产生了噪点。噪点是拍摄时CCD将光线作为接收信号并输出时在图像中产生的粗糙部分，可通过光影魔术手的降噪功能进行处理。

### 1. 高ISO降噪

光线较暗时，使用高ISO模式拍摄照片可提高照片的亮度，但拍摄出的照片会有过多的噪点。在光影魔术手中打开需要降噪的照片，选择“效果”/“降噪”/“高ISO降噪”命令，可对高ISO模式下拍摄的照片进行降噪处理，使照片画面更加干净、清晰。

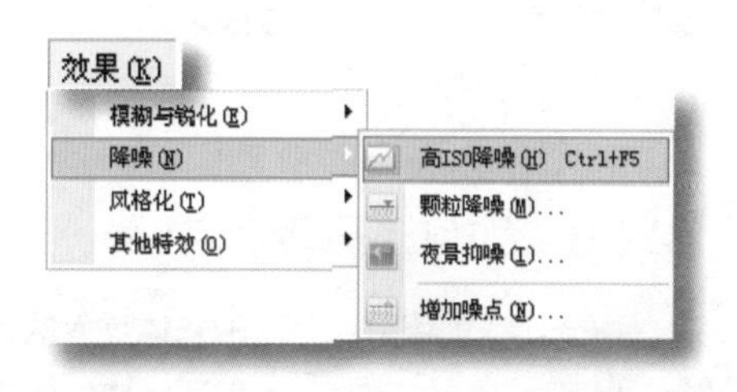


提示：按Ctrl+F5键可快速进行高ISO降噪处理。

### 2. 夜景抑噪

拍摄夜景时，由于光线不足，会产生大量的噪点。在光影魔术手中打开需要处理的夜景照片，选择“效果”/“降噪”/“夜景抑噪”命令，打开“夜景抑噪”对话框，在其中设置“域值”、“过渡范围”、“力度”后，单击确定按钮即可。下图所示的两张图片分别为降噪前和降噪后的效果。

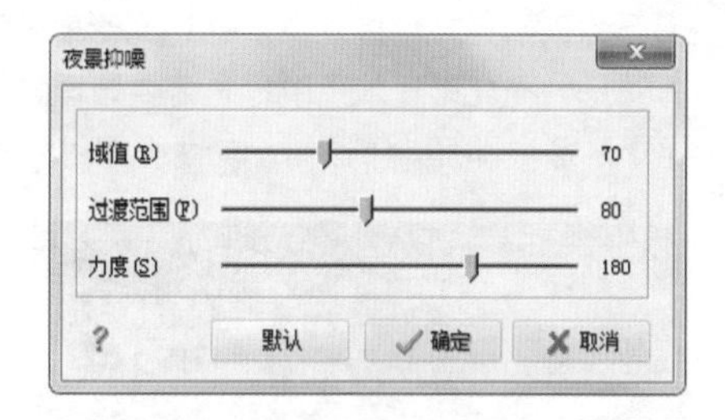

3. 颗粒降噪

如果照片中出现过多的噪点颗粒，可使用颗粒降噪功能将照片中的噪点融入周围的色块中，降低噪点对照片质量的影响。选择“效果”/“降噪”/“颗粒降噪”命令，打开“颗粒降噪”对话框，在该对话框中设置“阈值”和“数量”参数后，单击 确定 按钮即可。

## 2.3.3 如何还原真实色彩

由于光线的照射，不同的物体反射的色彩也不同，拍摄出的照片可能会产生色偏。白平衡顾名思义，是白色的平衡。在光影魔术手中通过调整白平衡，可以将任何白色的物体还原为白色，从而解决了色彩还原和色调处理等问题。

1. 自动白平衡

大多数数码相机都有自动白平衡设置功能，但如果白平衡设置不准确，拍摄出的照片仍然存在色偏现象。通过光影魔术手的自动白平衡功能可改善这种情况，其方法是：在光影魔术手中打开需要处理的照片，在菜单栏中选择“调整”/“自动白平衡”命令即可。下图所示的两张图片分别为调整前和调整后的效果。

2. 严重白平衡错误校正

拍照时白平衡设置错误，会拍摄出严重偏色的照片，在昏暗的灯光下拍摄的照片效果也令人不满意，这时，可通过光影魔术手的严重白平衡错误校正功能来进行修正。在光影魔术手中选择“调整”/“严重白平衡错误校正”命令，可快速对照片进行修正。下图所示的两张图片分别为修正前和修正后的效果。

教你一招

**判断色偏的方法**

识别色偏首先是靠第一眼的印象，尤其是针对严重色偏的情况；其次，如果是景物照片可观察景物的灰色部分，如果是人物照片可观察人的皮肤；最后还要查看照片的色彩密度，要以中间密度为准。

### 3. 白平衡一指键

除了通过软件自动进行处理外，用户还可根据自己的需要使用白平衡一指键功能调节照片的色彩。

动手一试

下面使用白平衡一指键功能修正偏色的照片，使照片色彩恢复正常。

**第1步：打开照片**

启动光影魔术手，选择“文件”/“打开”命令，打开需要修正的照片（光盘\素材文件\第2章\色偏.jpg）。

**第2步：打开“白平衡一指键”窗口**

在光影魔术手中选择“调整”/“白平衡一指键”命令，打开“白平衡一指键”窗口。

提示：按Ctrl+Alt+W键，也可打开“白平衡一指键”窗口。

### 第3步：手动设置白平衡

将鼠标放在“原图”窗格中的照片上，鼠标变为形状，使用鼠标单击照片上最接近白色的地方，在右边的“校正效果”窗格中将显示出校正后的效果，最后单击 确定 按钮。

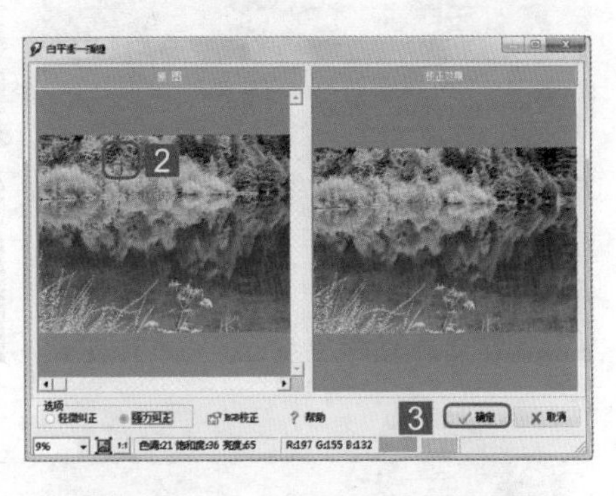


提示：如果不满意调整的效果，可重新单击左边的照片。

### 第4步：查看效果

返回光影魔术手工作界面，查看图像调整结果（光盘\效果文件\第2章\色偏.jpg）。

教你一招

**使用白平衡纠正严重偏色的照片**

如果是严重偏色的照片，可在“白平衡一指键”窗口下方选中“强力纠正”单选按钮，加强校正力度；也可单击 RGB校正 按钮，打开“人工校正白平衡”对话框，对红、绿、蓝3种颜色进行调整。

## 2.3.4 让照片的色彩更加鲜明

由于外界环境等因素的影响，拍摄的照片色彩可能并不理想，如光线不足、色彩暗淡等，可通过“亮度·对比度·Gamma”对话框调整照片的亮度、对比度和Gamma，使照片色彩更加鲜明。

下面结合亮度、对比度、Gamma调整照片色彩，使一张色彩暗淡的照片更加鲜明。

### 第1步：打开照片

启动光影魔术手，在菜单栏中选择“文件”/“打开”命令，打开需要处理的照片（光盘\素材文件\第2章\亮度.jpg）。

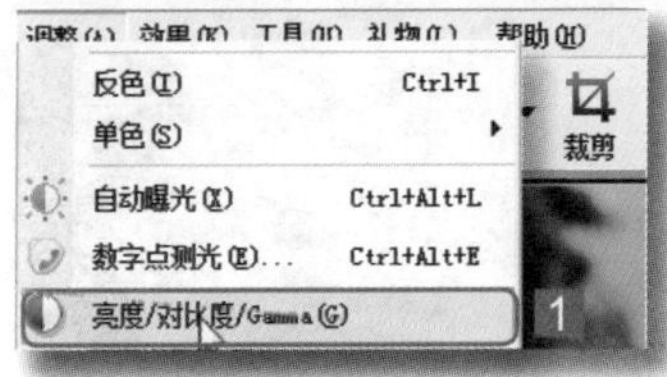


### 第2步：打开对话框

在菜单栏中选择“调整”/“亮度/对比度/Gamma”命令，打开“亮度·对比度·Gamma”对话框。

### 第3步：设置参数

将“亮度”设置为0，“对比度”设置为10，“Gamma值”设置为0.48，然后单击 确定 按钮。

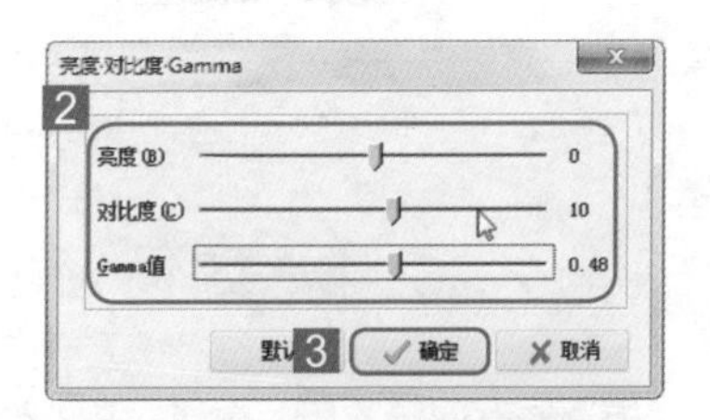


**提示**：用户应根据照片的明暗度来设置亮度、对比度和Gamma的值。

### 第4步：查看效果

返回光影魔术手工作界面，查看调整后的效果（光盘\效果文件\第2章\亮度.jpg）。

**教你一招**

#### 不同照片明暗度的调节方法

上面综合了亮度、对比度和Gamma来调整照片，下面教你一些单独对亮度、对比度、Gamma进行调整的技巧。

技巧1：当照片整体光线较亮或较暗时，可通过调整亮度来降低或提高照片亮度。

技巧2：如果需要处理的照片很灰暗，且无法表现照片的主题时，可通过调整照片的对比度使照片内容更明确。

技巧3：如果要对照片的灰度色彩进行调整，可通过调整Gamma来实现，且对照片的高亮和暗部影响不大。

跟我练习

**使用光影魔术手提高照片画质**

先启动光影魔术手，打开左图所示的照片（光盘\素材文件\第2章\画质.jpg），对照片进行降噪处理和数码补光，最后保存照片。效果如右图所示（光盘\效果文件\第2章\画质.jpg）。

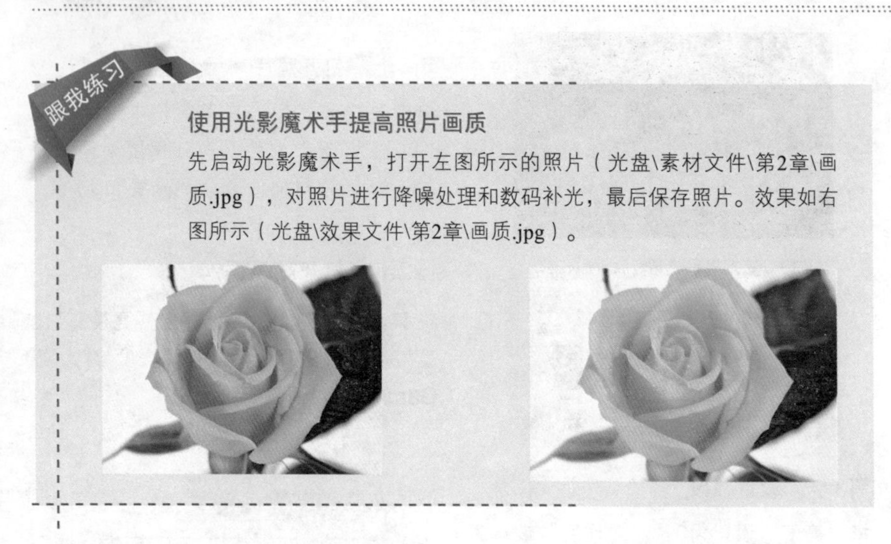

# 2.4 如何使照片色彩更加丰富

娜娜对有问题的照片做了简单的处理，发现有些照片的色彩还是不够理想，怎么办呢？阿伟看到一筹莫展的娜娜，笑着说道："别急，光影魔术手还提供了一些高级处理功能，可以使用户根据自身需要调整图片效果，使照片色彩更加丰富"。

## 2.4.1 图像的色彩模式

一张色泽光鲜、颜色搭配合理的照片比一张平淡无奇的照片更具有活力和吸引力，但首先需要了解色彩的概念及色彩的模式，下面将从以下几个方面进行讲解。

1. 色彩的基本概念

顾名思义，"色"即单一的颜色，如红色、黄色、蓝色等。"彩"即各种色彩，是由多种颜色组合而成的色彩状态。简单来说，色彩就是一种视觉现象，能体现人的视觉和心理的感受与体验。

2. 色彩的三要素

色彩可用色相、明度和纯度进行描述，因此这3个特性被称为色彩的三要素，也叫色彩三属性。下面分别进行介绍。

■ 色相

色相是颜色名称的标识，如红、橙、黄、绿、青、蓝、紫等。将一种颜色与其他颜色混合，可改变颜色的色相。如将品红与淡黄根据不同的比例混合，可产生大红、朱红、橙色、中黄等颜色。

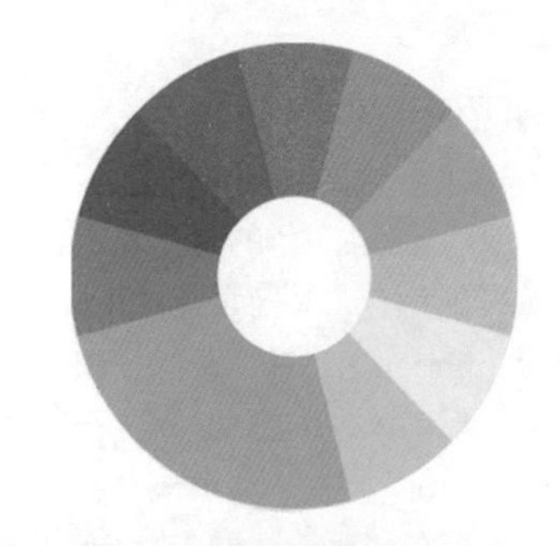

■ 明度

明度即色彩的明亮程度。色彩的明度变化有3种情况：一是不同色相的明度不同，如白、黄、橙、红、紫、黑，其亮度呈递减；二是同一色相不同明度，如同一颜色在不同光线照射下产生的明暗变化不同；三是通过色相混合改变色彩明度，如在某种颜色中加入白色，会变亮，加入黑色会变暗，但同时颜色的饱和度也会降低。

■ 纯度

纯度又称饱和度或彩度，指色彩的纯净程度。通常用色相中灰色成分所占的比例来表示，0%为纯灰色，100%为完全饱和；也可通过纯色在某种颜色中所占比例的大小来判断纯度的高低，纯色比例越大，纯度越高；纯色比例越小，纯度越低。由此可见，单色光是最饱和的彩色。

3. 图像的色彩模式

色彩模式（Color Models）是将颜色转换为数据的一种方法，使颜色能够在多种媒体中被显示出来、支持跨平台使用等。常见的色彩模式有RGB、CMYK、Lab和HSB色彩模式。

■ RGB色彩模式

RGB色彩模式也叫做彩色模式，通过红、绿、蓝3种颜色的变化及混合得到各式各样的颜色。R代表红（Red），G代表绿（Green），B代表蓝（Blue），每种颜色都可以在0~255之间进行取值。当取值都为0时，表示纯黑色，是该模式下最暗的颜色；当取值都为255时，为纯白色，是该模式下最亮的颜色。

■ CMYK色彩模式

CMYK色彩模式是一种印刷的模式，以打印在纸张上油墨的光线吸收为基础，如青、洋红、黄和黑4种颜色都可以吸收光线。在处理图形图像时，通常不采用CMYK色彩模式，因为这种模式文件大，占用空间多，很多滤镜都不能使用。所以在处理时通常转换为RGB模式，而在印刷输出时再转换成CMYK模式。

■ Lab色彩模式

在Lab色彩模式下不管使用任何设备（如电脑、显示器、打印机或扫描仪）创建或输出图像，产生的颜色都将保持一致并能在不同系统和平台之间进行转换。L代表光亮度分量，范围为0~100；a表示从绿到红的光谱变化，b表示从蓝到黄的光谱变化，两者范围都是-120 ~+120。

■ HSB色彩模式

HSB色彩模式是基于人类对色彩的感觉来划分的，是通过对比度、饱和度等的设定，将自然颜色转换成直观的颜色。H（色调）是指光经过透射或反射物体后产生的单色光谱，表现为各种颜色；S（饱和度）是指颜色的纯度，表示颜色中灰度成分所占的比例；B（亮度）指颜色的明暗程度。

教你一招

色彩搭配技巧

合理搭配色彩可达到锦上添花和事半功倍的效果。色彩搭配的原则是“总体协调，局部对比”。常用的配色方案有以下几种。

方案1：暖色调，表示温馨、和煦和热情的氛围，如红、橙、黄和褐色等色彩的搭配。

方案2：冷色调，表示宁静、清凉和高雅的氛围，如青、绿和紫色等色彩的搭配。

方案3：对比色调，即把色性完全相反的色彩搭配在同一个空间，可产生强烈的视觉效果，如黄与紫、红与绿、橙与蓝等色彩的搭配。

## 2.4.2 调整照片的亮度

如果对拍摄出的照片亮度不满意，可通过光影魔术手的“色阶”功能和“曲线”功能轻松实现亮度的调整，使照片色彩更加自然。

1. 通过“色阶”调整照片亮度

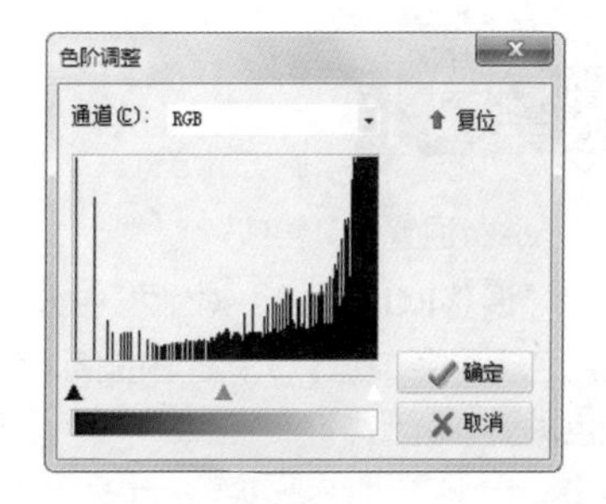


在光影魔术手中选择“调整”/“色阶”命令，打开“色阶调整”对话框，可看到照片的色阶分布图和调整亮度的3个滑块。这3个滑块从左到右分别表示黑色、灰色、白色的色彩分布情况。用鼠标拖动滑块，调整照片的亮度后单击 确定 按钮即可。

提示：向左拖动滑块照片越亮，向右拖动滑块照片越暗。如果对调整的效果不满意，可单击 复位 按钮，重新进行调整。

2. 通过“曲线”调整图片色彩

在光影魔术手中打开需要调整的照片，然后选择“调整”/“曲线”命令，打开“曲线调整”对话框，可以看到对话框中有一条斜线，这条线表示图像的色调，单击该斜线，可在线上增加一个调节色彩点，拖动小点调节照片的色彩后，单击 确定 按钮即可。下图所示即为调整前和调整后的效果。

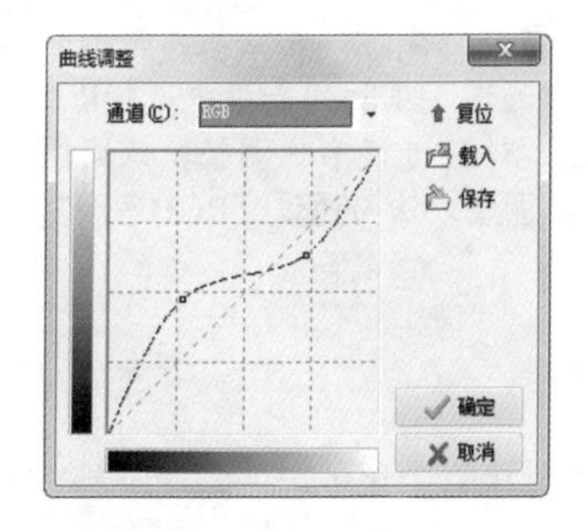

提示：向上拖动调节点，照片越亮；向下拖动调节点，照片越暗。在斜线上单击一次可增加一个调节点。

## 2.4.3 通过“RGB色调”调整图片色调

RGB色调表示红、黄、蓝3个通道的颜色，平衡增加这3个通道的值可使图像变亮，减少则变暗；单独调整每个通道的值将产生不同色调的效果。在光影魔术手中选择“调整”/“RGB色调”命令，即可打开“调整RGB色调”对话框。

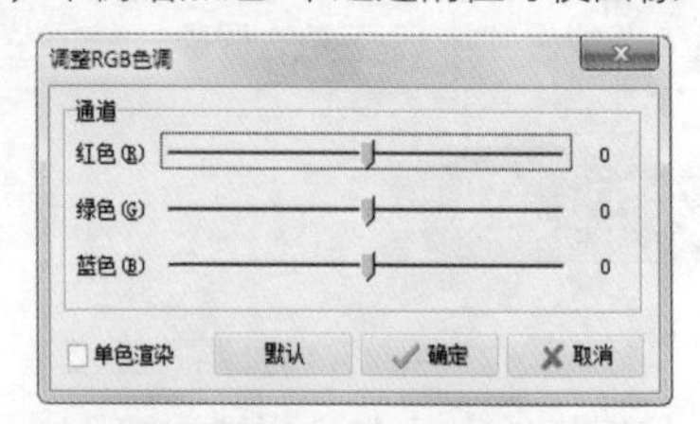

1. 平衡调整RGB色调

在“调整RGB色调”对话框中分别调整红色、绿色、蓝色3个通道的值，使图像色彩更加鲜明。

2. 单独调整通道的值

在“调整RGB色调”对话框中单独调整红色通道的值，向左调整，照片偏绿色，向右调整，照片偏红色；单独调整绿色通道的值，向左调整，照片偏红色，向右调整，照片偏绿色；单独调整蓝色通道的值，向左调整，照片偏向黄色，向右调整，照片偏向紫色。

提示：通过“色阶”和“曲线”调整时，可在“通道”下拉列表框中选择R、G、B通道，对其进行单独调整，改变图像色调。其调整方法与通过“RGB色调”调整相同。

## 2.4.4 通过“色相/饱和度”调整图片色彩

使用“色相/饱和度”可以调整图片的色彩，使图片色彩变化多端。

下面通过“色相/饱和度”调整图片色彩，感受不同季节的风景。

### 第1步：打开照片

在光影魔术手中打开要处理的照片“枫叶.jpg”（光盘\素材文件\第2章\枫叶.jpg），可看到枫叶红彤彤的，是深秋时的景象。

### 第2步：打开“调整饱和度”对话框

选择“调整”/“色相/饱和度”命令，打开“调整饱和度”对话框。

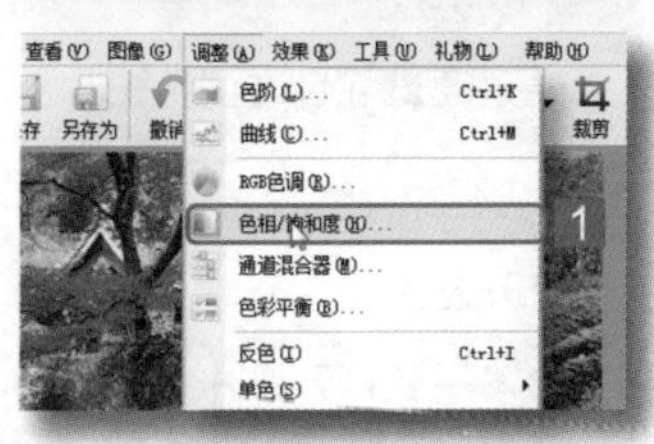


### 第3步：调整秋初效果图

在该对话框中拖动滑块，将“色相”设置为31，“饱和度”设置为16，“亮度”设置为2，可看到原本为红色的枫叶变为了黄色，就像初秋时枫叶没有变红时的景象（光盘\效果文件\第2章\枫叶1.jpg）。

提示：在设置参数时，图像会根据设置的参数自动调整照片色彩，如果对调整的色彩不满意，直接重新设置即可。

### 第4步：调整春天效果图

单击 默认 按钮，重新设置参数，将“色相”设置为74，“饱和度”设置为-2，“亮度”设置为13，可看到枫叶变为了绿色（光盘\效果文件\第2章\枫叶2.jpg）。设置好想要的效果后，单击 确定 按钮，返回工作界面即可查看效果。

提示：若选中“着色”复选框，则整个画面的颜色都会一起改变。

## 2.4.5 通过“通道混合器”调整图片色彩

通过“通道混合器”可以将R、G、B这3个通道的颜色混合，调出不同色彩的效果。

下面通过通道混合器调整图片色彩，将紫色的花朵变为蓝色。

### 第1步：打开照片

启动光影魔术手，打开照片“调色.jpg”（光盘\素材文件\第2章\调色.jpg），可看到花朵呈紫色。

### 第2步：打开“通道混合器”对话框

在光影魔术手中选择“调整”/“通道混合器”命令，打开“通道混合器”对话框。

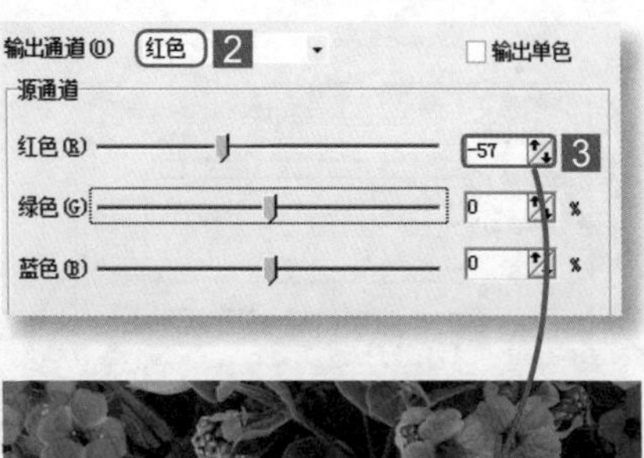

### 第3步：调整通道的值

在“输出通道”下拉列表框中选择“红色”选项，在“源通道”栏中将“红色”设为-57，其他设置保持默认不变，通过光影魔术手工作界面可看到花朵呈浓郁的蓝色。

**提示**：红、绿、蓝通道的值可在-200～200之间变换。通道的值越小，该颜色就越暗，值越大，颜色越亮。

### 第4步：继续调整通道的值

在“输出通道”下拉列表框中选择“绿色”选项，拖动滑块将红、绿、蓝通道的值分别设置为33、110、-16，单击 确定 按钮，可看到蓝色的花朵层次感变得更强（光盘\效果文件\第2章\调色.jpg）。

**提示**：选中对话框中的“输出单色”复选框，图片颜色会变为灰色。

**教你一招**

#### 快速变换颜色的方法

除了在“通道混合器”对话框中调整红、绿、蓝通道的值外，还可单击 色彩互换 按钮，在弹出的快捷菜单中选择预设的颜色变化，包括红到绿、红到蓝和绿到蓝。

**跟我练习**

#### 使用光影魔术手的高级调整功能丰富照片的色彩

先启动光影魔术手，选择“打开”/“文件”命令，打开素材文件（光盘\素材文件\第2章\色彩.jpg），通过“曲线”和“色相/饱和度”调整照片色彩，使照片色彩更加丰富（光盘\效果文件\第2章\色彩.jpg）。

# 2.5 更进一步——图片处理小妙招

通过学习，娜娜已初步掌握了使用光影魔术手处理照片的方法，不仅掌握了图片的基本操作，而且还学会了改善画质和调整照片色彩的方法，使照片效果更加自然、绚丽。娜娜在学习的过程中充分感受了光影魔术手处理图片的便捷。阿伟告诉娜娜要熟练掌握处理图片的技巧，还需要进一步掌握以下几个技能。

## 第1招 运用“对比”功能

对图片进行处理时，可通过光影魔术手的“对比”功能查看处理前和处理后的效果，使用户能更直观地对图片效果进行比较，及时更改。

在工具栏中单击“对比”按钮，即可切换到“对比”界面。

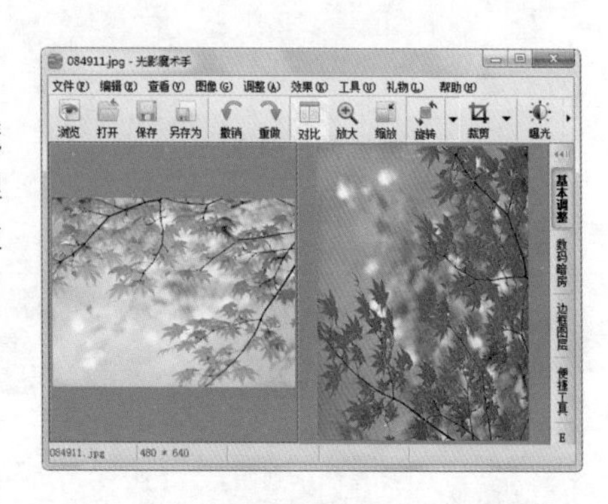


## 第2招 增加噪点

噪点会使照片变得不平滑，但如果在某些特定的环境氛围中刻意添加噪点，会使照片更具有怀旧感，增加照片的艺术气息。

增加噪点的方法与降噪的方法类似，在光影魔术手中选择“效果”/“降噪”/“增加噪点”命令，可打开“增加噪声”对话框，在其中设置噪点数量后，单击 确定 按钮即可。

## 第3招 色彩平衡

通过“色彩平衡”可调整图片色彩。在光影魔术手中选择“调整”/“色彩平衡”命令，打开“色彩平衡”对话框，在其中设置色彩和色调的平衡后，单击 确定 按钮即可。方法与调整“色阶”、“饱和度”等类似。

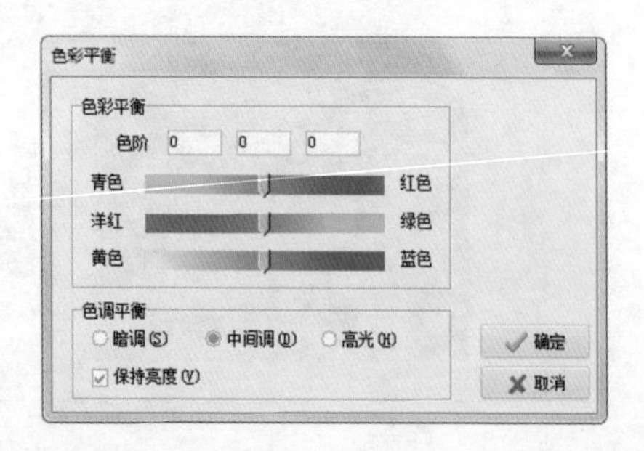

## 第4招 活用“扩边”功能

当照片尺寸不合适，但又不方便裁剪时，可通过“扩边”功能在照片边缘添加背景，使照片的长宽比例符合要求，其效果类似于边框。

在菜单栏中选择“图像”/“扩边”命令，打开“画布扩边”对话框。在该对话框中的上、下、左、右数值框中输入需要扩充的值，然后选择扩充方式和颜色，最后单击确定按钮即可。

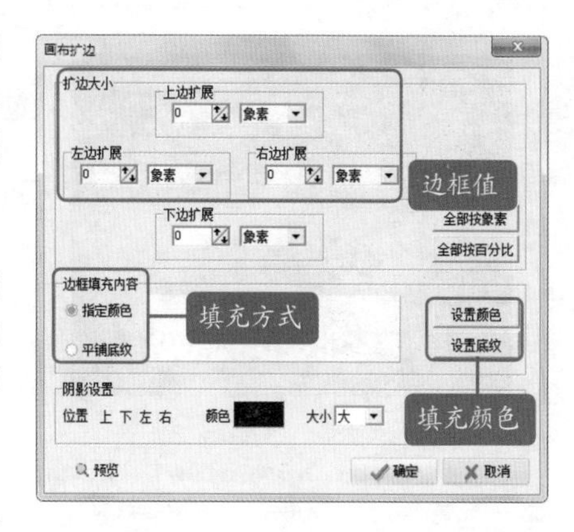


**提示**：选择“图像”/“自动扩边”命令，可在弹出的快捷菜单中选择预设的标准尺寸进行扩边。

## 第5招 撤销和重复操作

如果要撤销之前的操作，可按Ctrl+Z键，按Ctrl+Y键可恢复刚才所做的操作。另外，在右侧快捷功能区中的“操作历史”选项卡中可看到关于图片的操作，单击相应的操作可回到对应的步骤。

# 2.6 活学活用

（1）设置图片的默认启动方式为光影看看，然后通过光影看看浏览照片。

（2）打开左图所示的照片（光盘\素材文件\第2章\亮度调整.jpg），通过“色阶”调整其亮度，最终效果如右图所示（光盘\效果文件\第2章\亮度调整.jpg）。

（3）打开左图所示的照片“水面.jpg”（光盘\素材文件\第2章\水面.jpg），对照片进行白平衡设置，最终效果如右图所示（光盘\效果文件\第2章\水面.jpg）。

（4）打开左图所示的照片“花田.jpg”（光盘\素材文件\第2章\花田.jpg），对照片进行镜像、亮度和对比度等操作，最终效果如右图所示（光盘\效果文件\第2章\花田.jpg）。

（5）打开左图所示的照片“苹果.jpg”（光盘\素材文件\第2章\苹果.jpg），对照片进行色彩调节，然后通过裁剪制作出苹果被咬过的痕迹，最后进行适当的旋转，最终效果如右图所示（光盘\效果文件\第2章\苹果.jpg）。

Life

NEW CENTURY

☑ 想知道处理人像的方法吗？

☑ 还在为脸上的痘痘而发愁吗？

☑ 想制作各种不同效果的图片吗？

☑ 此时此刻的你想看晚霞吗？

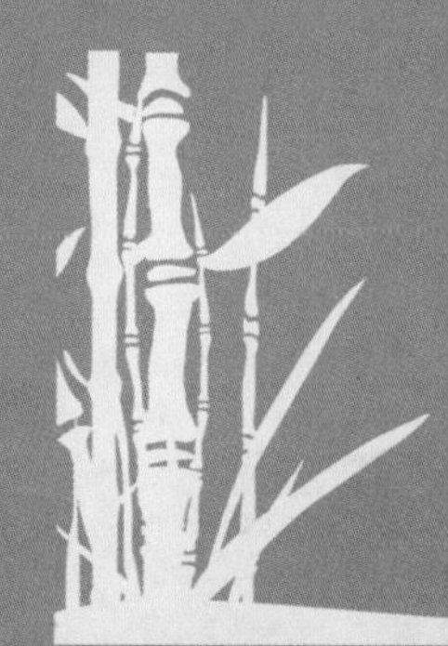

# 第 03 章 使用光影魔术手美化照片

娜娜心情有点低落，原本想要和朋友们一起分享拍摄的照片，但娜娜发现很多照片的效果都不理想。都说使用光影魔术手可以快速美化数码照片，到底该怎么做呢？阿伟看着愁眉苦脸的娜娜，说道："别担心，看看我是怎么做的！"只见阿伟走到电脑桌旁，使用光影魔术手三两下就美化好了照片。娜娜看了，立马两眼放光地说道："阿伟，快教教我怎么美化数码照片吧……"

# 3.1 教你怎样处理人像

娜娜最喜欢为家人和朋友拍摄照片了，看着他们快乐的笑脸，娜娜也觉得很开心。但遗憾的是，很多时候拍摄出来的照片效果并不是很理想。看着愁眉苦脸的娜娜，阿伟笑了笑说道："不要担心，我现在就教你一些人物照片的处理方法。"

## 3.1.1 对人像美容

如果拍出的人物照片脸上出现痘痘、皱纹或皮肤不平滑等现象，可通过光影魔术手的人像美容功能进行美化，使照片中的人看上去更青春靓丽。

下面通过光影魔术手对人像进行美容。

**第1步：打开人像照片**

在光影魔术手中选择"文件"/"打开"命令，打开一张人像照片（光盘\素材文件\第3章\美容.jpg），可看到人物额头和脸上有痘痘。

**第2步：打开"人像美容"窗口**

选择"效果"/"人像美容"命令，打开"人像美容"窗口，可看到系统会自动根据预设的值对人像进行美容。

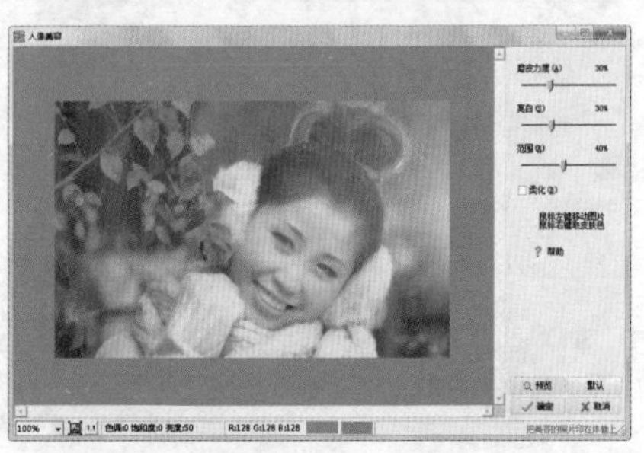

提示：单击工具栏中的"美容"按钮或按F8键，可快速打开"人像美容"窗口。

**第3步：设置参数**

拖动滑块将"磨皮力度"、"亮白"、"范围"分别设置为45%、27%、69%，选中"柔化"复选框，然后单击 确定 按钮。

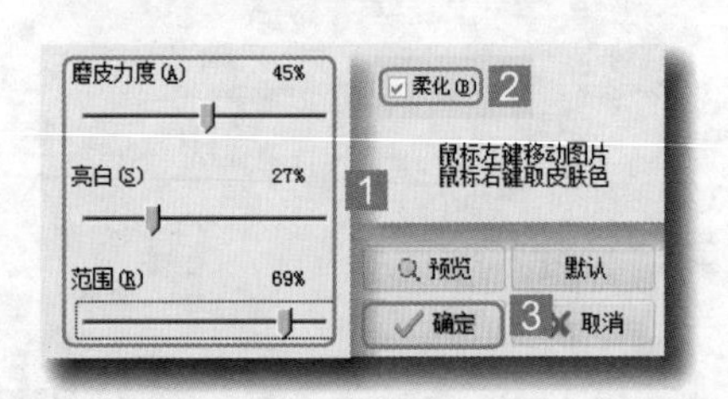

**第4步：查看效果**

返回光影魔术手工作界面，查看美容后的效果（光盘\效果文件\第3章\美容.jpg）。

提示：用户可根据需要调整各个参数的值，使人物美容达到最好的效果。

教你一招

**人像美容中各参数的含义**

“磨皮力度”用于对皮肤进行平滑处理，值越大，皮肤就越光滑；“亮白”用于对人物进行美白处理，值越大，皮肤越白；“范围”则用于选择美容作用的区域。

## 3.1.2 轻松去除红眼、色斑

如果人像存在红眼、色斑等现象，可通过光影魔术手中的去红眼、去斑功能对人像进行局部美化。

下面通过光影魔术手中的去红眼、去斑功能去除人物的红眼和色斑。

**第1步：打开人像照片**

在光影魔术手中选择“文件”/“打开”命令，打开一张人像照片（光盘\素材文件\第3章\局部美容.jpg），可看到人像脸上的缺陷。

**第2步：打开“去红眼”窗口**

选择“效果”/“更多人像处理”/“去红眼/去斑”命令，打开“去红眼”窗口。

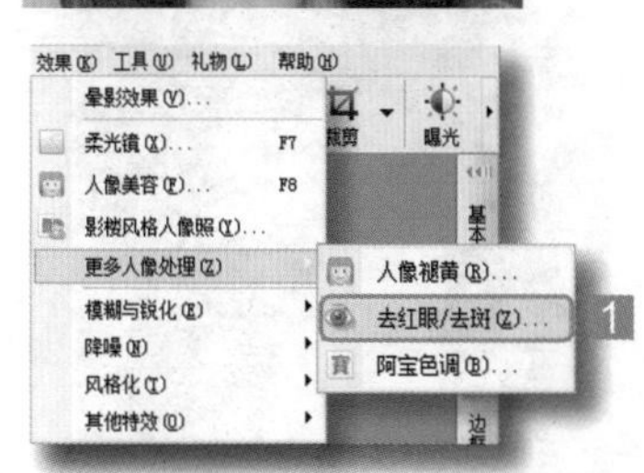

**第3步：显示人像眼睛**

在该窗口下方的下拉列表框中选择800%选项，放大图片，拖动滚动条，使人像的眼睛完全显示。

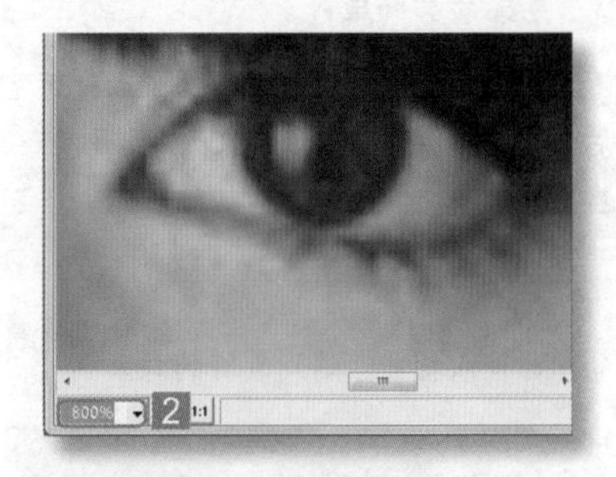


提示：单击窗口下方的按钮可快速缩小照片，使其完全显示。

**第4步：去红眼**

拖动滑块，设置“光标半径”和“力量”的值，这里将“光标半径”设置为9，“力量”设置为200，将鼠标移动到红眼中心，鼠标变为十形状，单击鼠标，去除人像的红眼。

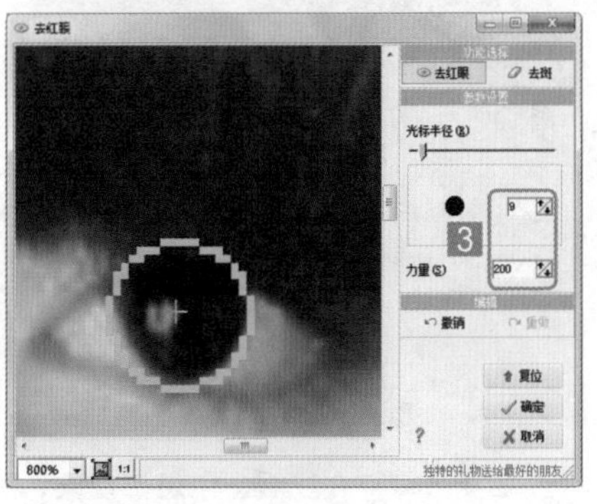


提示：要完全去除人像的红眼，需要用户不断调整“光标半径”和“力量”的值，仔细操作。

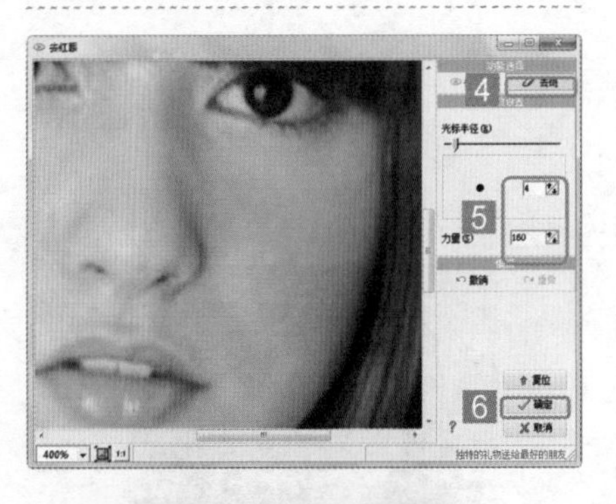


**第5步：去斑**

去除红眼后，单击去斑按钮，切换到“去斑”窗口，拖动滚动条将人脸上有斑点的地方显示出来，设置“光标半径”和“力量”的值分别为4和160，然后在有斑点的地方进行涂抹，直到斑迹淡化，完成后单击确定按钮。

**第6步：查看效果**

返回光影魔术手工作界面，查看照片效果（光盘\效果文件\第3章\局部美容.jpg）。

提示：如果操作错误，可单击撤销按钮返回上一次的状态；如果想再次做相同的操作，可单击重做按钮。

## 3.1.3 人像偏黄怎么办

天生皮肤发黄的人拍摄出来的照片效果通常不太好看，这时可通过光影魔术手的“人像褪黄”功能来校正肤色偏黄的人像照片。

在光影魔术手中选择“效果”/“更多人像处理”/“人像褪黄”命令，打开“人像褪黄”对话框，在“调色方法”栏中选择调色的方式，然后拖动滑块设置“数量”的值，完成后单击 确定 按钮即可。如下图所示即为褪黄前和褪黄后的效果。

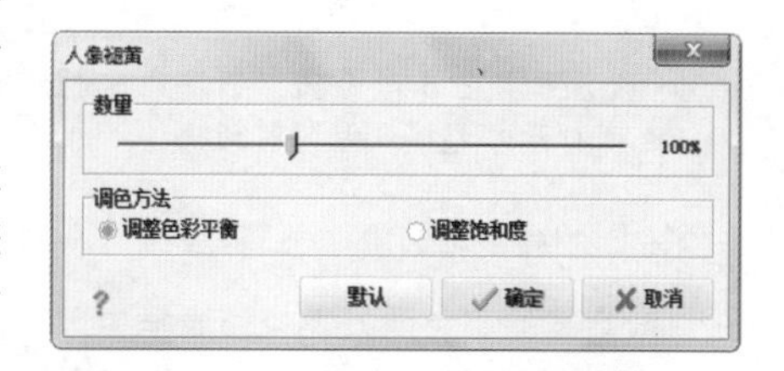

## 3.1.4 影楼风格——制作专业的影楼效果图像

对人像进行美化后，还可以通过光影魔术手提供的“影楼风格”功能制作专业的影楼效果图像，使照片更加唯美，更具艺术气息。

下面使用光影魔术手的“影楼风格”功能制作出专业的影楼效果。

**第1步：打开人像照片**

在光影魔术手中选择“文件”/“打开”命令，打开一张人像照片（光盘\素材文件\第3章\影楼风格.jpg）。

### 第2步：打开“影楼人像”对话框

在光影魔术手中选择“效果”/“影楼风格人像照”命令，打开“影楼人像”对话框。

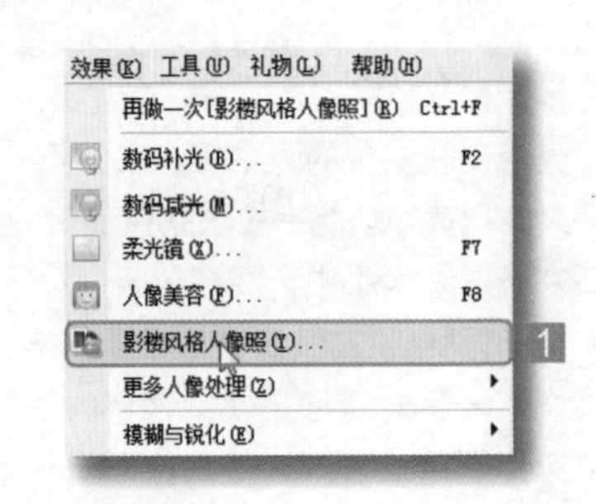


提示：单击工具栏中的“影楼”按钮，也可打开“影楼人像”对话框。

### 第3步：制作影楼效果

在该对话框的“色调”下拉列表框中选择“暖黄”选项，拖动滑块，将“力量”设置为77，然后单击 确定 按钮。

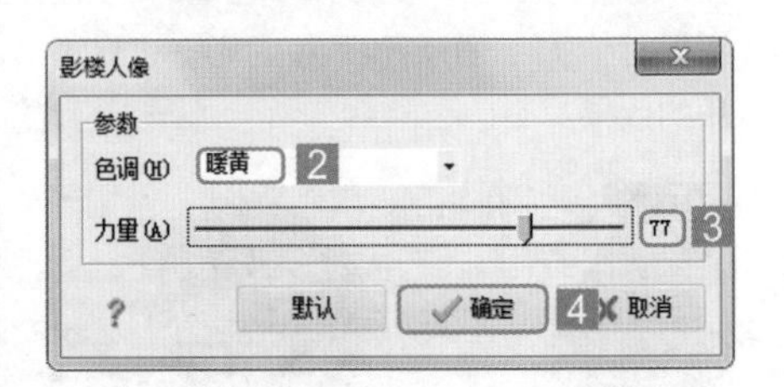


提示：在“色调”下拉列表框中有“冷蓝”、“冷绿”、“暖黄”和“复古”4个选项，用户可根据具体情况选择所需效果。“力量”的值越大，照片被色调渲染得越厉害。

### 第4步：查看效果

返回光影魔术手工作界面，查看制作的影楼效果（光盘\效果文件\第3章\影楼风格.jpg）。

教你一招

**为风景画制作影楼效果**

除了可以为人像照片制作影楼效果外，还可为风景画制作影楼效果，使风景更加唯美。

跟我练习

**通过光影魔术手美容人像**

先打开左图所示的人物照片（光盘\素材文件\第3章\美容人像.jpg），然后对人像进行美容、去斑、去红眼等操作，最后对人物照片添加影楼效果，最终效果如右图所示（光盘\效果文件\第3章\美容人像.jpg）。

# 3.2 制作各种风格的图像效果

“阿伟，光影魔术手真是太神奇了！”娜娜处理完人像后说道。阿伟笑了笑说：“这算什么，还有更多的功能呢！马上带你去看看怎样制作一些特殊效果的图像。”

新手解惑

**Q：光影魔术手可以制作哪些特殊效果的图像？**

A：光影魔术手除了可以处理人像外，还可以制作一些特殊的效果，如淡化背景、突出人物或景色、雨滴效果和晚霞效果等。

## 3.2.1 制作背景变淡的效果图片

有时，拍摄的照片中背景太过杂乱，会使主题表达不明确。在光影魔术手中可通过以下几种方法淡化背景，突出主题。

1. 通过“裁剪”虚化背景

裁剪图片时，除了可替换背景颜色外，还可虚化背景，使杂乱的照片主题变得更加清晰。通过“裁剪”虚化背景的方法与裁剪图片类似。

**动手一试**

下面通过“裁剪”功能虚化照片背景，突出照片主题。

**第1步：打开照片**

在“开始”菜单中选择“所有程序”/“光影魔术手”/“光影魔术手”命令启动该软件，然后选择“文件”/“打开”命令，打开要处理的照片（光盘\素材文件\第3章\裁剪虚化背景.jpg）。

**第2步：裁剪图片**

在工具栏中单击“裁剪”按钮，打开“裁剪”窗口，在“裁剪模式选项”栏中选中“自由裁剪”单选按钮，在下方显示的裁剪工具中选择“套索工具”，然后用鼠标在图片上画出要抠取的部分。

**第3步：虚化背景**

单击“裁剪”窗口中的去背景按钮，打开“去背景”对话框，在“去背景的方法”下拉列表框中选择“模糊虚化”选项，选中“非选中的区域”单选按钮和“自动柔化选区边缘”复选框，在“柔化程度”数值框中输入“10”，拖动滑块将“虚化强度”设置为8，单击确定按钮。

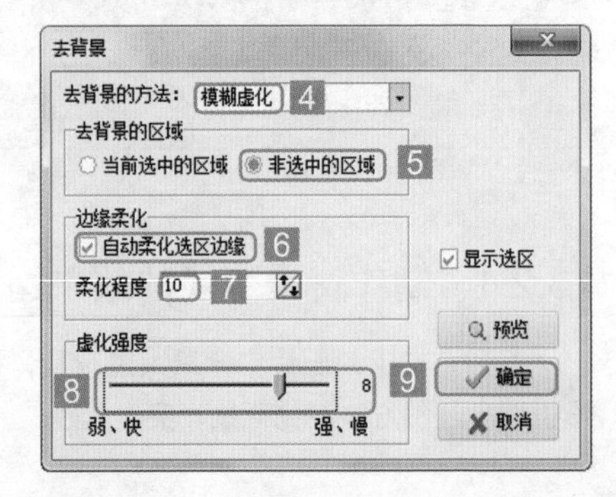

**第4步：查看效果**

返回“裁剪”窗口，再次单击✓确定按钮，返回光影魔术手工作界面，查看虚化背景的效果（光盘\效果文件\第3章\裁剪虚化背景.jpg）。

2. 通过“抠图”模糊背景

通过“裁剪”虚化背景与通过“抠图”模糊背景都可以通过抠图淡化照片的背景，不同的是，“裁剪”是通过裁剪工具来进行的，而“抠图”则是使用标记前景与背景来完成的。

下面通过“抠图”功能模糊背景，突出照片中的人物。

**第1步：打开人物照片**

在光影魔术手中选择“文件”/“打开”命令，打开照片（光盘\素材文件\第3章\抠图虚化背景.jpg）。

**第2步：抠图**

选择“工具”/“容易抠图”命令，打开“容易抠图”对话框，单击智能选中笔按钮，在图片中画红线标记前景，单击智能排除笔按钮，在图片中画绿线标记背景区域，系统会根据用户画的线自动判断前景与背景区域。

提示：按住Ctrl键，可连续多次标记前景与背景区域，使得到的区域效果更加理想。

### 第3步：模糊背景

在“第二步：背景操作”栏中选择“模糊背景”选项卡，在打开的窗格中拖动滑块设置“边缘模糊”和“强度”的值，然后单击 确定 按钮。

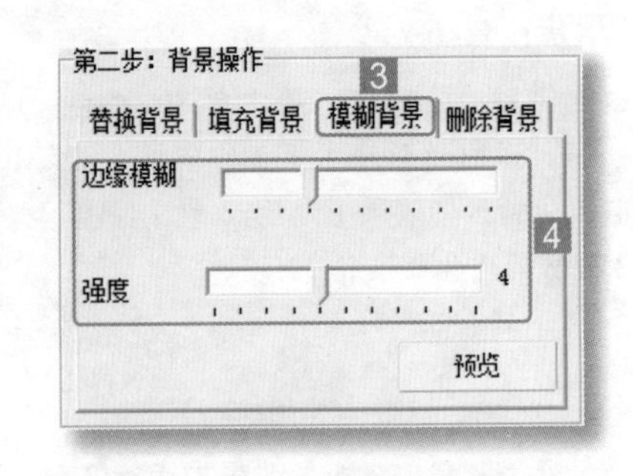


提示：单击 预览 按钮可查看图片效果，如不满意，可单击对话框中的 重置 按钮重新设置。

### 第4步：查看效果

返回光影魔术手工作界面，查看模糊背景的效果（光盘\效果文件\第3章\抠图虚化背景.jpg）。

提示：抠图后，还可对背景进行替换、填充和删除等操作，这些将在后面的章节中进行讲解，这里不做详细介绍。

3. 通过“对焦魔术棒”虚化背景

在光影魔术手中选择“效果”/“对焦魔术棒”命令，打开“对焦魔术棒”窗口，拖动滑块设置“对焦半径”的值，在图像预览区进行涂抹，着色不虚化的区域，然后再拖动滑块设置“背景虚化程度”的值，最后单击 确定 按钮即可。下图所示即为虚化前和虚化后的效果。

4. 通过色彩淡化背景

通过“着色魔术棒”可使背景变为灰色，凸显彩色的主题。在光影魔术手中选择“效果”/“着色魔术棒”命令，打开“着色魔术棒”窗口，在其中拖动滑块设置“着色半径”的值，然后在图像预览区进行涂抹，完成后单击 确定 按钮即可。

教你一招

**快速模糊图片的方法**

在光影魔术手中选择“效果”/“模糊与锐化”/“模糊”命令，可快速模糊整个图片；选择“锐化”命令，可快速模糊照片边缘；选择“精细锐化”命令，还可提高图像中某一部位的清晰度或焦距程度，使图像特定区域的色彩更加鲜明。

## 3.2.2 制作雨滴效果的图片

在光影魔术手中还提供了“雨滴效果”功能，用户可通过该功能制作出雨滴效果的图片。

下面将对一张照片进行雨滴效果处理。

**第1步：打开照片**

启动光影魔术手软件，在其中选择“文件”/“打开”命令，打开照片（光盘\素材文件\第3章\雨滴效果.jpg）。

**第2步：制作雨滴效果**

在菜单栏中选择“效果”/“其他特效”/“雨滴效果”命令，打开“雨滴效果”窗口，拖动滑块设置“点状化大小”、“雨滴数量”、“垂直偏离角度”、“长度”和“背景模糊程度”的值，这里分别设置为4、54、30、5和2，然后单击 确定 按钮。

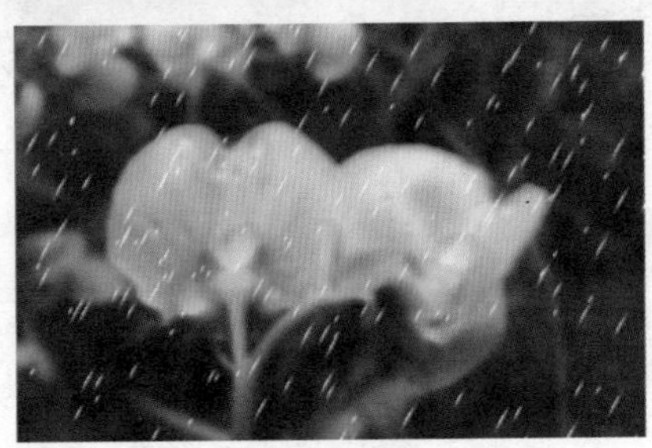

**第3步：查看效果**

返回光影魔术手工作界面，查看雨滴效果图（光盘\效果文件\第3章\雨滴效果.jpg）。

## 3.2.3 制作柔化效果图片

拍摄照片时，使用柔光摄影可达到朦胧、柔和、浪漫的拍摄效果。在光影魔术手中，通过“柔光镜”功能，也可为图片添加柔光效果。

在光影魔术手的菜单栏中选择“效果”/“柔光镜”命令，打开“柔光镜”对话框，在其中设置柔化程度和高光柔化的值后，单击 确定 按钮即可。如下图所示分别为柔化前和柔化后的效果。

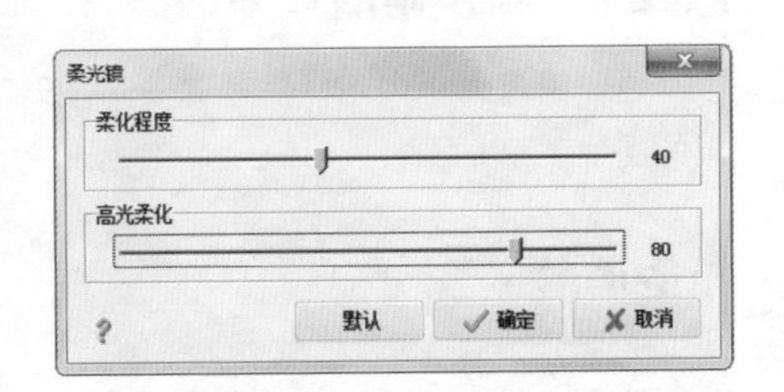


提示：柔化程度和高光柔化分别用于调整整体的柔化程度和高光部分的柔化程度。

## 3.2.4 制作晚霞效果图片

想要将一幅普通的照片制作出晚霞的效果，可通过光影魔术手的“晚霞渲染”功能实现。

在光影魔术手的菜单栏中选择“效果”/“其他特效”/“晚霞渲染”命令，打开“晚霞渲染”对话框，在其中设置“域值”、“过渡范围”、“色彩艳丽度”的值后，单击确定按钮即可。下图所示即为渲染前和渲染后的效果。

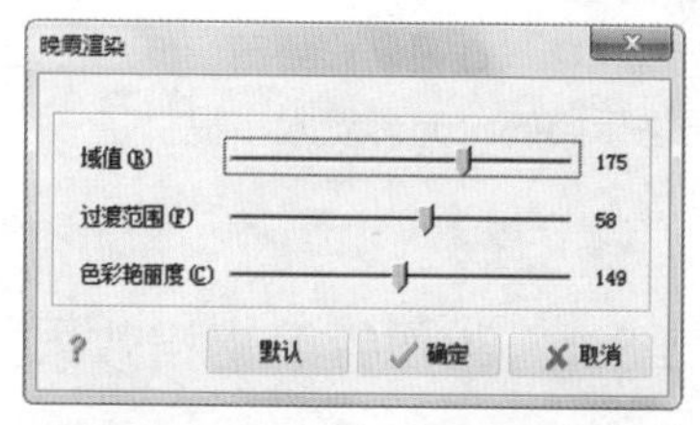

新手解惑

Q：“晚霞渲染”对话框中3个参数的含义是什么？

A：“域值”用于调整图片的整体色调，值越小，越偏向红色；值越大，越偏向蓝色。“过渡范围”用于控制色彩过度的平缓程度，值越大，效果越自然。“色彩艳丽度”用于控制色彩的饱和度，值越大，色彩越艳丽。

跟我练习

**制作一幅别具风格效果的照片**

打开左图所示的照片（光盘\素材文件\第3章\风格图片.jpg），通过“色彩平衡”和“曲线”调整照片的色彩和亮度，然后制作雨滴和柔化效果，最后裁剪照片并将背景填充为白色，最终效果如右图所示（光盘\效果文件\第3章\风格图片.jpg）。

# 3.3 制作专业的图像效果

娜娜一直很喜欢绘画，但由于没有学过画画，画出来的图像总是不太好看。阿伟告诉娜娜，光影魔术手提供了一些制作专业图像的功能，使用户轻松成为专业级别的大师。

## 3.3.1 制作铅笔素描效果图片

光影魔术手提供的“铅笔素描”功能可使用户轻松、快速地制作出素描照片。

下面通过光影魔术手的“铅笔素描”功能将一张彩色的人物照片制作为素描效果。

**第1步：打开图片**

启动光影魔术手，在菜单栏中选择“文件”/“打开”命令，打开人物照片（光盘\素材文件\第3章\铅笔素描.jpg）。

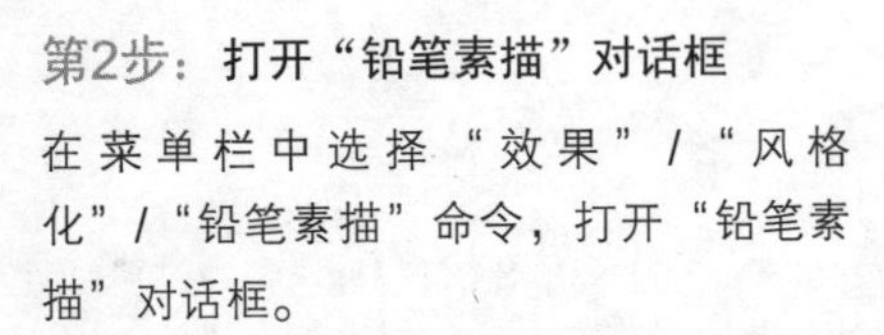

**第2步：打开“铅笔素描”对话框**

在菜单栏中选择“效果”/“风格化”/“铅笔素描”命令，打开“铅笔素描”对话框。

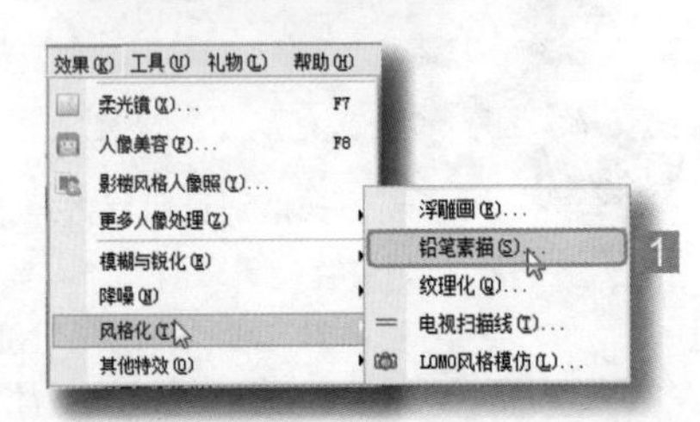


**第3步：制作铅笔素描效果**

在该对话框中将“彩色”和“扩散”的值分别设置为6和5，然后单击 确定 按钮。

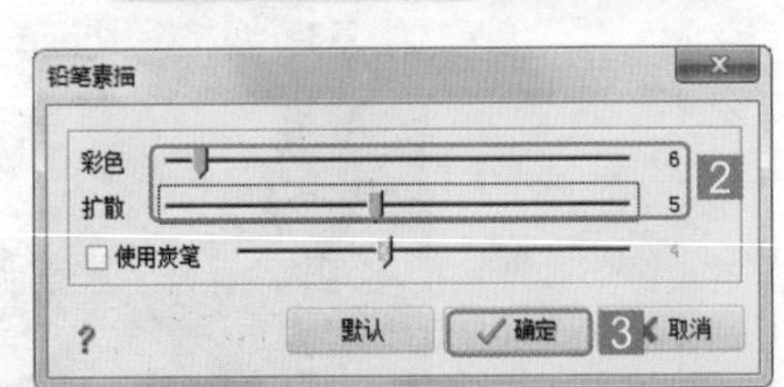

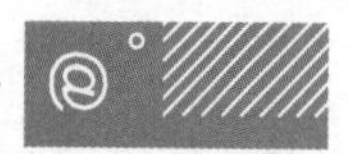

第4步：**查看效果**

返回光影魔术手工作界面，查看素描效果（光盘\效果文件\第3章\铅笔素描.jpg）。

## 3.3.2 制作浮雕画效果图片

在处理建筑物、器皿等图片时，可以为图片添加浮雕效果，使物体更具有立体感。

在光影魔术手中打开图片后，选择“效果”/“风格化”/“浮雕画”命令，打开“彩色浮雕”对话框，在其中拖动滑块设置浮雕的数量值后，单击 确定 按钮即可。

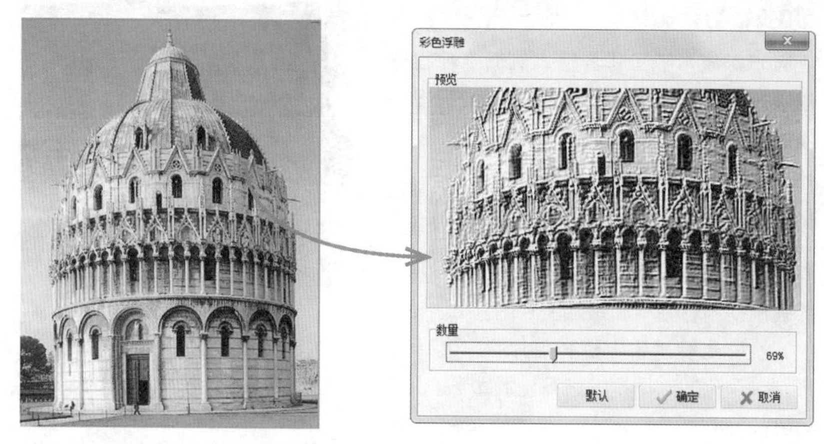


## 3.3.3 制作电视扫描线效果图片

电视的画面以水平方向分割成很多扫描线，分得越细，画面越清晰。在光影魔术手中可通过“电视扫描线”功能为图片添加电视扫描效果。

下面通过光影魔术手为图片添加电视扫描线效果。

**第1步：打开图片**

启动光影魔术手，选择“文件”/“打开”命令，打开素材照片（光盘\素材文件\第3章\电视扫描线.jpg）。

**第2步：制作电视扫描线效果**

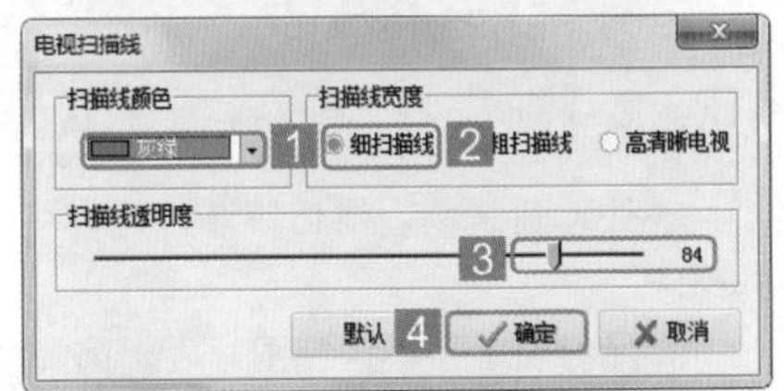


选择“效果”/“风格化”/“电视扫描线”命令，打开“电视扫描线”对话框，在“扫描线颜色”下拉列表框中选择“灰绿”选项，选中“细扫描线”单选按钮，拖动滑块将“扫描线透明度”的值设置为84，然后单击 确定 按钮。

**第3步：查看效果**

返回光影魔术手工作界面，查看电视扫描线效果（光盘\效果文件\第3章\电视扫描线.jpg）。

## 3.3.4 制作纹理线效果图片

光影魔术手提供的“纹理化”功能可以为图片添加凹凸不平的沟纹纹理，使图片表现得粗糙不平，增加图片的立体感。

在光影魔术手中打开照片后，选择“效果”/“风格化”/“纹理化”命令，打开“纹理化”对话框，进行设置即可。

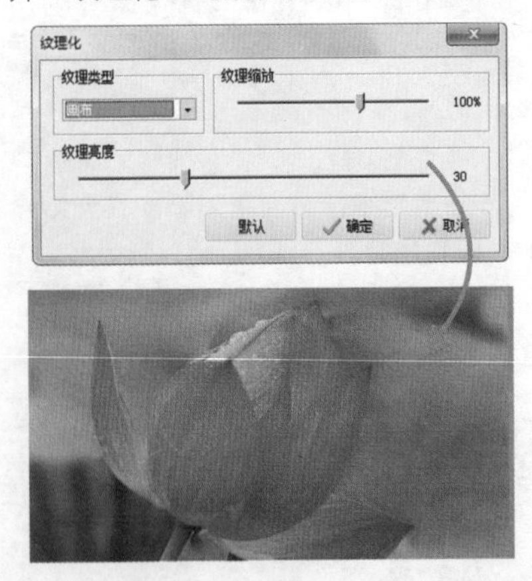


提示：“纹理化”对话框中各选项的含义分别如下。

- “纹理类型”下拉列表框用于选择纹理的类型，表现画面表面的凹凸效果纹路，包括纸质、画布和砖墙效果。
- “纹理缩放”滑块用于设置纹理的粗细和大小等。
- “纹理亮度”滑块用于设置画面的亮度，值越大，画面越暗。

教你一招

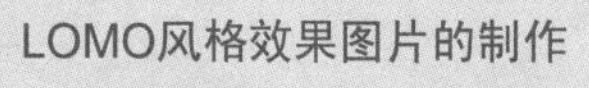

### LOMO风格效果图片的制作

LOMO风格的照片色彩鲜艳，暗角明显，有一种深邃的感觉，可给人带来意想不到的惊喜。在光影魔术手中选择“效果”/“风格化”/“LOMO风格模仿”命令，在打开的LOMO对话框中进行设置即可制作出LOMO风格的图片。

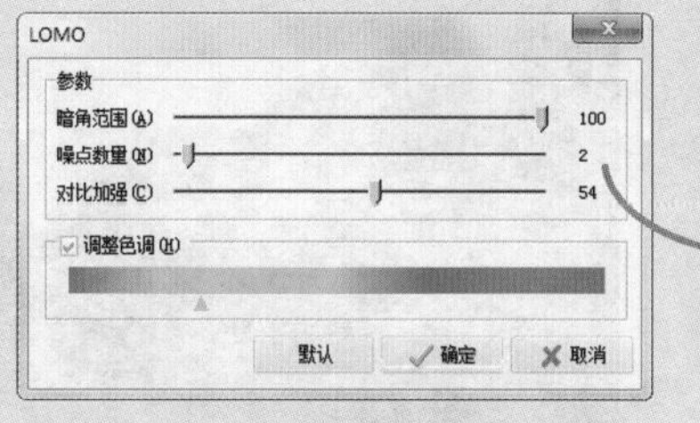

## 3.3.5 制作胶片效果图片

胶片也叫做胶卷。光影魔术手中的胶片效果包括负片、反转片、反转片负冲和黑白效果4种。

效果名称：负片效果

含义：负片就是平常使用的胶卷。传统的冲印技术以负片为底片就能洗印出正片。

特点：照片色彩素雅，质感强，反差小。

适用场合：适合于动态范围较广的照片。

使用方法：在光影魔术手中打开要处理的照片，选择“效果”/“负片效果”命令，打开“负片”对话框，在其中设置“暗部细节”和“亮部细节”的值后，单击 确定 按钮即可。

效果名称：反转片效果

含义：反转片又叫正片或幻灯片，能呈现物体的实际颜色，也可直接使用，用于放映幻灯片等。

特点：色彩浓郁、反差大、清晰度高、细节层次好。

适用场合：适合于风景拍摄。

使用方法：在光影魔术手中打开要处理的照片，选择“效果”/“反转片效果”命令，打开“反转片效果”对话框，在其中设置“反差”、“暗部”、“高光”和“饱和度”的值后，单击确定按钮即可。

提示：在工具栏中单击按钮，在弹出的下拉菜单中可设置素淡人像、艳丽色彩等多种图像效果。

效果名称：反转片负冲效果

含义：反转片负冲就是使用反转片拍摄，使反转片成为负片型的底片。

特点：色彩艳丽、反差大，特别是红、蓝、黄3种颜色。

适用场合：适合于人像和部分风景拍摄。

使用方法：在光影魔术手中打开要处理的照片，选择“效果”/“反转片负冲”命令，打开“反转片负冲”对话框，在其中设置“绿色饱和度”、“红色饱和度”和“暗部细节”的值后，单击确定按钮即可。

提示：选中“色相偏黄”复选框，可使照片偏向黄色。

效果名称：黑白效果

含义：黑白效果即只有黑、白两种颜色。

特点：使照片内容更加纯粹、干净，主题表达更明确、深刻。

适用场合：适合于风景或某些特殊场景的拍摄。

使用方法：在光影魔术手中打开要处理的照片，选择“效果”/“黑白效果”命令，打开“黑白效果”对话框，在其中设置“反差”和“对比”的值后，单击 确定 按钮即可。

跟我练习

通过所学知识，制作一幅梦幻的水乡图

在光影魔术手中打开左图所示的图片（光盘\素材文件\第3章\水乡.jpg），先对照片进行补光，然后通过“反转片效果”调整照片的颜色，再通过“反转片负冲效果”调整照片的饱和度，最后再进行“负片效果”处理，最终效果如右图所示（光盘\效果文件\第3章\水乡.jpg）。

## 3.4 改变图片颜色就这样简单

“阿伟，我想快速改变图片的整体色调，有没有什么办法呀？”阿伟看着娜娜回答道：“当然有了，在光影魔术手里，可以方便地制作各种色彩的图片效果，如泛黄、冷调、单色及滤镜效果等，下面就快去看看吧！”

## 3.4.1 设置泛黄效果图片

泛黄效果可产生一种苍老、孤寂的感觉，适合对旧的照片进行处理。在光影魔术手中可通过以下两种方法对照片进行泛黄效果的处理。

方法1：在光影魔术手中打开要处理的照片，选择“效果”/“其他特效”/“冷调泛黄”命令，即可对照片进行冷调泛黄处理。处理后的照片会保留冷色调的色彩，给人一种古旧、沧桑调零的感觉。

方法2：在光影魔术手中打开要处理的照片，选择“效果”/“其他特效”/“黄色滤镜”命令，即可对照片进行泛黄处理。处理后的照片会产生一种荒凉、颓废的暖色调效果。

## 3.4.2 设置单色效果图片

单色调效果的照片在特定的环境和氛围中可产生特殊的效果。例如，红色调可渲染热情、活力的氛围；绿色调可体现青春、生命、和平的感觉；蓝色调可表现忧郁、纯净的感觉；紫色调给人一种高贵、神秘的感觉。

在光影魔术手中打开照片，选择“调整”/“单色”命令，在弹出的子菜单中选择“去色”、“绿色”、“褐色”、“湖蓝色”或“紫色”命令，可快速获得预设的色调效果。

提示：选择“调整”/“单色”/“更多色调”命令，在打开的“单色调着色”对话框中可设置更多的色调效果。

## 3.4.3 设置数字滤色镜效果

滤色镜是通过对光不同波段进行选择性吸收的光学器件，可用于调整色性、排除干扰、校正光源色温和对色彩进行补偿等。光影魔术手提供的“数字滤色镜”功能模拟了滤色镜的功能，可对彩色的照片进行色温的修正。

下面通过光影魔术手的“数字滤色镜”功能制作旧照片色彩的图片效果。

**第1步：打开图片**

在光影魔术手中打开照片“蝴蝶.jpg”（光盘\素材文件\第3章\蝴蝶.jpg）。

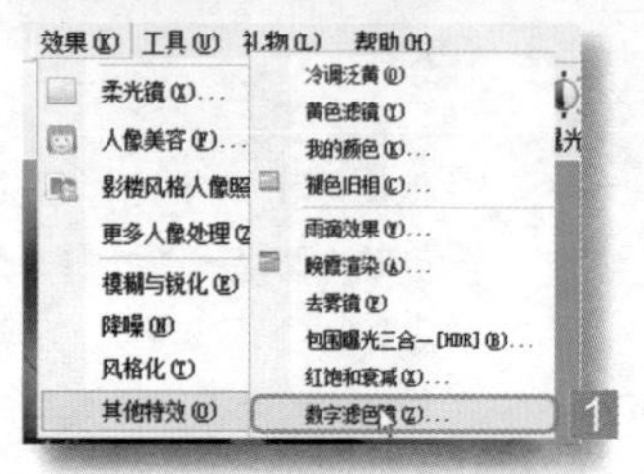


**第2步：打开“铅笔素描”对话框**

选择“效果”/“其他特效”/“数字滤色镜”命令，打开“滤色镜”对话框。

**第3步：设置滤色镜效果**

在该对话框的“滤镜”下拉列表框中选择“旧照片色彩”选项，拖动滑块将“透明度”设置为77，然后单击 确定 按钮。

**第4步：查看效果**

返回光影魔术手工作界面，查看滤色镜效果（光盘\效果文件\第3章\蝴蝶.jpg）。

教你一招

### 自定义滤色镜

在“滤色镜”对话框中单击 自定义>>> 按钮，打开“滤色镜自定义”对话框，在其中进行设置即可。需要注意的是，滤镜有单色滤镜、双色滤镜和三色滤镜3种，其中，单色滤镜只能对图像进行一种色调的处理，双色滤镜可对图像的亮部、暗部进行色调处理，三色滤镜还可对中间色调进行调整。

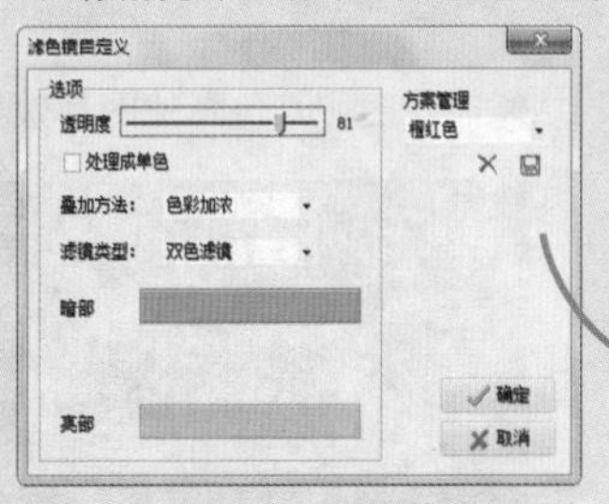

跟我练习

### 根据本节所学知识改变照片色彩

启动光影魔术手，打开照片（光盘\素材文件\第3章\小筑.jpg），通过自定义滤色镜的方法改变照片色彩，然后对照片进行数码补光和美化，增加照片的亮度，最后进行柔化处理（光盘\效果文件\第3章\小筑.jpg）。

## 3.5 更进一步——美化照片小技巧

通过本章知识的学习，娜娜已经掌握了美化照片的方法，包括人物照片、风景照片和一些特色效果的制作。阿伟告诉娜娜，要想完全掌握使用光影魔术手美化照片，还需要进一步掌握以下几个技巧。

## 第1招 效果消褪

效果消褪可以使最后一次特效的效果减弱。如使用“人像影楼”功能对人物照片进行美化后，发现颜色太浓，可在菜单栏中选择“编辑”/“效果消褪”命令，打开“效果消褪”对话框，拖动滑块设置消褪数量的值后，单击 确定 按钮即可。

效果消褪几乎对所有不改变图像大小的操作都适用，它为用户又提供了一种手工改变效果参数的途径。

## 第2招 去雾镜的使用

在雨天、雾天或隔着玻璃的环境下拍摄的照片，会显得不清晰。去雾镜能修正雾气对照片色彩的影响，增强图像的对比度，使图像更加清晰。

在光影魔术手中选择“效果”/“其他特效”/“去雾镜”命令，即可对图像进行处理。

## 第3招 运用右侧快捷功能区

处理照片时，使用菜单命令有时会很麻烦，这时，可通过光影魔术手右侧功能区来预览和快速完成。如需要对照片进行反转片效果处理，可选择“数码暗房”选项卡，在打开窗格的“胶片效果”栏中单击该效果即可。

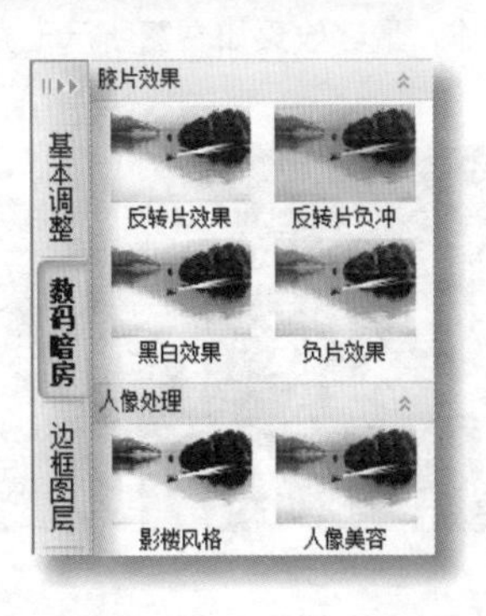

## 3.6 活学活用

（1）打开左图所示的人物照片“人物.jpg”（光盘\素材文件\第3章\人物.jpg），对人像进行去红眼、去斑和全局美容操作，效果如右图所示（光盘\效果文件\第3章\人物.jpg）。

（2）打开左图所示的素材文件“江南.jpg”（光盘\素材文件\第3章\江南.jpg），先为照片添加雨滴和紫色调效果，然后对其进行裁剪和旋转操作，最终效果如右图所示（光盘\效果文件\第3章\江南.jpg）。

（3）打开左图所示的素材文件“现代风格.jpg”（光盘\素材文件\第3章\现代风格.jpg），先对照片进行镜像操作，然后为照片应用电视扫描线、LOMO风格、去雾镜等操作，最终效果如右图所示（光盘\效果文件\第3章\现代风格.jpg）。

Life

NEW CENTURY

☑ 想知道怎么为照片添加边框和文字吗？

☑ 还在为制作证件照而发愁吗？

☑ 想要为照片换个好看的背景吗？

☑ 还在为别人盗用你的照片而发愁吗？

# 第04章 光影魔术手的其他应用

娜娜太激动了，终于学会了光影魔术手的使用方法，现在随时都可以处理数码照片了。都说光影魔术手处理照片十分简单、方便，原来真的是这样。阿伟看到一旁洋洋得意的娜娜，敲了敲她的头说："前面教你的方法全都学会了吗？接下来给你讲讲光影魔术手的其他功能……"阿伟的话还没说完，只听娜娜大叫了一声："光影魔术手还有其他的功能啊！阿伟，快教教我……"

# 4.1 轻松应用各种边框

娜娜对照片进行了美化后，发现有些照片的边缘太空了，看起来不美观。阿伟告诉娜娜，可以通过光影魔术手为照片添加边框，使照片更加美观。现在就带你去看看都有哪些边框吧!

## 4.1.1 快速应用已有边框

在光影魔术手中可快速运用系统自带的各种边框，为不同的照片添加不同效果的边框，而且能很快达到美化的目的。

1. 轻松边框

在光影魔术手中打开一张照片后，单击工具栏中的“边框”按钮□右侧的下拉按钮▼，在弹出的快捷菜单中选择“轻松边框”命令，打开“轻松边框”对话框，在其中可看到“在线素材”、“本地素材”和“内置素材”3个选项卡，选择不同的选项卡，可打开对应的边框窗格，在其中浏览边框后，单击 确定 按钮保存设置。

提示：“在线素材”中的边框需要联网后才可使用。

2. 花样边框

花样边框与轻松边框相比，内容更加丰富，风格也更多变。

下面就为照片添加花样边框，感受不同的风格。

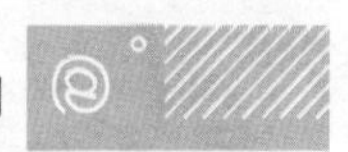

第1步：**打开照片**

启动光影魔术手，选择“文件”/“打开”命令，打开需要添加边框的照片（光盘\素材文件\第4章\花样边框.jpg）。

第2步：**打开“花样边框”对话框**

选择右侧功能区的“边框图层”选项卡，在打开的窗格中选择“花样边框”选项。

提示：选择“工具”/“花样边框”命令也可打开“花样边框”对话框。

第3步：**应用花样边框**

在打开的“花样边框”对话框中选择“本地素材”选项卡，在打开的窗格中单击photo_layers样式，在“请指定照片在边框中的显示区域”栏中拖动虚线方框设置照片的显示位置，然后单击确定按钮。

提示：单击按钮可查看设置的效果，如不满意，可重新进行设置。

第4步：**查看效果**

返回光影魔术手工作界面，查看添加边框后的效果（光盘\效果文件\第4章\花样边框.jpg）。

教你一招

**通过在线素材制作好看的边框效果图**

除了应用本地素材中的边框外，还可通过在线素材获得更多、更好看的边框。选择“在线素材”选项卡，在打开的窗格中单击需要的边框即可。

3. 撕边边框

撕边边框的效果类似于Photoshop中的蒙版，可使照片边缘有一种被撕裂的感觉。

下面通过光影魔术手为照片添加撕边边框，使照片看起来有撕裂的感觉。

第1步：**打开照片**

启动光影魔术手，在菜单栏中选择“文件”/“打开”命令，打开需要添加边框的照片（光盘\素材文件\第4章\撕边边框.jpg）。

第2步：**打开“撕边边框”对话框**

单击工具栏中的“边框”按钮右侧的下拉按钮，在弹出的快捷菜单中选择“撕边边框”命令，打开“撕边边框”对话框。

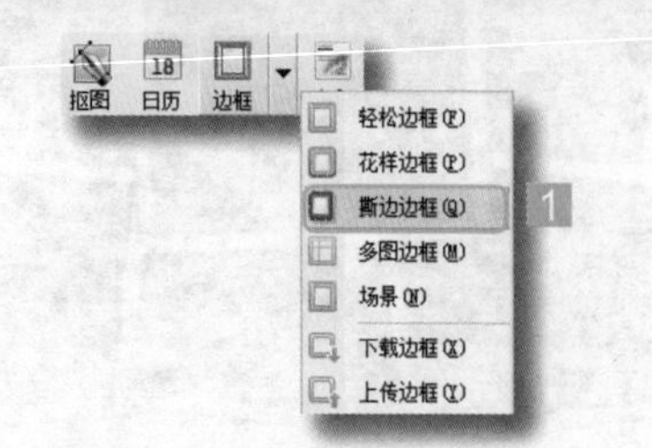

### 第3步：应用撕边边框

在打开的“撕边边框”对话框中选择“在线素材”选项卡，在打开的窗格中选择“推荐”选项卡，然后选择如图所示的边框样式。

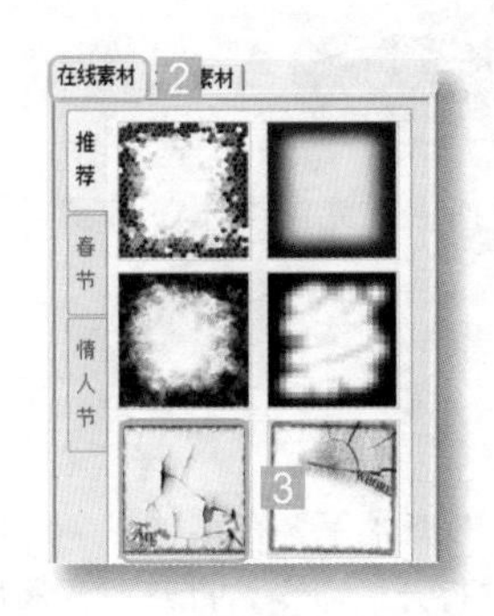


提示：在“在线素材”窗格中还可选择其他选项卡中的边框样式，如“春节”、“情人节”等。

### 第4步：底纹设置

在“底纹设置”栏中的“底纹类型”下拉列表框中选择“单一颜色”选项，单击“底纹颜色”色块设置底纹的颜色，这里保持默认的白色不变，然后单击 确定 按钮。

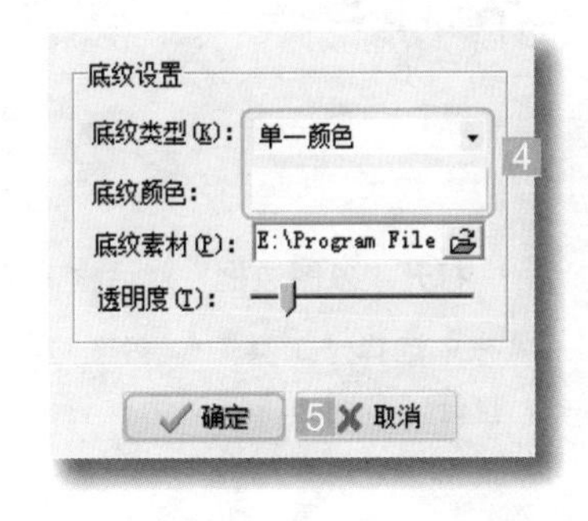


提示：拖动“透明度”滑块可设置撕边边框的透明度。

### 第5步：查看效果

返回光影魔术手工作界面，查看添加撕边边框后的效果（光盘\效果文件\第4章\撕边边框.jpg）。

提示：单击“撕边边框”对话框中的按钮，在打开的“选择底纹”对话框中还可选择底纹图片。但需要注意的是，该选项的设置只对“底纹平铺”类型有效。

#### 4. 多图边框

除了为一张照片添加边框外，通过光影魔术手还可将多张照片进行组合，做出更多好看的影楼相册效果。

## 动手一试

下面通过光影魔术手的“多图边框”功能将多张照片进行组合，制作相册的效果。

### 第1步：打开照片

启动光影魔术手，在菜单栏中选择“文件”/“打开”命令，打开需要添加边框的照片（光盘\素材文件\第4章\多图边框.jpg）。

### 第2步：打开“多图边框”对话框

在菜单栏中选择“工具”/“多图边框”命令，打开“多图边框”对话框。

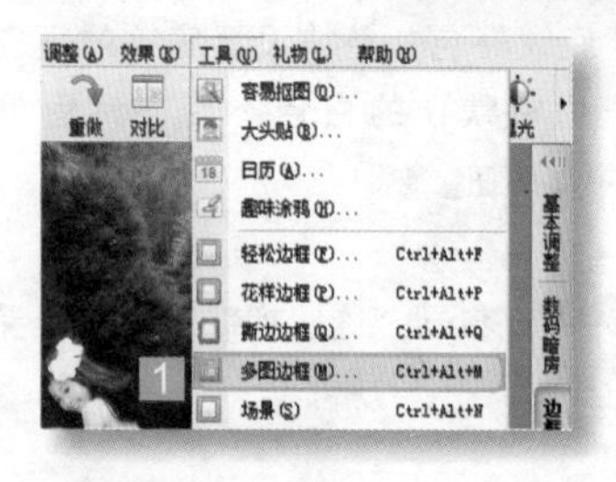


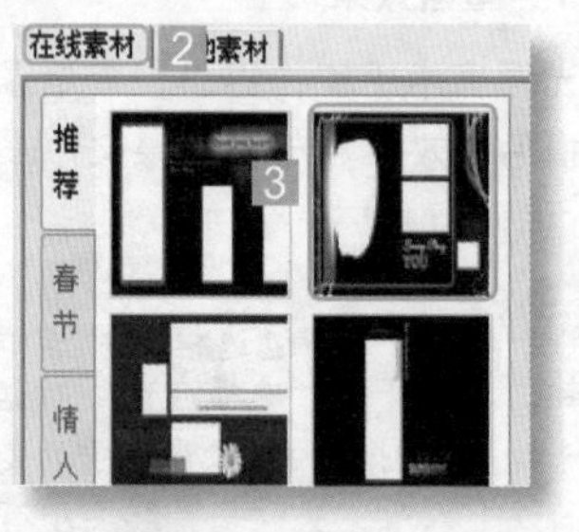


### 第3步：应用多图边框

在该对话框中选择“在线素材”选项卡，在打开窗格的默认选项卡中选择如图所示的边框样式。

### 第4步：打开“打开”对话框

在“可通过下面按钮加入更多照片”栏中单击按钮，打开“打开”对话框。

**提示**：单击按钮，可删除不满意的照片。

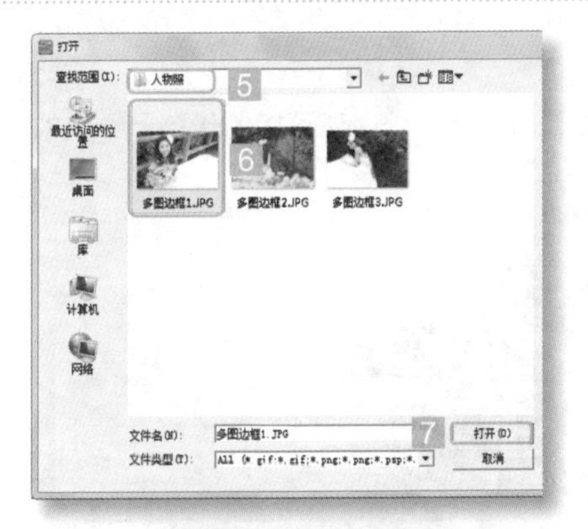


第5步：**添加照片**

在该对话框的"查找范围"下拉列表框中选择文件路径，在下方的显示区中选择需要添加的照片（光盘\素材文件\第4章\多图边框1.jpg），然后单击打开(O)按钮。使用相同的方法添加其他照片（光盘\素材文件\第4章\多图边框2.jpg、多图边框.jpg），完成照片的添加。

第6步：**调整照片的显示区域**

在图像预览区中双击第一张照片，在"请指定照片在边框中的显示区域"栏中拖动虚线方框，调整照片的显示区域，单击按钮查看显示效果。使用相同的方法调整其他照片的显示区域，完成后单击确定按钮。

提示：如果对照片的位置不满意，可调整照片的相对位置，单击按钮，照片向前移动；单击按钮，照片向后移动。

第7步：**查看效果**

返回光影魔术手工作界面，查看添加多图边框后的效果（光盘\效果文件\第4章\多图边框.jpg）。

教你一招

**获取更多素材的方法**

光影魔术手中提供的边框素材有限，可到网上下载更多的边框素材。如光影魔术手素材网（http://fodder.neoimaging.cn）、光影魔术手官方论坛（http://bbs.neoimaging.cn）等。

## 4.1.2 制作边框

在光影魔术手中除了可直接应用软件自带的边框外，还可以制作自己喜欢的边框。

### 1. 制作轻松边框

通过光影魔术手可直接制作轻松边框。

在光影魔术手中打开照片，选择“工具”/“制作边框”命令，打开“边框工厂”对话框，单击 边框信息 按钮，在打开窗格的“边框名称”文本框中输入边框名称，单击 第一层边框 按钮，在打开的窗格中选中“第一层扩边生效”复选框，激活其他设置。在“扩边大小”栏中输入上、下、左、右的边框宽度，单击 设置颜色 或 设置底纹 按钮设置边框颜色或底纹，然后在“阴影设置”栏中设置上、下、左、右的阴影，单击 预览 按钮查看效果。

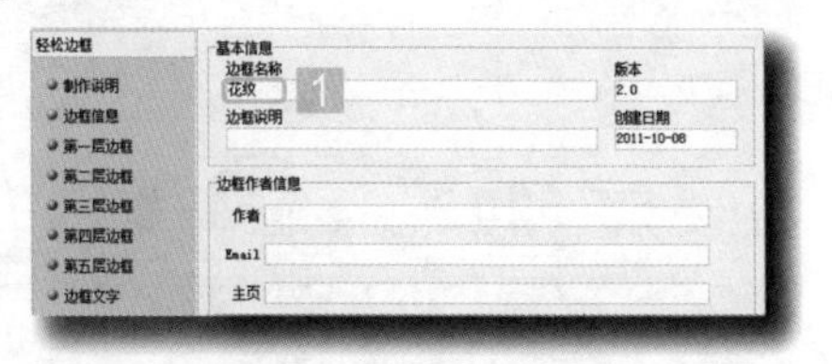


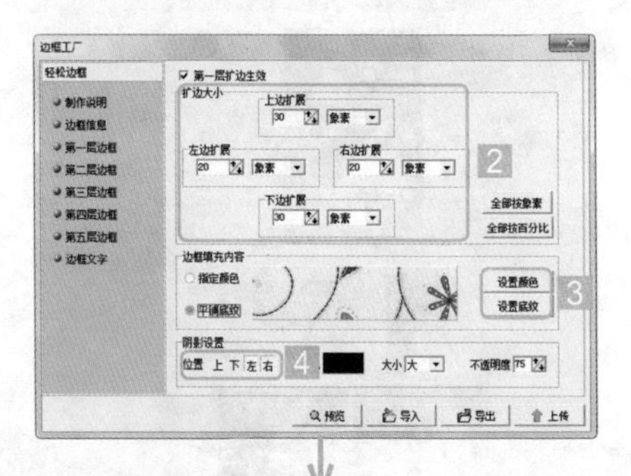

提示：边框名称信息必须填写，否则不能保存和使用边框，而其他信息可选择性填写。

使用相同的方法可制作第二层、第三层等的边框。在光影魔术手中一共可设置5层边框。

提示：制作完边框后，单击 上传 按钮还可将边框上传到网络中。

教你一招

**再次利用制作的边框**

边框制作完成后，单击“边框工厂”对话框中的 导出 按钮，在打开的对话框中输入边框名称后，单击 保存(S) 按钮即可保存边框，以便下次使用。在“轻松边框”对话框中选择“本地素材”选项卡，即可看到保存的边框名称，单击边框名称即可应用制作的边框。

2. 制作复杂边框

除了制作轻松边框外，光影魔术手还可制作花样边框、不规则边框、撕边边框和多图边框等。但要制作这些边框需要先到光影魔术手的官方论坛中下载相应的制作工具。

下面以制作花样边框为例，看看如何制作复杂样式的边框。

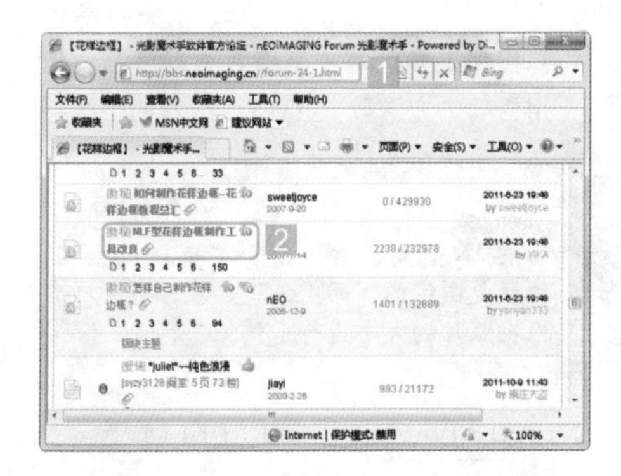

第1步：**打开网页**

打开浏览器，在地址栏中输入光影魔术手的花样边框下载网址（http://bbs.neoimaging.cn//forum-24-1.html），按Enter键打开网页，在页面中单击“NLF型花样边框制作工具改良”超链接。

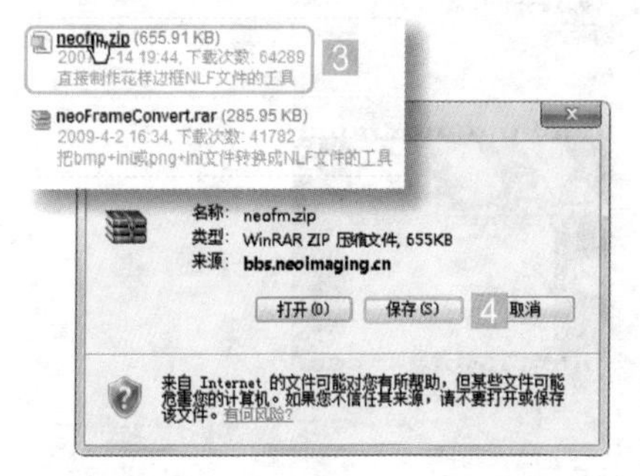

第2步：**下载边框工具**

在打开的网页中单击neofm.zip超链接，在打开的对话框中单击 保存(S) 按钮下载花样边框制作工具。

第3步：**启动制作工具**

双击下载的neofm.zip文件，打开资源管理器，双击neoFrameMaker.exe启动花样边框制作工具，然后单击 打开... 按钮。

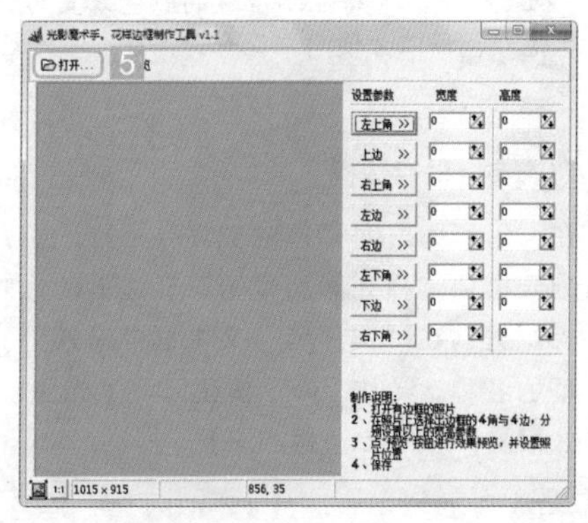

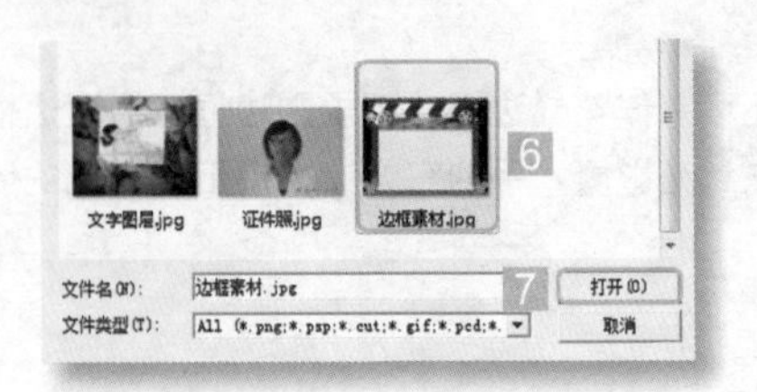

第4步：**打开图片**

在打开的“打开”对话框中选择需要制作为边框的图片（光盘\素材文件\第4章\边框素材.jpg），然后单击 打开(O) 按钮。

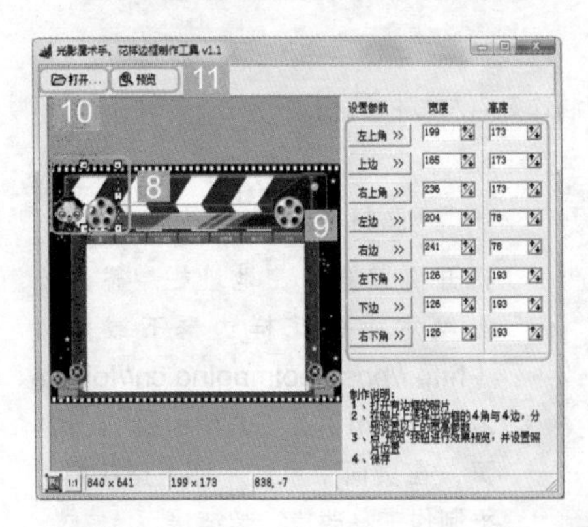

第5步：**绘制边框区域**

使用鼠标在图片左上角画出虚线方框，拖动方框周围的可调整区域的大小和位置。然后单击 打开... 按钮，系统自动计算出左上角区域的坐标并进行显示。使用相同的方法截取其他7个区域的坐标，然后单击 预览 按钮。

提示：左、右上角和下角4个区域的位置是固定的，而上、下、左、右区域会根据照片的大小进行平铺。

第6步：**调整显示区域的位置**

打开“输出预览”窗口，使用鼠标直接在图片上画出显示区域，调整区域的大小和位置后双击该区域即可，然后单击 保存为NLF 按钮。

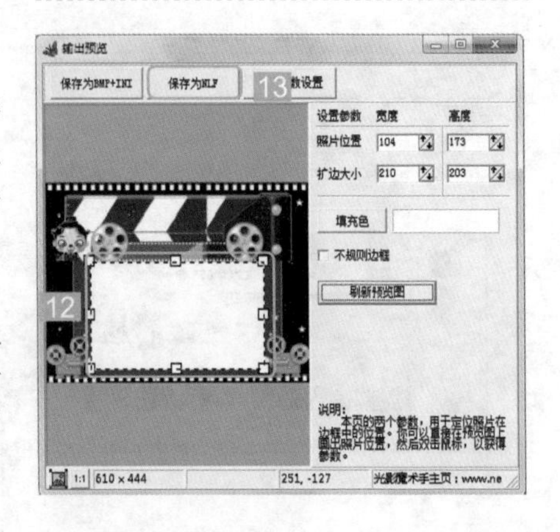

提示：如果边框出现断层现象，可单击 返回参数设置 按钮重新设置边框坐标。单击 填充色 按钮，可将显示区域的颜色设置为其他颜色，以方便用户区分。

第7步：**保存边框**

在“另存为”对话框的“保存在”下拉列表框中选择光影魔术手花样边框的保存位置，在“文件名”文本框中输入边框的名称，单击 保存 按钮即可（光盘\效果文件\第4章\边框.NIF）。

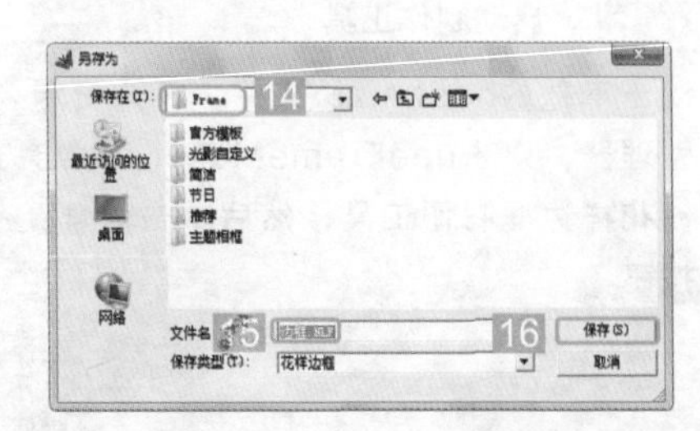

### 第8步：应用边框

启动光影魔术手，打开一张照片，选择“工具”/“花样边框”命令，打开“花样边框”对话框，选择“本地素材”选项卡，在下拉列表框中选择“光影自定义”选项，然后单击该边框样式即可。

教你一招

#### 制作不规则边框

制作不规则边框需要结合Photoshop来实现。步骤如下。

第1步：使用花样边框制作工具制作出边框效果，在“输出预览”窗口中选中“不规则边框”复选框，单击 保存为BMP+INI 按钮，图片将被保存为.bmp和.ini两种格式的图片。

第2步：启动Photoshop，打开保存的.bmp文件，选择“魔棒工具”选取出显示区域，双击“背景”图层，在打开的对话框中单击 确定 按钮，将其转换为普通图层，然后按Delete键删除选区，选择“文件”/“存储为”命令将图片保存为.png格式。

第3步：打开.ini格式的文件，将最后一行内容更改为“file=文件名.png”，保存修改，删除之前保存的.bmp格式文件。

第4步：双击下载的边框格式转换工具neoFrameConvert.exe，将.png格式的图片转换为.nlf格式，将转换的.nlf格式文件与.jpg格式的素材文件一起复制到光影魔术手安装目录下的Frame文件夹中。

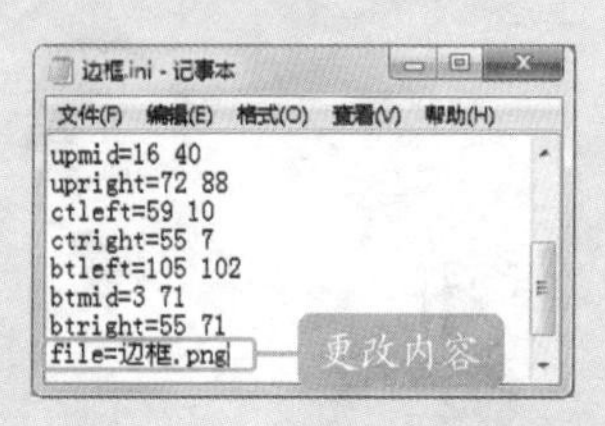

新手解惑

**Q：制作和下载的边框应该放在哪个位置呢？**

A：光影魔术手有轻松边框、花样边框、撕边边框和多图边框等，制作和下载的边框需要将其放到对应的文件夹中才能使用。

轻松边框：轻松边框文件的后缀名为.neoFrame，需要放在光影魔术手安装目录下的EasyFrame文件夹中。

花样边框：花样边框由一个后缀名为.nlf的文件和一个相应的后缀名为.jpg的文件组成。花样边框的文件夹名为Frame，在该文件夹中包含一些分类，如“我的最爱”、“官方模板”等，只要将.nlf和.jpg格式的文件复制到对应的文件夹中即可。

撕边边框：撕边边框文件形式包括.gif、.png和.jpg等。将这些文件复制到Mask文件夹下即可调用。

多图边框：多图边框与花样边框类似，也有.nlf和.jpg格式的文件。多图边框的文件夹名为MultiFrame，该文件夹中也包含一些文件，如“推荐”、“官方模板”等，将.nlf和.jpg格式的文件复制到对应的文件夹中即可。

跟我练习

**制作旧照片效果**

在光影魔术手中打开左图所示的人物照片（光盘\素材文件\第4章\人物1.jpg），先为照片添加多图边框（光盘\素材文件\第4章\人物2.jpg、人物3.jpg、人物4.jpg），然后设置冷调泛黄效果，最后为照片添加撕边边框，最终效果如右图所示（光盘\效果文件\第4章\旧相片.jpg）。

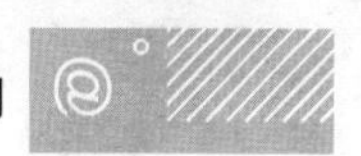

# 4.2 如何制作个性化图片

娜娜为照片添加了合适的边框，照片变得更加好看了。但是，娜娜还不满足，还想在照片上添加一些自己喜欢的东西。阿伟告诉娜娜，还可以添加一些个性化的设置，如添加文字、水印和换背景等。

## 4.2.1 为照片添加文字和装饰图案

在光影魔术手中还可为照片添加一些简单的文字及图层效果，如矩形、直线、色块等。在菜单栏中选择“工具”/“自由文字与图层”命令，即可打开“自由文字与图层”窗口。

下面介绍“自由文字与图层”窗口中各组成部分的作用。

1 图像编辑区：用于预览和编辑图片。

2 工具选择区：提供了多种图层工具，用于为图像添加文字、线条、颜色及图像覆盖效果等。

3 图层区域：用于设置添加的图层属性，包括图层阴影、图层位置和图层合并等。

4 属性区域：用于设置图层颜色、边框和透明度等效果。

5 比例设置区：用于设置图像的显示比例，如在下拉列表框中选择和输入所需比例值；单击按钮以适合窗口方式显示；单击1:1按钮按原比例显示。

下面通过“自由文字与图层”工具为照片添加文字和其他图案，制作一张个性化效果的图片。

**第1步：打开照片**

启动光影魔术手，在菜单栏中选择“文件”/“打开”命令，打开需要处理的照片（光盘\素材文件\第4章\文字图层.jpg）。

**第2步：打开“自由文字与图层”窗口**

在菜单栏中选择“工具”/“自由文字与图层”命令，打开“自由文字与图层”窗口。

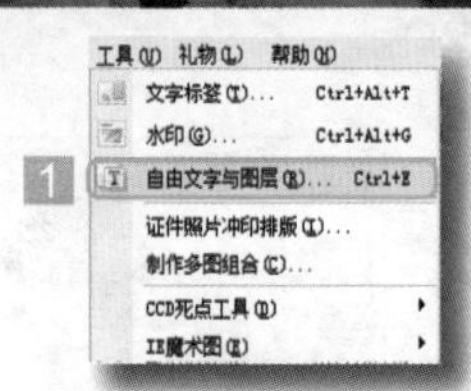


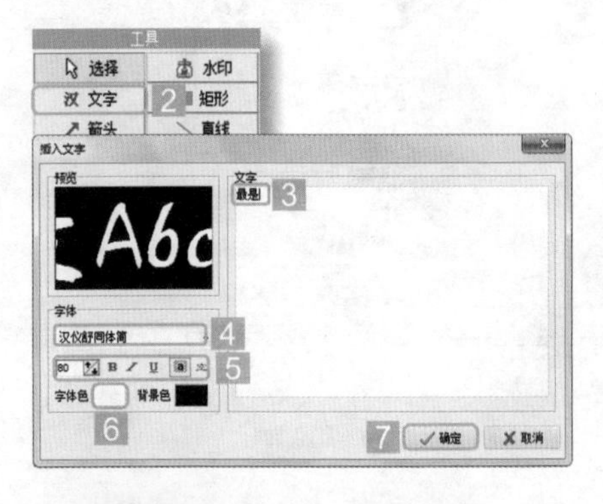


**第3步：添加文字**

单击 汉 文字 按钮，打开“插入文字”对话框，在“文字”栏中输入文字“最是”，在“字体”栏中选择“汉仪舒同体简”选项，设置字号为80，单击 按钮，使背景透明，单击“字体色”色块，设置字体颜色为“白色”，单击 确定 按钮插入文字。使用相同的方法添加其他文字。

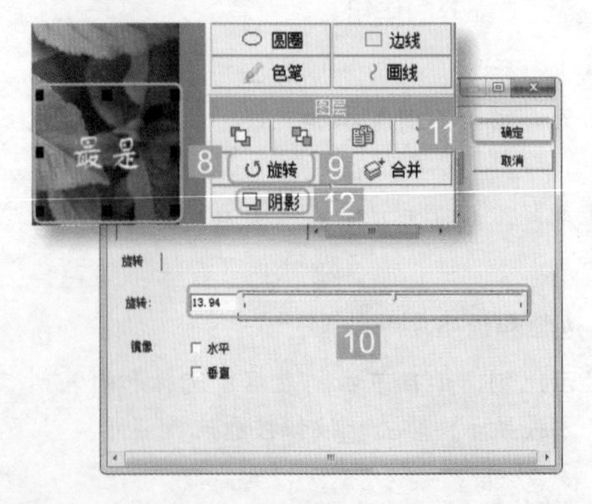


**第4步：设置文字图层属性**

选择文字图层，单击 旋转 按钮，打开“预览”对话框，拖动滑块设置文字的旋转角度，单击 确定 按钮。返回“自由文字与图层”对话框，单击 阴影 按钮为文字添加阴影。使用相同的方法设置其他文字的属性。

**第5步：添加圆圈**

单击[圆圈]按钮，拖动鼠标在图像编辑区画出圆圈，在“属性”栏中单击色块，将圆圈的线条色和填充色设置为“白色”，拖动滑块，设置圆圈的透明度，单击[复制]按钮多复制几个圆圈并移动其位置。然后单击[水印]按钮。

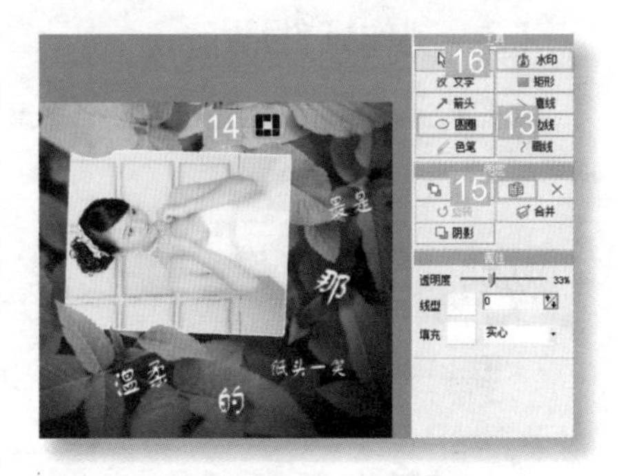


提示：单击[×]按钮可删除不需要的图层。

**第6步：添加图片**

打开“打开”对话框，在其中选择需要添加的图片（光盘\素材文件\第4章\蝴蝶.png），然后单击[打开(O)]按钮。

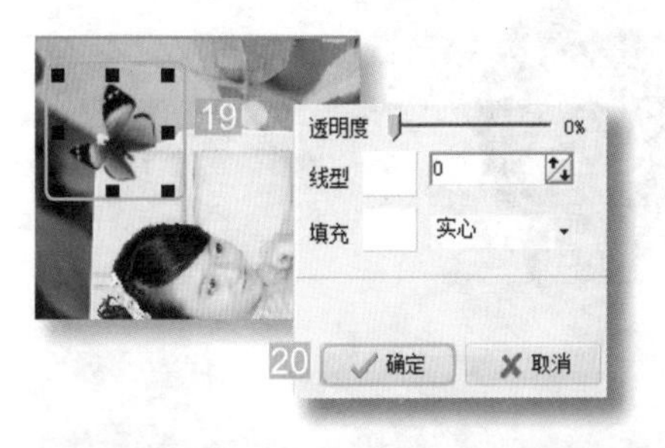


**第7步：调整图片的位置**

返回“自由文字与图层”窗口，拖动水印图层调整其位置和大小，然后单击[确定]按钮。

**第8步：查看效果**

返回光影魔术手工作界面，查看最终效果（光盘\效果文件\第4章\文字图层.jpg）。

提示：“自由文字与图层”窗口中的其他工具，如直线、矩形等工具，其使用方法与“动手一试”中的工具使用方法类似，读者可尝试使用，这里不再赘述。

## 4.2.2 制作证件照

对照片进行处理后，还可通过光影魔术手对照片进行排版，制作出证件照的效果。

下面将一张人物照片制作为证件照，并对其进行排版。

**第1步：打开照片**

在光影魔术手中打开需要制作的人物照片（光盘\素材文件\第4章\证件照.jpg）。

**第2步：填充背景**

单击工具栏中的“抠图”按钮，打开“容易抠图”对话框，通过前面讲解的方法抠图人物，将照片背景色设置为“红色”，然后单击 确定 按钮。

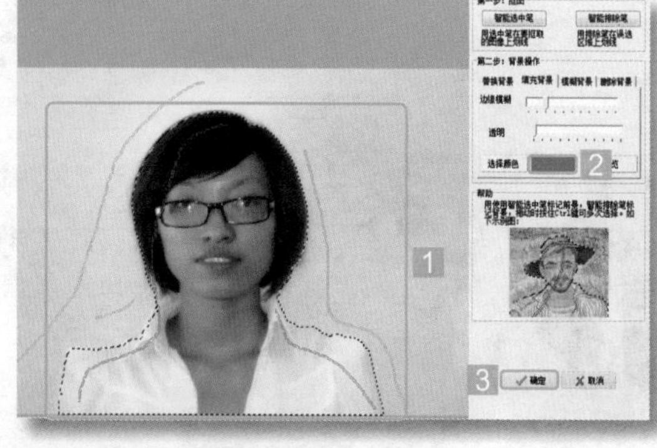


**第3步：打开对话框**

返回光影魔术手工作界面，选择“工具”/“证件照片冲印排版”命令，打开“证件照片冲印排版”对话框。

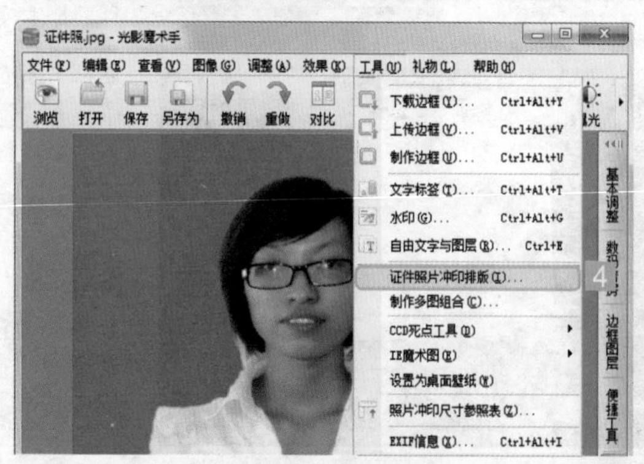

第4步：**设置排版样式**

在“排版样式”下拉列表框中选择“4张2寸照--5寸/3R相纸”选项，选中“自动裁剪为冲印比例”单选按钮，然后单击图像预览区中的“裁剪”按钮，打开“裁剪”窗口。

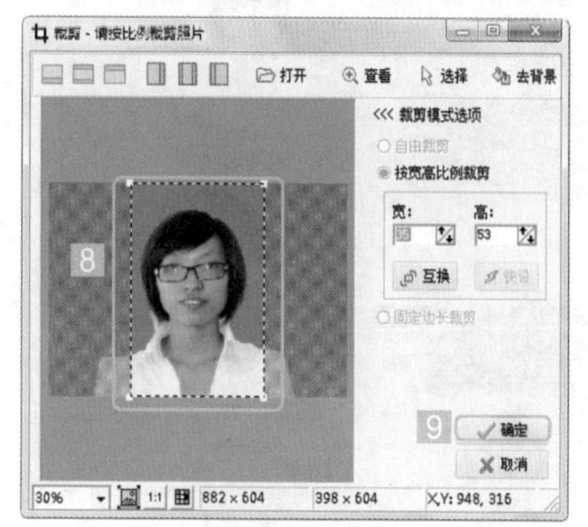


第5步：**裁剪照片**

使用鼠标在照片上画出需要保留的区域，然后单击确定按钮。

提示：在光影魔术手中选择“工具”/“照片冲印尺寸参照表”命令，可查看不同规格照片的具体尺寸。

第6步：**查看效果**

返回“证件照片冲印排版”对话框，单击确定按钮，返回光影魔术手工作界面，查看最终效果（光盘\效果文件\第4章\证件照.jpg）。

提示：在“证件照片冲印排版”对话框中单击“输入照片2”栏中的“打开新照片”按钮，在打开的对话框中还可再添加一张人物照片，同时为两个人冲印照片；也可在“排版样式”下拉列表框中选择混排版式，为同一个人冲印不同尺寸的照片。

## 4.2.3 为照片换背景

通过“容易抠图”功能不仅可以虚化照片的背景，还可为照片更换不同的背景，使照片整体效果更加美观。

下面通过“容易抠图”功能为照片更换背景。

第1步：**打开照片**

在光影魔术手中打开需要替换背景的人物照片（光盘\素材文件\第4章\替换背景.jpg）。

第2步：**抠图**

在菜单栏中选择“工具”/“容易抠图”命令，打开“容易抠图”对话框，单击智能选中笔按钮，在图片中画红线，标记前景，单击智能排除笔按钮，在图片中画绿线，标记背景区域。在“第二步：背景操作”栏中选择“替换背景”选项卡，在打开的窗格中单击加载背景按钮。

第3步：**换背景**

在打开的“打开”对话框中选择替换的背景图片（光盘\素材文件\第4章\背景.jpg），然后单击打开(O)按钮。

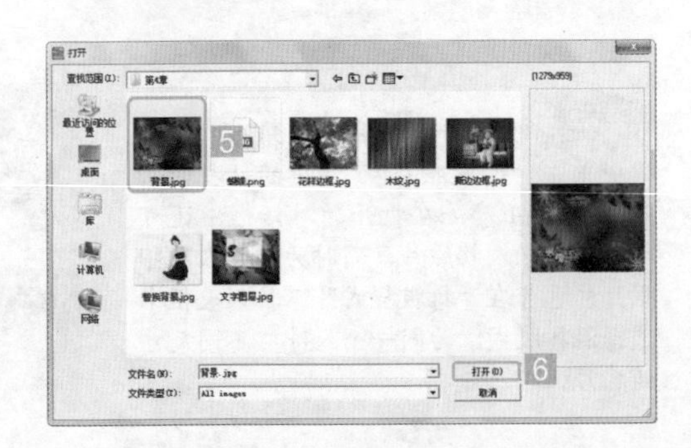


提示：选择“填充背景”选项卡，在打开的窗格中单击选择颜色按钮，在打开的对话框中还可替换背景的颜色。

**第4步：调整照片**

返回“容易抠图”对话框，抠出的人物照片呈选中状态，将鼠标放置在照片的四个角上，拖动鼠标调整照片的大小；将鼠标放在照片上，鼠标变为✥形状，拖动鼠标，改变照片的位置，拖动滑块，设置边缘模糊和透明度的值，然后单击[✓确定]按钮。

**第5步：查看效果**

返回光影魔术手工作界面，查看替换背景后的效果（光盘\效果文件\第4章\替换背景.jpg）。

**教你一招**

制作透明效果的照片

在“容易抠图”对话框中选择“删除背景”选项卡，系统自动删除背景区域，单击[保存]按钮，在打开的对话框中输入照片名称，再次单击[保存(S)]按钮，系统默认保存为.png格式的图片。

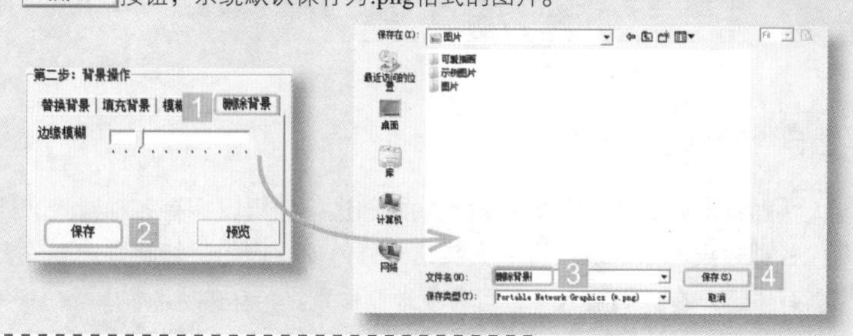

## 4.2.4 制作日历

除了对照片进行美化之外，还可用家人或朋友的照片制作日历，用作纪念。通过光影魔术手中的日历模板可方便、快速地制作日历效果的照片。

在光影魔术手中选择“工具”/“日历”命令，打开“日历”对话框，在对话框右边的窗格中选择需要的日历模板，在左边对日历进行编辑，如日期时间、特殊日期、日期样式等，然后单击 ✓确定 按钮即可，如下图所示。

**提示**：在光影魔术手官方论坛中还可下载更多好看的日历模板。用户登录论坛后，进入“日历模板”页面，下载日历模板。然后将下载的模板文件复制到光影魔术手安装目录文件夹下的calendar文件夹中即可。

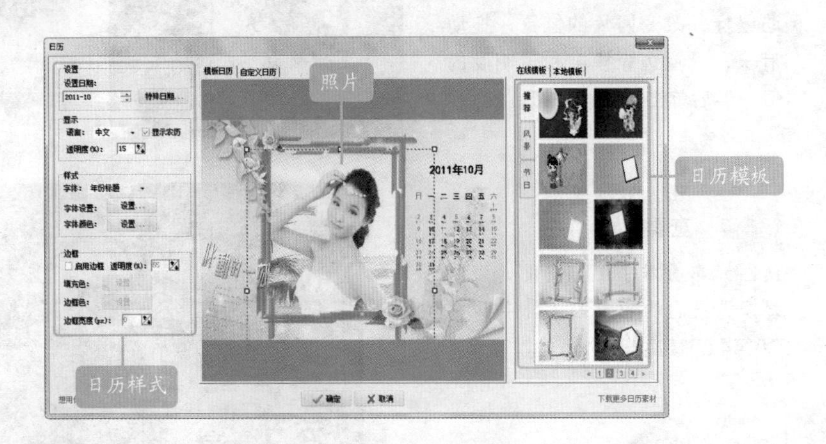


**教你一招**

**自定义日历的方法**

除了可通过“日历模板”添加日历外，用户还可自定义日历。在“日历”对话框中选择“自定义日历”选项卡，系统自动添加当前日期的日历，在左边窗格中对日历的日期、格式等进行设置后，单击 ✓确定 按钮即可。

## 4.2.5 制作大头贴

大头贴也叫贴纸相，主要针对人物面部进行拍摄，拥有多种背景和照片尺寸，能制作各种效果的照片。虽说照大头贴十分方便，但如果能够自己制作大头贴，那会相当有乐趣。在光影魔术手中可方便地制作别具特色的大头贴。

下面通过光影魔术手制作一个大头贴。

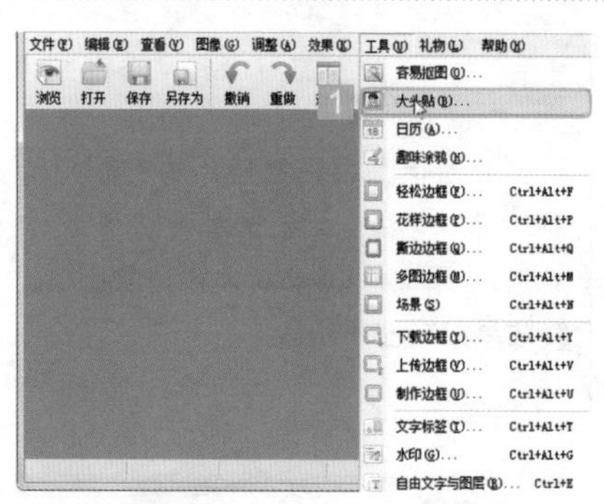

第1步：**打开“大头贴”对话框**

启动光影魔术手，选择“工具”/“大头贴”命令，打开“大头贴”对话框。

提示：单击工具栏中的“大头贴”按钮也可打开“大头贴”对话框。

第2步：**载入图片**

在该对话框中选择“图片合成”选项卡，单击载入图片...按钮，在打开的对话框中选择需要制作大头贴的图片（光盘\实例素材\第4章\大头贴.jpg），然后单击打开(O)按钮载入图片。

提示：如果用户的电脑有摄像头，可选择“照相”选项卡，现场制作大头贴。

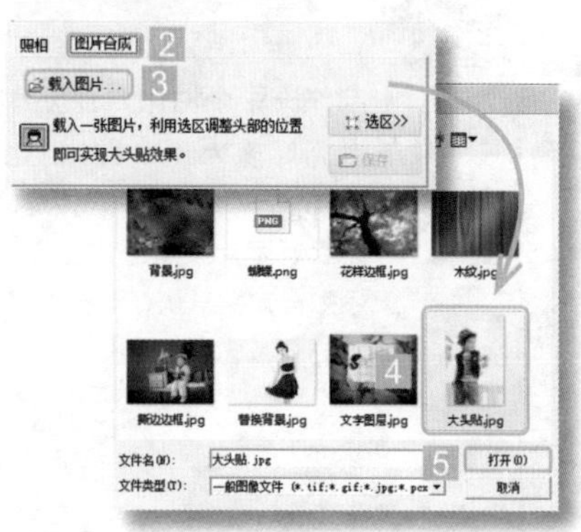

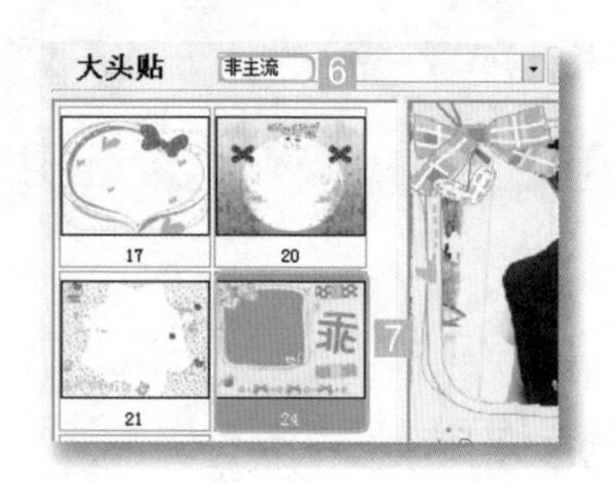

第3步：**添加大头贴**

返回“大头贴”对话框，在下拉列表框中选择“非主流”选项，在打开的窗格中选择如图所示的大头贴效果。

提示：单击“下载更多大头贴素材”超链接，可进入光影魔术手官方论坛页面，下载更多样式的大头贴素材。下载好的素材需要将其复制到光影魔术手安装目录下的sticker_photos文件夹中。

第4步：**调整图片的显示区域**

单击选区>>按钮，打开“图片选区”对话框，使用鼠标拖动选区，调整选区的位置，将鼠标放置在选区的四个角上，拖动鼠标改变选区的大小。完成后单击保存...按钮。

第5步：**保存照片**

在打开的对话框中设置照片的文件名和名称，保存照片，完成大头贴的制作（光盘\效果文件\第4章\大头贴.jpg）。最终效果如右图所示。

跟我练习

**制作一张个性化的日历**

在光影魔术手中打开左图所示的照片（光盘\素材文件\第4章\前景.jpg），通过抠图为照片换背景（光盘\素材文件\第4章\轨迹.jpg），然后为照片添加泛黄效果，再通过“效果消退”减弱效果，最后为照片添加自定义日历，最终效果如右图所示（光盘\效果文件\第4章\个性化日历.jpg）。

## 4.3 谁也偷不走你的照片

娜娜传到网络上的照片很快就被网友们转载了。娜娜在高兴的同时也有点担忧。看到闷闷的娜娜，阿伟告诉她，可以给照片添加一些特殊的标记，如水印、文字标签等，为照片贴上“防伪”标志。

### 4.3.1 添加文字标签

通过光影魔术手可方便地为照片添加Exif信息，如相机型号、拍摄日期等。

## 动手一试

下面通过光影魔术手的“文字标签”功能为照片添加Exif信息。

### 第1步：打开照片

在光影魔术手中打开需要添加文字标签的照片（光盘\素材文件\第4章\文字标签.jpg）。

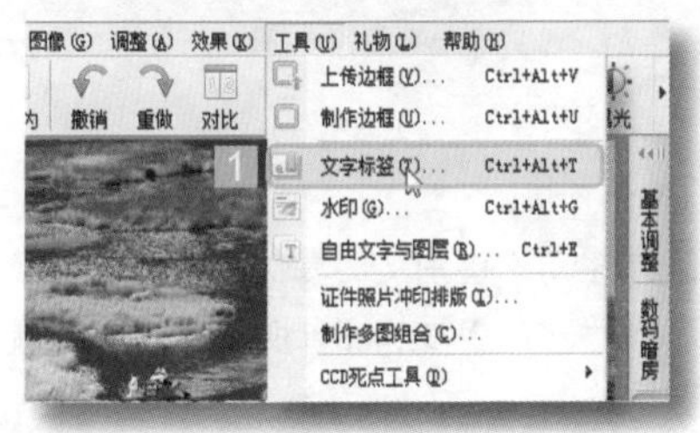


### 第2步：打开“文字标签”对话框

选择“工具”/“文字标签”命令，打开“文字标签”对话框。

### 第3步：添加Exif信息

选择“标签①”选项卡，选中“插入标签1”复选框，激活对话框中的各选项，单击文本框右侧的 按钮，在弹出的快捷菜单中选择“拍摄日期”/YY-MM-DD命令。

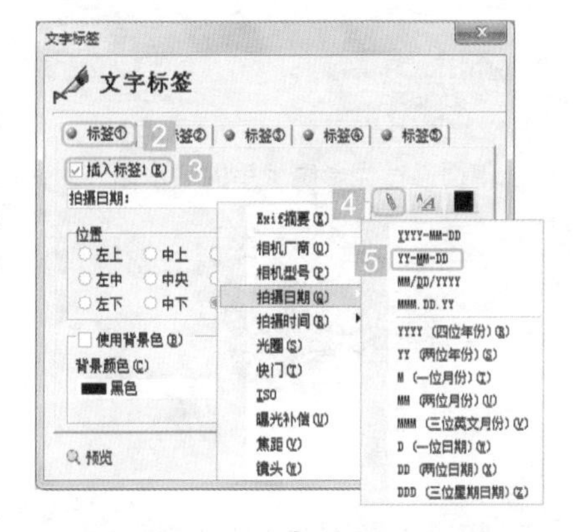


### 第4步：设置文字属性

单击 按钮，在打开的“字体”对话框中设置字体样式为“黑体”，字体大小为“72”，单击 按钮，设置字体颜色为“白色”，选中“右下”单选按钮，在“水平边距”和“垂直边距”数值框中分别输入“80”和“40”，使用相同的方法再添加一个文字标签，然后单击 确定 按钮。

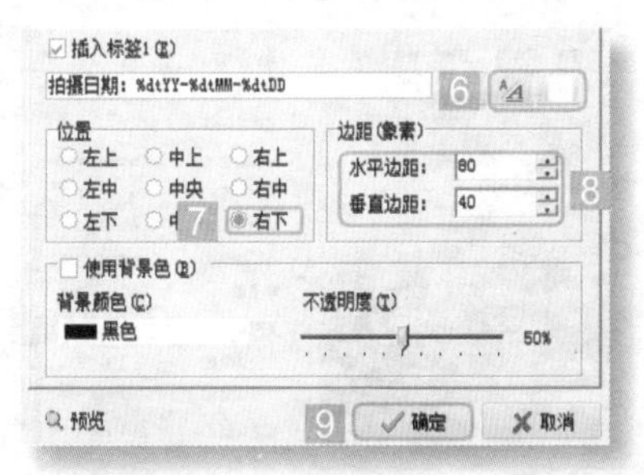

第5步：**查看效果**

返回光影魔术手工作界面，查看添加文字标签后的效果（光盘\效果文件\第4章\文字标签.jpg）。

新手解惑

**Q：添加文字标签时可以自定义文字内容吗？**

A：当然可以，在“文字标签”对话框的文本框中直接输入文字，再设置文字属性即可。

## 4.3.2 添加水印图片

水印是指纸张对着光线时产生的标记。现在多用于鉴别文件真伪和进行版权保护等，可防止他人盗用。如在声音、视频、图像等对象中添加能证明版权归属的信息，如作者的名字、公司标志和有意义的文本等。

动手一试

下面通过光影魔术手的“水印”对话框为照片添加水印效果。

第1步：**打开照片**

在光影魔术手中打开需要添加水印的照片（光盘\素材文件\第4章\添加水印.jpg）。

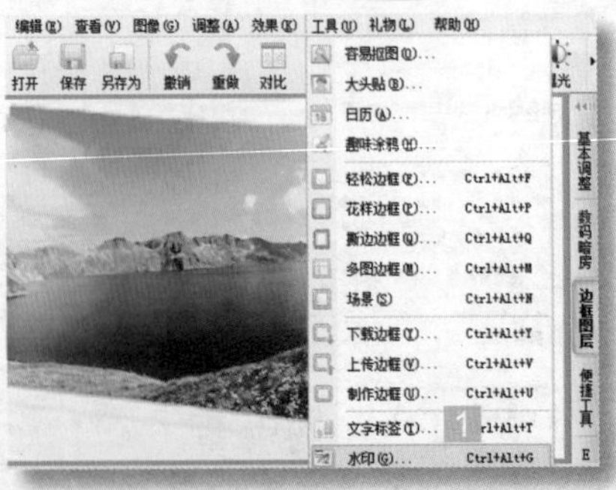


第2步：**打开“水印”对话框**

选择“工具”/“水印”命令，打开“水印”对话框。

提示：单击工具栏中的“水印”按钮也可打开“水印”对话框。

### 第3步：打开对话框

选择“水印①”选项卡，选中“插入水印标签1”复选框，单击“水印图片”文本框右侧的按钮。

### 第4步：添加水印

打开“请指定签名图片”对话框，在“查找范围”下拉列表框中选择水印图片所在的位置，在下方的显示区中选择“水印”图片（光盘\素材文件\第4章\水印.png），然后单击 打开(O) 按钮。

### 第5步：设置水印样式

拖动滑块设置“不透明度”为73%，“缩放大小”为54%，选中“背景色设为透明”复选框，在“位置”栏中选中“右下”单选按钮，在“水平边距”和“垂直边距”数值框中分别输入“280”和“240”，单击 确定 按钮。

提示：选中“平铺”复选框，可使水印图片铺满整个背景。

### 第6步：查看效果

返回光影魔术手工作界面，查看添加水印后的效果（光盘\效果文件\第4章\添加水印.jpg）。

提示：通过“文字与自由图层”添加的水印图片可以自由移动水印的位置，而通过“水印”对话框添加的水印只能指定水印的固定位置。

跟我练习

**为淘宝商品添加水印**

在光影魔术手中打开左图所示的照片（光盘\素材文件\第4章\淘宝商品.jpg），为商品添加水印（光盘\素材文件\第4章\商品信息.jpg、店标.png），最终效果如右图所示（光盘\效果文件\第4章\淘宝商品.jpg）。

## 4.4 更进一步——照片处理小妙招

通过学习，娜娜又掌握了更多处理图片的方法，不仅可以为照片添加文字和图片，还可以给照片贴上自己的标志，真是太方便了。阿伟告诉娜娜要完全掌握这些操作，还需要进一步掌握以下几个技能。

### 第1招 趣味涂鸦

除了为照片添加文字与水印外，还可对照片进行涂鸦，为照片添加一些具有趣味性的装饰品，发挥用户的想象与创意。

在光影魔术手中打开照片，选择“工具”/“涂鸦”命令，打开“趣味涂鸦”窗口进行涂鸦即可，其操作方法与添加文字与水印类似。

**提示**：“单次涂鸦”模式可调整添加的图片，而“连续涂鸦”模式不能调整添加的图片。

## 第2招 多图组合

除了通过多图边框实现图片的组合外，光影魔术手还提供了“多图组合”功能实现照片的拼接。

在光影魔术手中选择“工具”/“制作多图组合”命令，打开“组合图制作”窗口，单击窗口上方的按钮，为照片设置排版方式，单击图片区域，在打开的对话框中添加照片，然后单击上方的按钮设置照片的显示方式即可。

**提示**：在图像上单击鼠标右键，在弹出的快捷菜单中还可对照片进行一些简单的处理，如裁剪、反转片效果、自动曝光等。

## 第3招 场景的应用

在光影魔术手中还可通过“场景”的应用为照片添加更丰富的内容。

在光影魔术手中打开照片，选择“工具”/“场景”命令，打开“场景”对话框，选择“在线素材”或“本地素材”选项卡，在打开的窗格中选择所需场景即可，其操作方法与边框的应用类似。

# 4.5 活学活用

（1）打开左图所示的照片（光盘\素材文件\第4章\风景画.jpg），先对照片进行模糊与锐化操作，然后进行颗粒降噪和添加纸质纹理化效果，最后为照片添加边框，最终效果如右图所示（光盘\效果文件\第4章\风景画.jpg）。

（2）打开左图所示的照片（光盘\素材文件\第4章\宝宝.jpg），对照片添加日历模板，然后再添加文字，最终效果如右图所示（光盘\效果文件\第4章\宝宝日历.jpg）。

（3）打开左图所示的照片（光盘\素材文件\第4章\衣服.jpg），先对照片进行涂鸦，然后为照片添加文字和水印（光盘\素材文件\第4章\店标.jpg），最终效果如右图所示（光盘\效果文件\第4章\衣服.jpg）。

Life

NEW CENTURY

☑ 想知道怎样设置自动动作吗？

☑ 还在为重复相同的操作而苦恼吗？

☑ 想知道各种类型的照片怎么处理吗？

☑ 还在为处理淘宝照片而发愁吗？

# 第05章 光影魔术手处理照片技巧

终于学会了光影魔术手处理数码照片的方法，娜娜本应高兴才对，但在处理数码照片的过程中，娜娜发现自己还是存在一些问题。都说使用光影魔术手处理数码照片操作简单，为什么我还是有一些问题呢？阿伟看到一旁愁眉苦脸的娜娜，敲了敲她的头说："不用愁，等会儿告诉你通过光影魔术手处理数码照片的各种技巧……"，阿伟的话还没说完，只看到娜娜立马拉住阿伟说道："阿伟，你还是现在就跟我说吧……"

# 5.1 重复相同的操作怎么办

通过学习，娜娜已经基本掌握了处理照片的方法，但在处理的过程中，娜娜发现自己有时会经常做相同的操作。看着疑惑的娜娜，阿伟说："别担心，光影魔术手还提供了一些简便功能，可以对不同的照片进行相同的操作。接下来就带你去看看吧！"

## 5.1.1 自动动作的应用

在处理数码照片时，如果发现自己经常使用同一个操作，可通过"自动动作"对其他图像进行同样的操作。这样，就不需要再一步步重新进行操作，既提高了处理照片的效率，又使操作更加简便。

1．使用自动动作

在光影魔术手中预设了一些自动动作，用户可以直接使用。其方法为：在光影魔术手中打开照片，选择"文件"/"自动"命令，在打开的快捷菜单中可看到系统预设的一些固定动作，选择相应的命令，系统会自动对照片进行预设的处理。

2．编辑动作

除了应用系统预设的动作之外，用户还可根据需要创建、编辑和删除动作，这些操作可使用户在进行数码照片处理时更加方便。

下面通过光影魔术手的"新建动作"功能新建一个"艺术照处理"的自动动作，该动作包括自动反转片、锐化和边框等操作。新建动作时还包括了编辑和删除动作等操作，最后打开一张照片应用该动作，看看其应用后的效果。

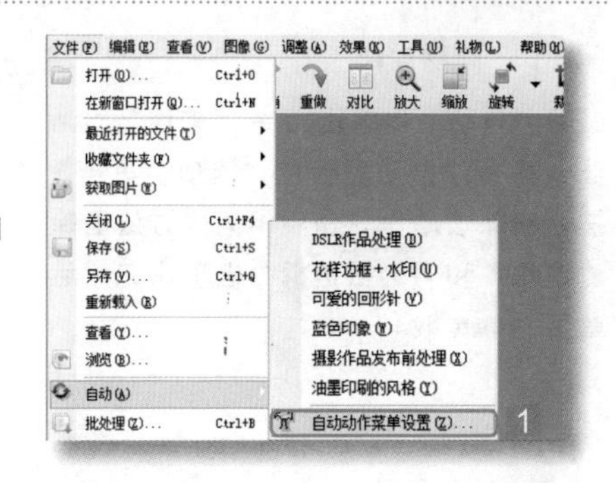


## 第1步：选择命令

启动光影魔术手，选择“文件”/“自动”/“自动动作菜单设置”命令。

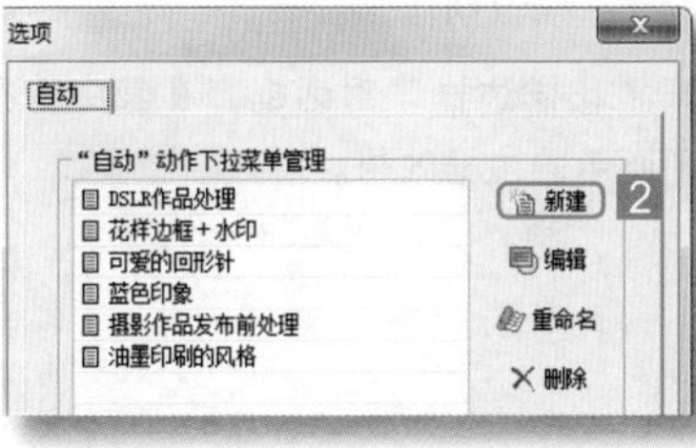

## 第2步：打开对话框

打开“选项”对话框，在其中列出了系统预设的一系列动作，单击 新建 按钮，打开“新建动作方案”对话框。

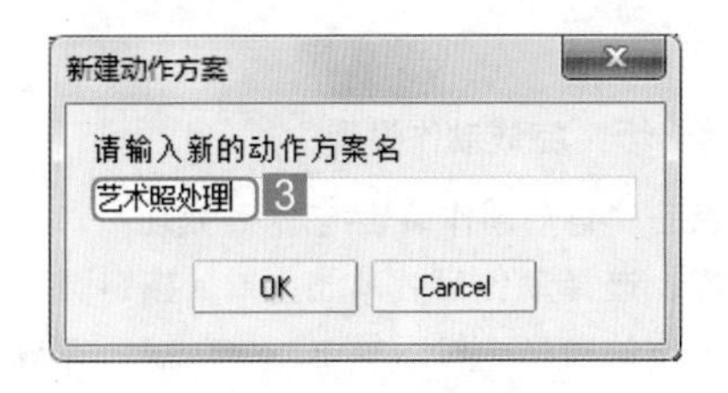


## 第3步：设置动作名称

在“请输入新的动作方案名”文本框中输入方案的名称为“艺术照处理”，然后单击 OK 按钮。

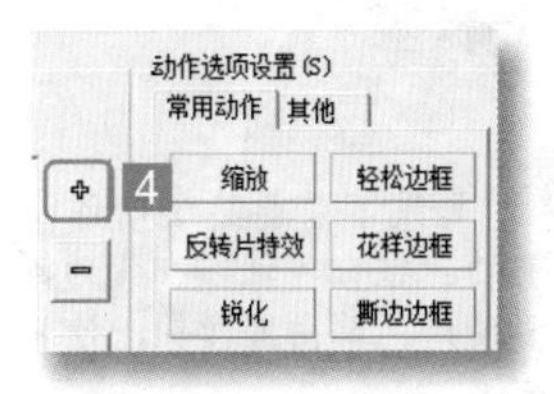


## 第4步：打开“增加动作”对话框

在打开的“自动动作编辑-艺术照处理”对话框中单击 + 按钮，打开“增加动作”对话框。

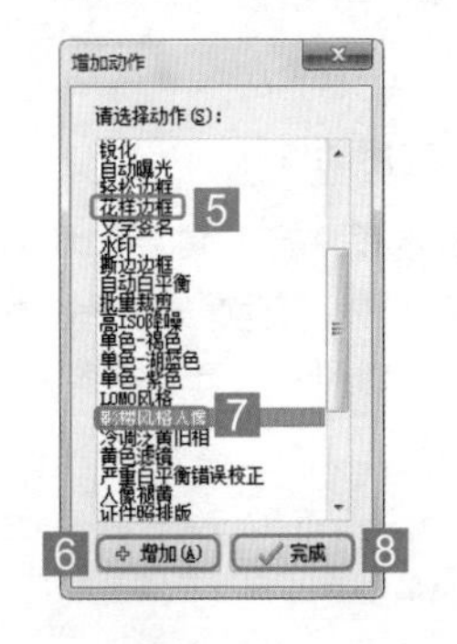


## 第5步：添加动作

在“请选择动作”列表框中选择“花样边框”选项，单击 增加(A) 按钮，再次选择“影楼风格人像”选项，然后单击 增加(A) 按钮，最后单击 完成 按钮完成动作的添加。

### 第6步：删除动作

返回“自动动作编辑-艺术照处理”对话框，选择“自动反转片”选项，单击-按钮删除该动作。使用相同的方法删除“锐化”和“轻松边框”选项，完成后单击 花样边框 按钮。

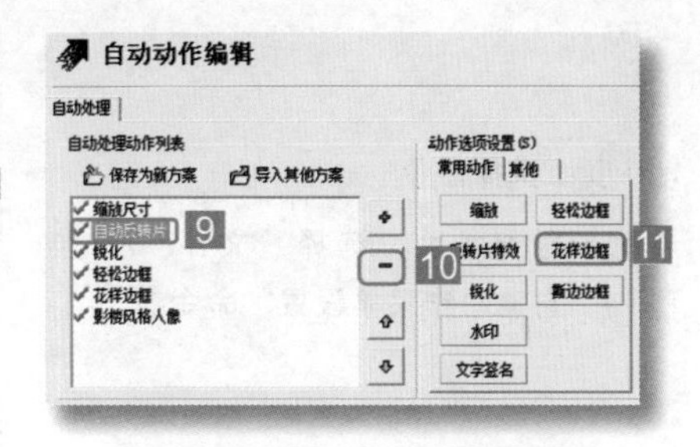


### 第7步：编辑动作

打开“花样边框”对话框，在其中选择如图所示的边框效果。

### 第8步：完成动作设置

返回“自动动作编辑-艺术照处理”对话框，选择动作后，单击⇧或⇩按钮调整动作的顺序，然后单击 ✓确定 按钮完成动作的设置。

提示：如果不需要某个动作，还可单击动作前的✓按钮，使按钮变为✗即可。如果需要使用，单击✗按钮，使其变回✓按钮即可。

### 第9步：应用动作

在光影魔术手中打开需要处理的照片，选择“文件”/“自动”/“艺术照处理”命令，即可对照片进行艺术照处理。

新手解惑

**Q：已经添加完成的自动动作还可以修改吗？**

A：当然可以，如果添加的自动动作不符合要求，选择“文件”/“自动”/“自动动作菜单设置”命令，在打开的“选项”对话框中选中所需修改的动作，单击 编辑 按钮，在打开的对话框中重新设置动作即可；单击 重命名 按钮，可重命名动作；单击 ✕删除 按钮，可删除动作。

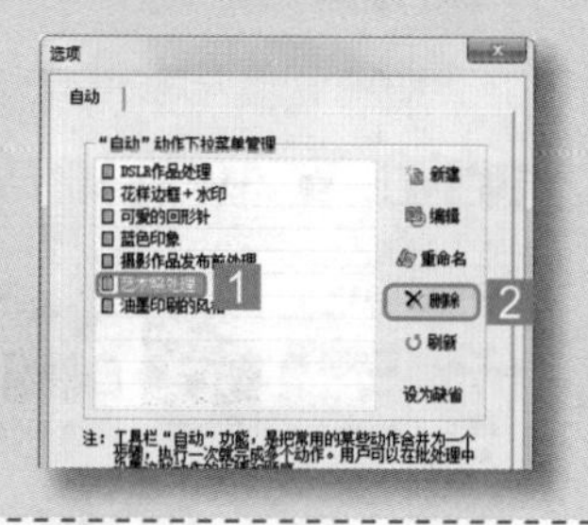


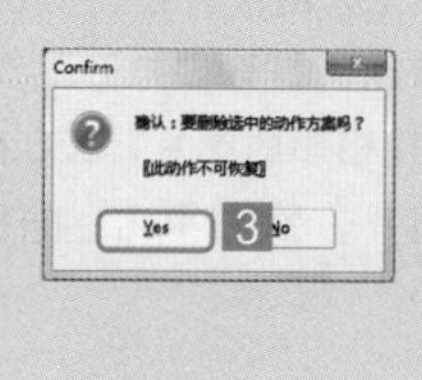


## 5.1.2 批处理操作

批处理操作与自动动作类似，都是对不同的照片进行相同的处理，不同的是，自动动作一次只能处理一张照片，而批处理可以批量处理多张照片。

下面通过光影魔术手的“批处理”功能对照片进行批量缩放处理。

**第1步：打开“批量自动处理”对话框**

启动光影魔术手，选择“文件”/“批处理”命令，打开“批量自动处理”对话框。

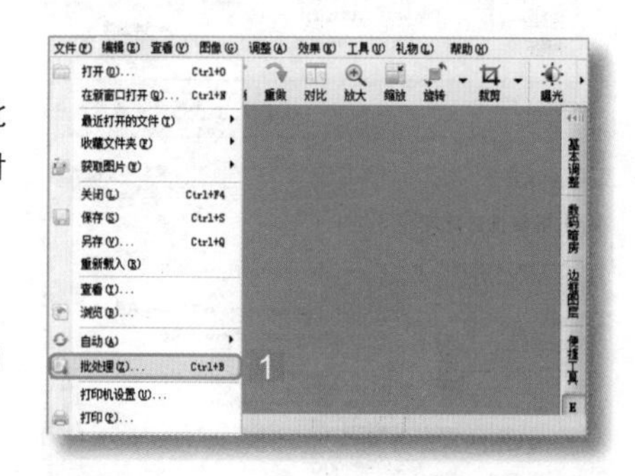


提示：按Ctrl+B键也可打开“批量自动处理”对话框。

第2步：设置动作

“批处理”的动作设置方法与“自动动作”的设置方法相同，这里单击其他动作前面的✔按钮，只保留“缩放尺寸”动作。

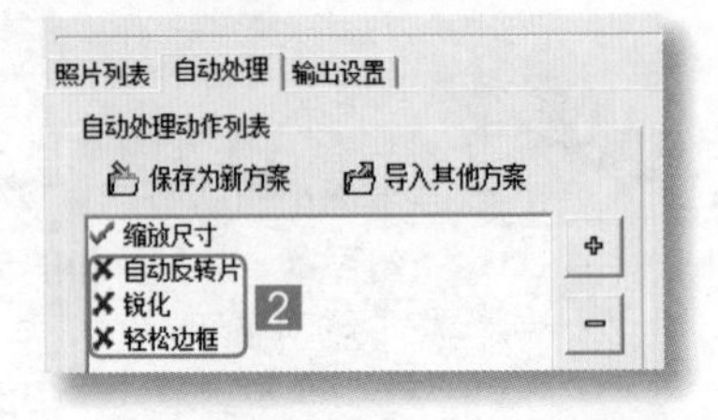


第3步：添加照片

选择“照片列表”选项卡，在打开的窗格中单击增加按钮，打开“打开”对话框，按Shift键选择相邻的图片，按Ctrl键选择不相邻的图片，然后单击打开(O)按钮。

提示：将需要处理的照片整理在一个文件夹中，单击目录按钮，可更快捷地添加整个文件夹中的所有照片。

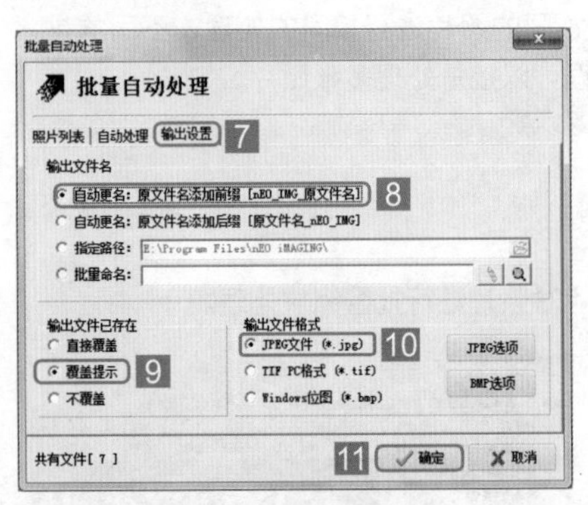

第4步：设置输出选项

选择完照片后，选择“输出设置”选项卡，在打开的窗格中选中“自动更名：原文件名添加前缀”单选按钮，在“输出文件已存在”栏中选中“覆盖提示”单选按钮，在“输出文件格式”栏中选中“JPEG文件”单选按钮，然后单击确定按钮。

第5步：批量缩放照片

系统自动打开“高级批量处理”对话框，开始处理，可看到完成进度与状态，完成后，单击确认按钮关闭对话框。

教你一招

### 另存照片的方法

在“批量自动处理”对话框中选中“指定路径”单选按钮，单击文本框后的按钮，在打开的对话框中选择照片保存的位置即可。这样设置的好处是可以将原照片与处理后的照片分开保存。

跟我练习

### 新建并应用自动动作

跟着娜娜一起新建一个自动动作，将其命名为“风景艺术处理”。该自动动作中包含批量裁剪、锐化、自动曝光、自动反转片、去雾镜、水印和轻松边框等。用户也可根据自己的需要进行动作设置。设置完成后，打开一张风景照片应用该动作。

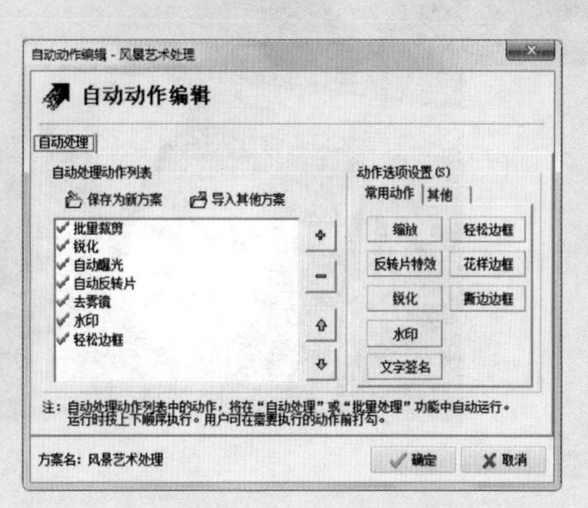

## 5.2 怎样处理不同类型的照片

解决了重复操作的问题后，娜娜又提出了一个问题，“阿伟，处理了这么多的照片，对不同类型的照片有没有什么处理技巧呢？”看着一脸认真的娜娜，阿伟笑着说道：“呵呵，当然有了，学习了这些操作，现在我们来总结一下处理不同类型照片的技巧吧！”

## 5.2.1 人物照片的处理技巧

本书前面已经讲解了处理人像的各种方法，但只是针对不同的情况进行讲解，下面我们将综合利用前面所讲解的知识分析人物处理的技巧。

1. 处理人像

每个人都不是完美的，拍摄的人物照片或多或少都会有瑕疵，这些都可以通过光影魔术手来进行改善。通过光影魔术手可以处理人物脸上的斑迹、痘痘、红眼和给皮肤美白等；还可通过“人像褪黄”功能对肤色较黄的人进行美白。

2. 装饰人物照片

拍摄出的照片有时过于单调，这时，可为人物添加一些装饰物，以丰富照片的内容。可通过文字与自由图层为照片添加内容，通过大头贴和涂鸦为照片添加一些趣味性的效果，还可为照片添加边框使照片内容更加丰满。

3. 为人物照片换个好看的背景

普通的家庭用户拍摄照片时都是随意抓拍的，拍摄出的照片背景难免显得杂乱，给人物照片换个好看的背景会使照片效果更加美观。可通过“抠图”为人物换背景，也可通过多图边框或场景为照片换取更丰富的背景。

4. 制作特殊效果的人物照片

没有经过处理的照片效果往往中规中矩，没有新意，如果要制作一些特殊效果的人物照片，可通过裁剪、褪色旧相、影楼风格、证件照排版等方法进行处理。

提示：结合这些方法对人物照片进行处理，可使人物照片效果更加完美。

## 5.2.2 风景照片的处理技巧

由于外界因素的干扰，拍摄的风景照片效果可能不太理想，如光线不足、逆光拍摄和色彩暗淡等。可通过补光、减光或自动曝光等方法调整照片的光线；通过色阶、曲线等调整风景的亮度；通过反转片效果还原风景的真实效果或增加风景的艳丽程度，还可通过锐化调整风景照片的细节。

Q：对风景照片进行处理时，还可以使用哪些方法？

A：除了对风景的色彩进行处理，还可为风景照片添加文字、水印、边框等。结合色彩与其他方法的调整，可制作更多的风景效果照片。

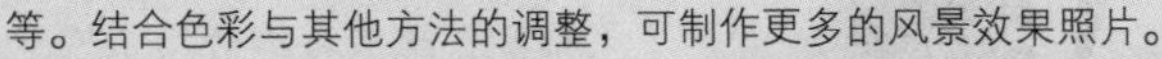

## 5.2.3 淘宝商品照片处理技巧

众所周知，一张好的商品图片对于吸引买家眼球是非常重要的，这也是卖家经营店铺的一大重点。而由于各种因素，如拍摄环境、相机质量等，拍摄出的照片总是不如人意，下面就介绍一些通过光影魔术手处理淘宝商品的技巧。

1. 设置淘宝照片的尺寸

拍摄的淘宝商品照片都是需要上传到网络中进行展览的，因此淘宝照片的尺寸是有一定限制的。设置淘宝照片大小的方法通常有两种，一种是根据用户显示器分辨率大小进行设置，如800×600、1027×768或更高分辨率；另一种是根据淘宝对商品照片的限制进行设置，将图片大小保持在120KB以下。

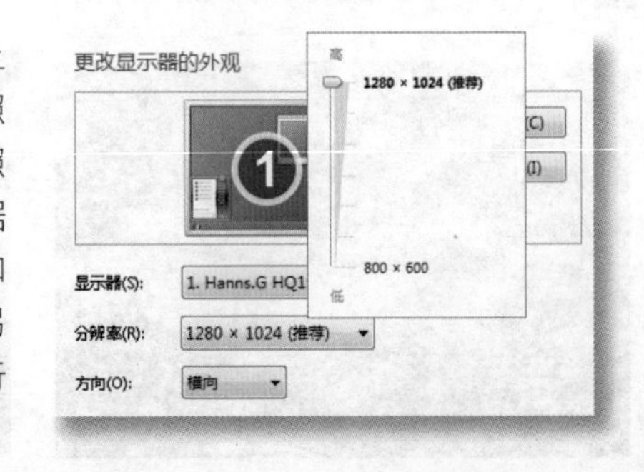

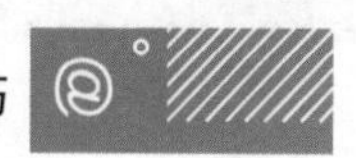

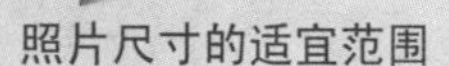


**照片尺寸的适宜范围**

在处理图片时，最好将照片宽度设置为500~700px之内，这样在其他分辨率下也能完整显示照片，避免商品照片显示不全引起交易失败。

### 2. 照片清晰度处理技巧

由于拍摄照片或处理照片后，商品照片会变得不清晰，通过锐化操作可提高照片的清晰度。

### 3. 光泽的处理

一张暗淡无光或过分苍白的照片是无法吸引买家的，而对照片的光泽进行适当的处理后，使商品的光线变得更自然，买家对商品也会更加满意。

4. 色彩的处理

一个颜色协调、色彩合适的商品在很大程度上能激起买家的购买欲。特别是食品、服装类的商品尤其明显。处理色彩可通过RGB色调、色相/饱和度、色调平衡和通道混合器等来进行处理。

5. 背景的处理

不同的商品在不同的背景下呈现的效果不同，为商品换一个合适的背景可使商品效果更美观。

服装类的商品可以换一些实物场景，例如街道、商店等场景，使人感觉更真实，贴近生活。

玻璃、器皿等商品可用干净、简单的背景，给人一目了然的感觉。如将背景填充为单一的颜色以突出商品。

文具类的商品可以添加一些简单的装饰。如对钢笔进行装饰可添加信纸、花、文字和包装盒等，使商品不会太单调。

运动类的商品可换一些户外活动的背景，可使人感觉更有活力。

在光影魔术手中可通过“抠图工具”为照片换背景。

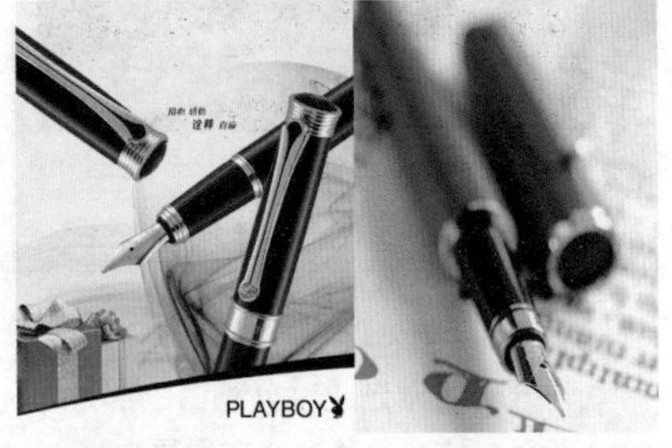

6. 处理商品的细节

很多买家谈到网上的商品时都有一个相同的看法，卖家展示的商品与真实的商品总是不相符合。解决这个问题的方法是使用多图组合将商品的细节、商品的其他颜色、样式等罗列出来，使买家能够一眼看到商品的详细信息。

获取宝贝照片细节的方法是直接拍摄宝贝的细节照片或将拍摄的照片放大后，再进行适当的裁剪和截图。

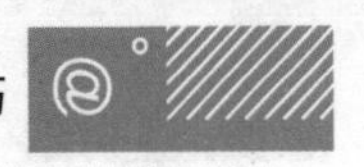

7. 不同类型商品的处理技巧

每个人都知道，不同类型的商品呈现给客户的感觉是不同的。要想获得较好的商品照片效果，必须针对不同的商品类别进行处理。下面列举一些常见类型的商品照片的处理技巧。

■ 服装的处理技巧

服装类商品的处理主要是对服装的色彩和背景进行处理。如果卖家展示的衣服偏色或搭配的色彩不平衡，就需要为照片的色彩进行处理，如果拍摄的照片背景太过凌乱，就需要为商品换个合适的背景。

■ 饰品的处理技巧

一条色彩暗淡、毫无光泽的项链是无法吸引买家眼球的。珠宝、首饰等饰品的处理主要是针对其色彩和光泽进行处理。通过亮度、对比度、色阶、曲线等功能处理后可增加饰品的质感。

8. 批处理

淘宝卖家通常都不止经营一种商品，因此卖家拍摄的商品照片往往较多，如果对拍摄的照片一张张进行处理，卖家需要花费较多的时间和精力。通过光影魔术手的“批处理”功能，可在一定程度上减少操作的重复性，提高工作效率。如统一对照片进行缩放，为照片添加水印和边框等。

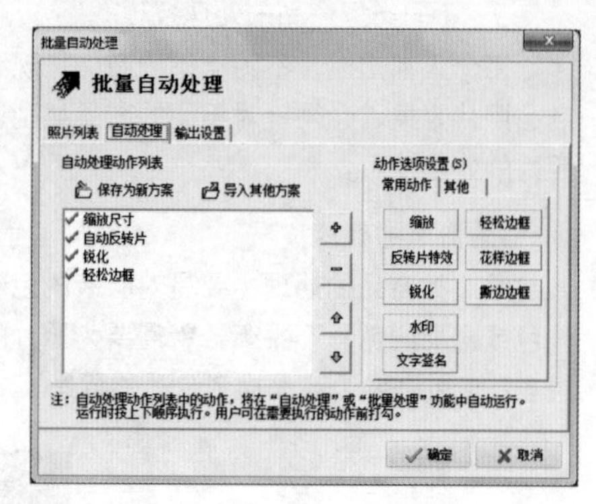


教你一招

**处理淘宝商品的注意事项**

处理淘宝商品照片的方法还有很多，如添加商品信息等，结合使用这些方法可使商品效果更加美观。当然，在处理宝贝照片时，要以实物为基础，千万不能为了追求美观的图片效果而把商品颜色调得过于鲜艳、明亮，否则买家在收货后会因为色差太大而有上当受骗的感觉，这样反而会适得其反，影响卖家的信誉。

动手一试

下面根据所学的淘宝商品照片的处理技巧对一张效果较差的照片进行处理，使照片效果更加美观。

**第1步：打开照片**

在光影魔术手中打开拍摄的宝贝照片（光盘\素材文件\第5章\宝贝1.jpg）。

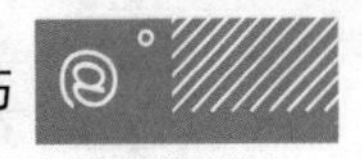

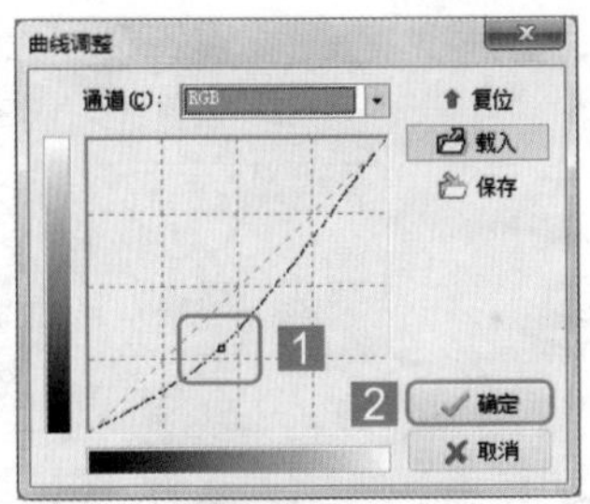

### 第2步：调整宝贝亮度

打开照片后可看到宝贝光线太强，照片显得苍白，选择“调整”/“曲线”命令，打开“曲线调整”对话框，拖动滑块，调整宝贝的亮度，然后单击 确定 按钮。

### 第3步：查看效果

返回光影魔术手工作界面，可看到宝贝照片变得更明亮。

### 第4步：抠图

选择“工具”/“容易抠图”命令，打开“抠图”对话框，单击 智能选中笔 按钮设置前景，单击 智能排除笔 按钮设置背景，然后选择“替换背景”选项卡，单击 加载背景 按钮，打开“打开”对话框。

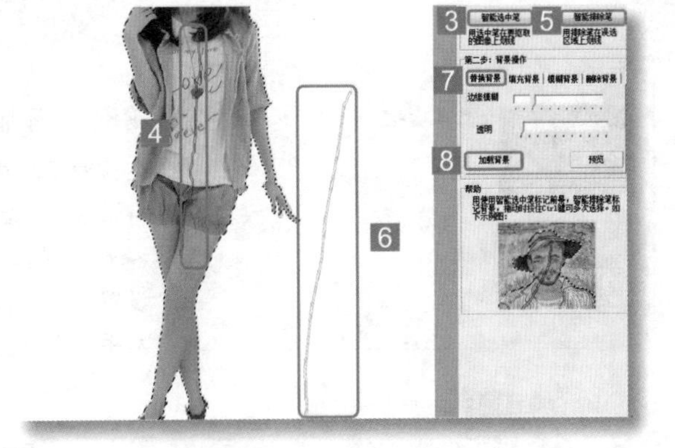

### 第5步：添加背景照片

在“查找范围”下拉列表框中选择背景照片的位置，在下方的列表框中选择“背景.jpg”图片（光盘\素材文件\第5章\背景.jpg），然后单击 打开(O) 按钮。

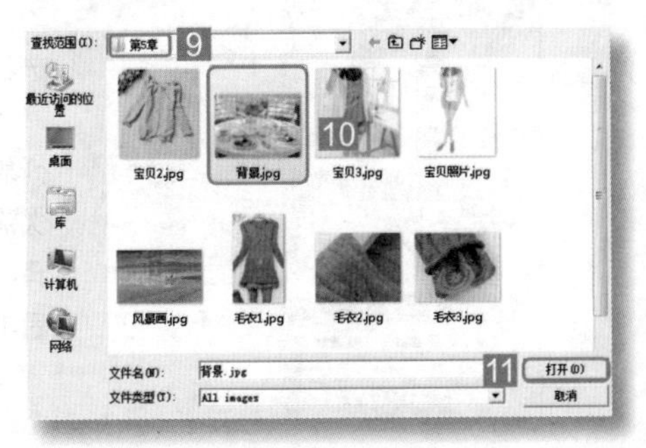

### 第6步：查看效果

调整好照片位置后，返回光影魔术手工作界面，可看到替换背景后的照片效果。

### 第7步：打开"插入文字"对话框

选择"工具"/"自由文字与图层"命令，打开"自由文字与图层"对话框，单击 汉 文字 按钮，打开"插入文字"对话框。

### 第8步：添加文字

在该对话框中输入文字"两件包邮"，将其颜色设置为"深红色"，单击 确定 按钮，插入文字，然后拖动文字设置其大小和位置，完成后返回光影魔术手工作界面。

### 第9步：添加涂鸦效果

选择"工具"/"趣味涂鸦"命令，打开"趣味涂鸦"对话框，在"分类"下拉列表框中选择"常用"选项，选中"单次涂鸦"单选按钮，选择如图所示的涂鸦效果，调整图片的大小和位置，完成后单击 确定 按钮。

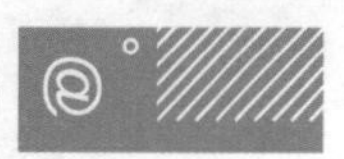

## 第10步：查看效果

返回光影魔术手工作界面查看效果，单击工具栏中的按钮，将图片另存为“宝贝1.jpg”（光盘\效果文件\第5章\宝贝1.jpg）。

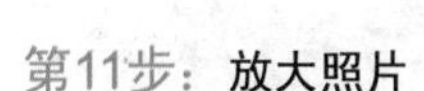

## 第11步：放大照片

选择“文件”/“打开”命令，打开一张宝贝照片（光盘\素材文件\第5章\宝贝2.jpg），单击工具栏中的“放大”按钮放大图片，使用鼠标拖动宝贝照片，显示合适的区域。

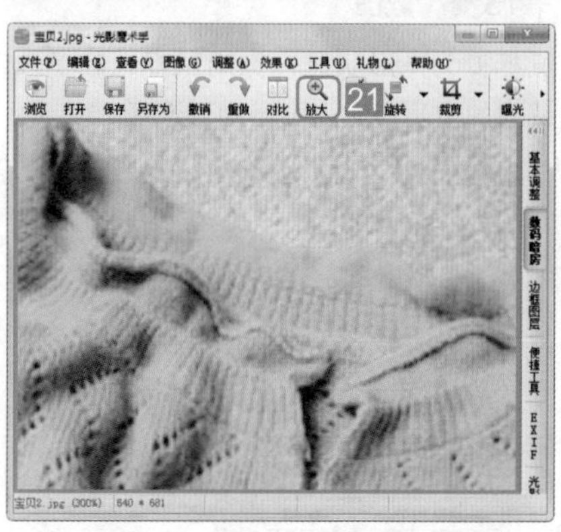

## 第12步：锐化照片

在光影魔术手工作界面可看到放大后的宝贝照片不清晰，选择“效果”/“模糊与锐化”/“锐化”命令，系统自动对宝贝照片进行锐化，锐化完成后可看到宝贝照片变得较清晰。

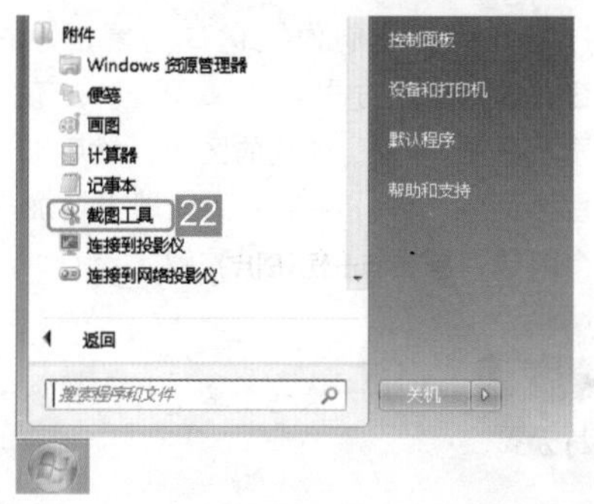


## 第13步：打开“截图工具”窗口

在“开始”菜单中选择“所有程序”/“附件”/“截图工具”命令，打开“截图工具”窗口。

## 第14步：选择“矩形截图”命令

在打开的对话框中单击新建(N)按钮后的▾按钮，在弹出的快捷菜单中选择“矩形截图”命令。

## 第15步：截图

鼠标变为+形状时，拖动鼠标，在需要截取的宝贝照片上画出矩形选区。

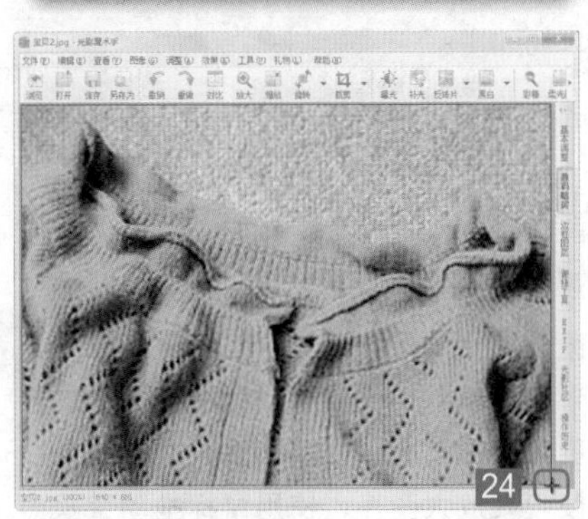


## 第16步：保存图片

返回“截图工具”窗口，选择“文件”/“另存为”命令，将截取的图片另存为“宝贝2.jpg”（光盘\效果文件\第5章\宝贝2.jpg）。

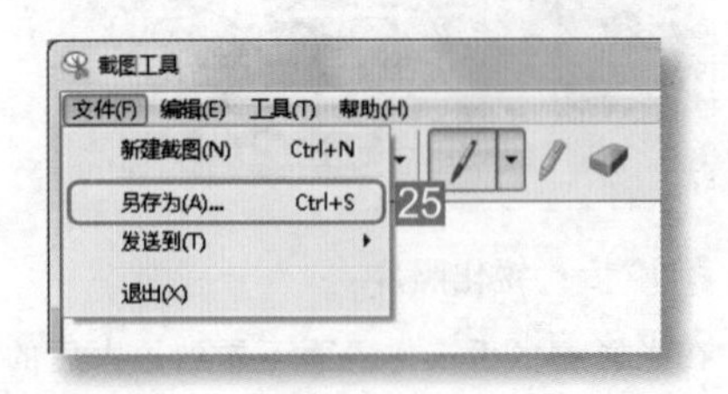


提示：使用相同的方法，用户可截取宝贝其他部分的细节照片。

## 第17步：制作多图组合

选择“工具”/“制作多图组合”命令，打开“组合图制作”窗口，单击⊟按钮，选择布局方式为“1 x 2”，在下方显示出“1 x 2”模式的区域，然后单击右侧的⇦按钮，在下方的区域中增加一个区域，单击点击载入图片按钮。

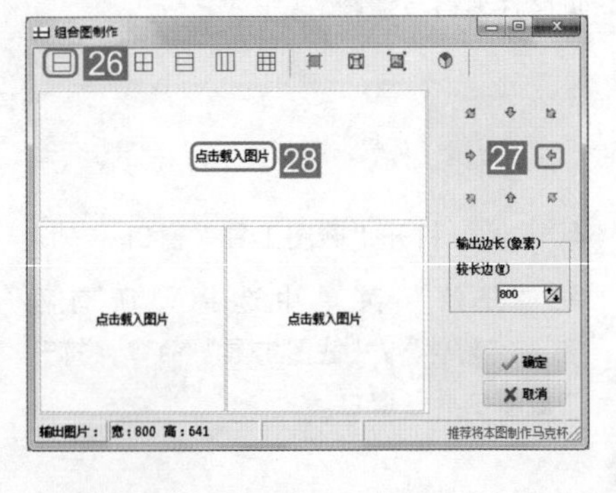


提示：用户可根据需要选择图片的布局方式。

### 第18步：添加照片

在打开的对话框中选择刚才处理好的两张宝贝效果，再选择“宝贝3”（光盘\素材文件\第5章\宝贝3.jpg），拖动图片边框，调整图片的大小，然后单击按钮，自动裁剪照片，使照片完全显示，单击按钮。

### 第19步：打开“批量自动处理”对话框

将宝贝照片整理在同一个文件夹中，选择“文件”/“批处理”命令，打开“批量自动处理”对话框，然后单击按钮。

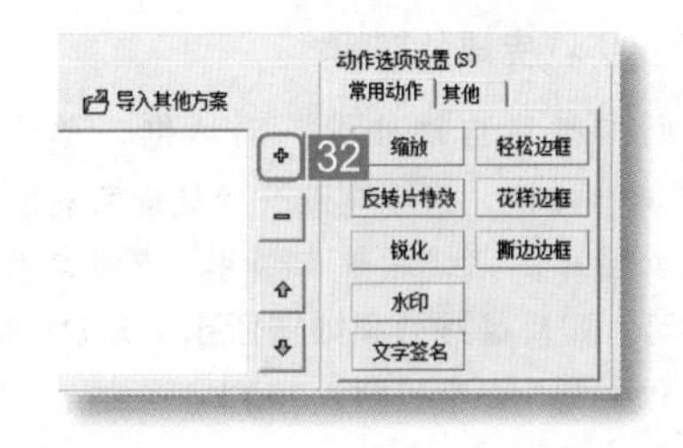

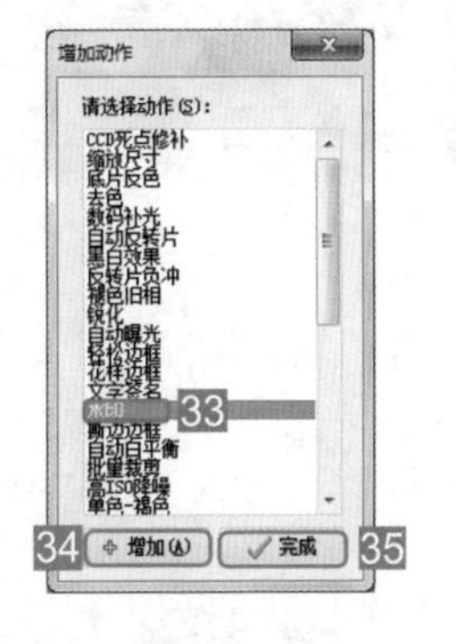

### 第20步：增加动作

打开“增加动作”对话框，在列表框中选择“水印”选项，单击按钮，再单击按钮。

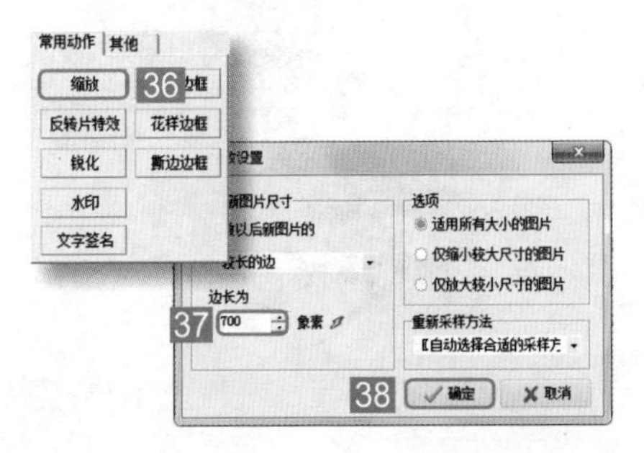

### 第21步：设置“缩放”动作属性

返回“批量自动处理”对话框，单击按钮，打开“批量缩放设置”对话框，在“边长为”数值框中输入“700”，其他设置保持默认不变，然后单击按钮。

## 第22步：设置“水印”动作属性

返回“批量自动处理”对话框，单击 水印 按钮，打开“水印”对话框，单击“水印图片”文本框后面的按钮，选择水印图片（光盘\素材文件\第5章\宝贝水印.png），完成后单击 确定 按钮。

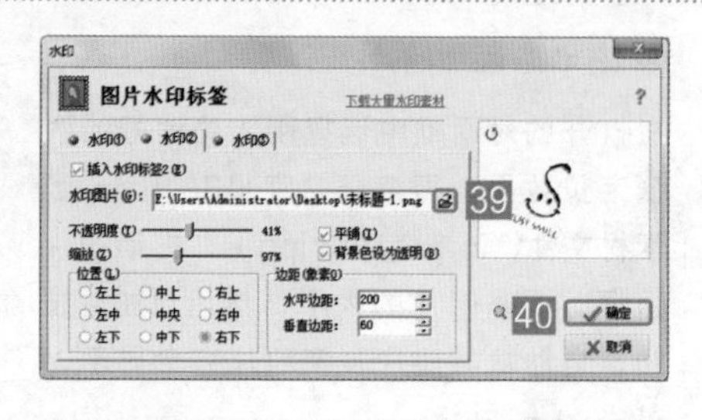

## 第23步：完成处理

返回“批量自动处理”对话框，单击 确定 按钮，系统自动开始处理所有的宝贝照片，完成后单击 确认 按钮退出即可。照片最终效果如图所示（光盘\效果文件\第5章\宝贝照片.jpg）。

跟我练习

### 处理人物照片

打开左图所示的照片（光盘\素材文件\第5章\人物照片.jpg），先对照片进行左右镜像旋转，然后为人物照片换背景（光盘\素材文件\第5章\向日葵.jpg），最后再添加边框，效果如右图所示（光盘\效果文件\第5章\人物照片.jpg）。

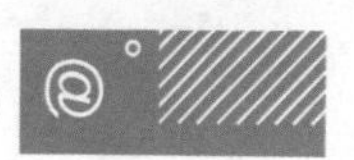

# 5.3 更进一步——照片处理小妙招

通过学习，娜娜不仅掌握了更多通过光影魔术手处理数码照片的技巧，还学会了怎样简化繁琐的操作，最重要的是学习了对各种类型的照片的处理技巧，在处理照片时变得更加得心应手。阿伟告诉娜娜要完全掌握处理数码照片的技巧，还需要进一步掌握以下几个技能。

## 第1招 批处理的适用范围

批处理是对所有的图片进行同一个操作，如果照片需要进行复杂的处理，使用批处理统一进行处理效果可能会不理想。适合使用批处理的照片有以下几种情况：

①图片本身质量较好，背景统一，不需要做过多调整的照片。

②对图片处理要求不高，如只添加水印、边框或改变图片大小等操作的照片。

## 第2招 校正变形的照片

拍摄的照片有时会由于某种原因出现变形的情况，这时可通过光影魔术手的“变形校正”功能校正照片。

在光影魔术手中打开变形的照片，选择“图像”/“变形校正”命令，打开“变形校正”对话框，拖动下方和右边的滑块设置校正参数，在图像预览区中可看到对应的效果，校正完成后单击 ✓确定 按钮即可。

# 5.4 活学活用

（1）练习动作的应用，并新建一个动作，将其命名为“人物艺术照处理”，其动作包括缩放尺寸、影楼风格人像和花样边框等。

（2）打开左图所示的风景照片（光盘\素材文件\第5章\风景画.jpg），对照片进行反转片艳丽色彩、柔化、纹理化和扩边等处理，完成后的效果如右图所示（光盘\效果文件\第5章\风景画.jpg）。

（3）打开左图所示的商品照片（光盘\素材文件\第5章\毛衣），对照片进行裁剪、水印和多图组合等操作，完成后的效果如右图所示（光盘\效果文件\第5章\毛衣.jpg）。

（4）打开左图所示的人物照片（光盘\素材文件\第5章\人物.jpg），对照片进行去斑、美容、换背景（光盘\素材文件\第5章\花海.jpg）和添加边框操作，完成后的效果如右图所示（光盘\效果文件\第5章\人物.jpg）。

Life

NEW CENTURY

☑ 想知道怎样装饰图片，使照片内容更加丰富吗？

☑ 还在为制作优美的文字照片而发愁吗？

☑ 想知道更多组合图片的方法吗？

☑ 此时此刻的你想要成为杂志的封面人物吗？

# 第 06 章 使用美图秀秀美化图片

娜娜太激动了，因为又要学习新的数码照片处理软件了。学习了光影魔术手后，娜娜觉得处理数码照片真的很简单。都说美图秀秀可以快速制作个性化照片，究竟是怎么制作的呢？娜娜对美图秀秀的功能十分好奇，真想快点去看看美图秀秀究竟都有哪些功能。看到一旁又开始神游的娜娜，阿伟走上前，推了推她的胳膊说："你不是还想知道其他处理数码照片的软件吗？这软件都打开了，还不赶快去体验一下……"阿伟的话还没说完，只看到娜娜立马在电脑前忙活了起来，紧接着又听到了委屈声"阿伟，还是先教教我怎样使用它吧……"

# 6.1 使用文字丰富照片内容

阿伟看到开启了美图秀秀就到处乱点的娜娜，告诉她要使用美图秀秀制作个性化图片，可以使用一些文字来丰富照片的内容。美图秀秀中的文字有静态文字、漫画文字、动态文字和文字模板等，下面就来看看这些文字的使用方法吧。

## 6.1.1 制作优美的静态文字

使用相机拍摄的照片光秃秃的，看上去没有什么内容，显得有点单调。通过美图秀秀可以为照片添加优美的静态文字，丰富照片的内容，使照片效果更加美观。

下面通过美图秀秀为照片添加一些优美的静态文字，使照片内容更加丰富。

第1步：**打开照片**

在“开始”菜单中选择“所有程序”/“美图]”/“美图秀秀”/“美图秀秀”命令启动美图秀秀，单击打开一张图片按钮，在打开的对话框中选择图片并打开（光盘\素材文件\第6章\菊.jpg）。

提示：单击工具栏中的按钮也可打开图片。

第2步：**打开“文字编辑框”对话框**

在美图秀秀工作界面中选择“文字”选项卡，单击输入静态文字按钮，打开“文字编辑框”对话框。

第3步：**输入文字**

在“文字编辑框”对话框的文本框中输入“故园三径吐幽丛，一夜玄霜坠碧空。”文字。

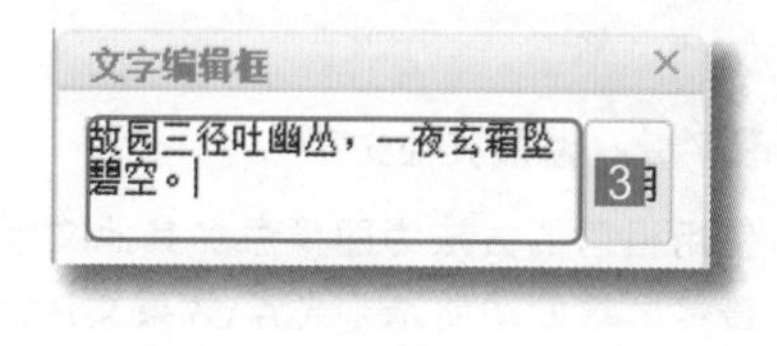


第4步：**设置文字样式**

选择“常规设置”选项卡，在“网络字体”下拉列表框中选择“汉仪火柴体简”选项，单击“文字颜色”色块，设置文字颜色为“白色”，在“字号”下拉列表框中选择“37”，然后拖动滑块设置“文字大小”和“透明度”分别为“37”和“89%”。

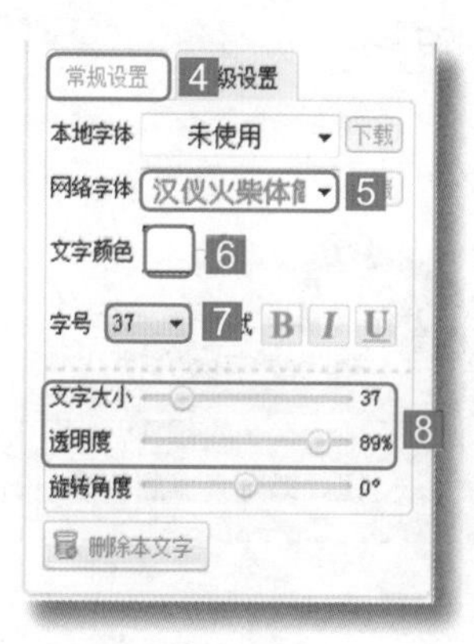


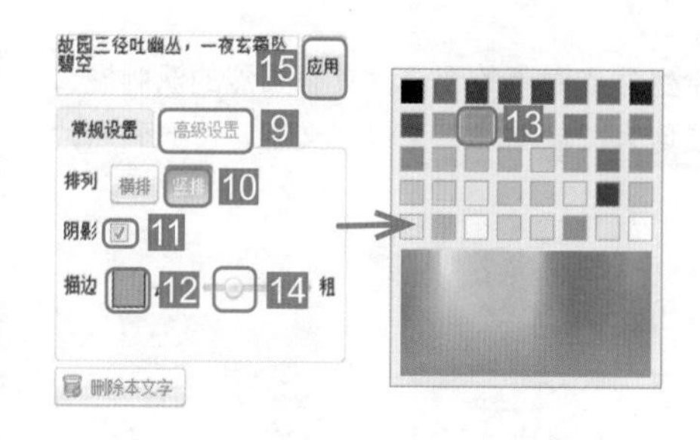


第5步：**文字高级设置**

选择“高级设置”选项卡，单击竖排按钮，将文字设置为竖排样式，选中“阴影”复选框，单击“色块”按钮，在打开的对话框中选择如图所示的边框颜色，然后拖动滑块设置边框的粗细，设置完成后单击应用按钮。

第6步：**调整文字的位置**

返回美图秀秀工作界面，此时文本呈选中状态，使用鼠标将文字拖动到图像的右上方。

提示：将鼠标放在文字4个圆角上，鼠标变为↗形状，拖动鼠标也可改变文字的大小；将鼠标放在文字顶端的圆角上，鼠标变为⟳形状，拖动鼠标可改变文字的方向。

**第7步：添加其他文字**

使用相同的方法为图像添加其他文字，最终效果如图所示（光盘\效果文件\第6章\菊.jpg）。

教你一招

**删除文字的方法**

选中文字，按Delete键或在打开的“文字编辑框”对话框中单击[删除本文字]按钮，即可直接删除选中的文本。

## 6.1.2 制作幽默的漫画文字

漫画就是用简单而夸张的手法来描绘生活或时事的图画，具有强烈的讽刺性、幽默感或娱乐性。通过美图秀秀可以方便地为图像添加各种漫画文字，使数码照片更具娱乐性。

通过美图秀秀为数码照片添加漫画文字，使照片具有娱乐性。

**第1步：打开照片**

启动美图秀秀，单击工具栏中的按钮打开图片（光盘\素材文件\第6章\漫画文字.jpg）。

第2步：**选择素材**

在美图秀秀工作界面中选择“文字”选项卡，单击 漫画文字 按钮，在右侧的窗格中选择“在线素材”选项卡，再选择如图所示的素材。

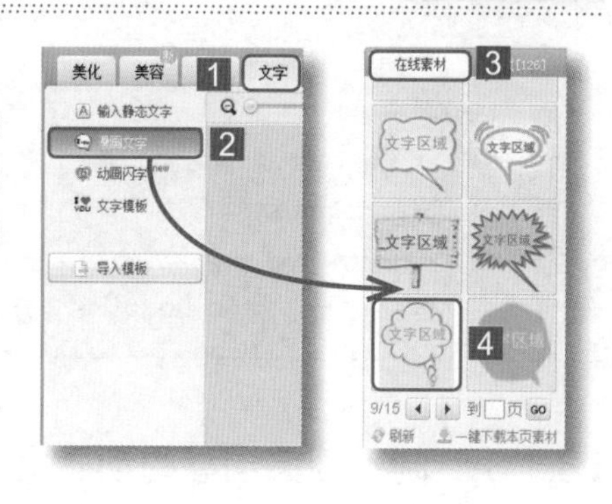


提示：“在线素材”中的“漫画文字”模板需要联网才能使用。

第3步：**编辑素材**

在打开的“漫画文字编辑框”对话框中输入文字“妈妈说，藏东西不要让别人知道！”，在“字体”下拉列表框中选择字体为“黑体”，然后单击☒按钮关闭对话框。

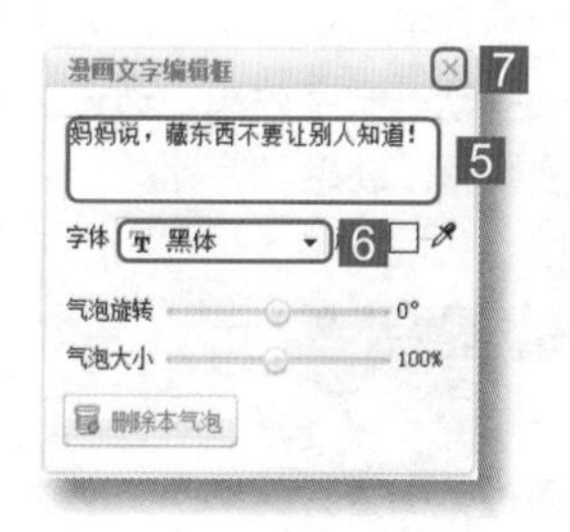

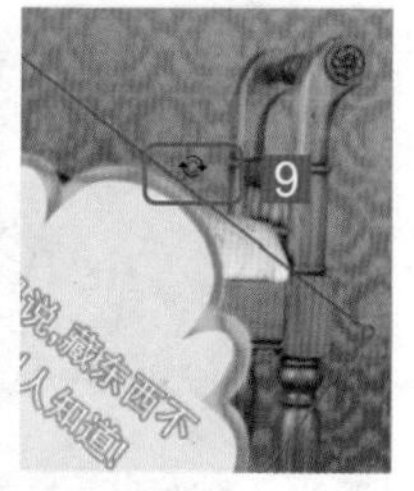


第4步：**设置素材样式**

返回美图秀秀工作界面，选中文字，将鼠标放在文字的左上角，向上拖动鼠标，将文字变大；将鼠标放在文字顶部的圆角上，拖动鼠标，改变文字的方向，然后将素材拖动到合适的位置。

第5步：**查看效果**

完成后在图像编辑区空白处单击，即可看到图像添加漫画文字后的效果（光盘\效果文件\第6章\漫画文字.jpg）。

**更多编辑素材的方法**

选中素材，单击鼠标右键，在弹出的快捷菜单中可对素材进行更多的操作，如删除、复制、合并、正片叠底和镜像等操作。

## 6.1.3 制作闪亮动感的动画文字

动画文字即动态文字，可使静态照片变为动态的.gif格式图片。在美图秀秀中预设了一些动画文字效果，通过添加这些文字可快速完成动态图片的制作，使照片效果更加绚丽、动感。

通过美图秀秀的动画文字功能为图片添加动态文字，使照片成为动态图片。

**第1步：打开照片**

启动美图秀秀，单击 按钮打开图片（光盘\素材文件\第6章\动画闪字.jpg）。

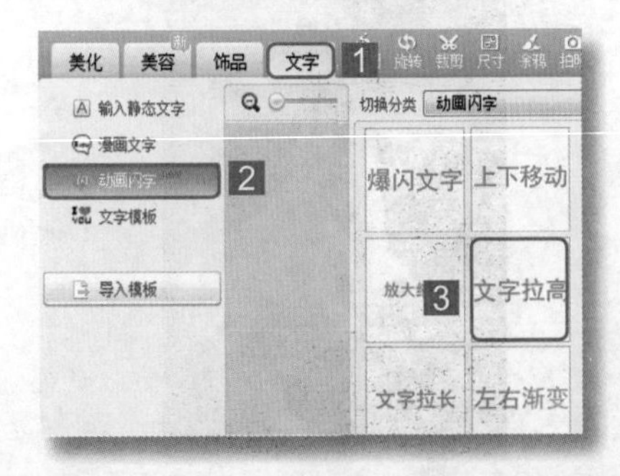


**第2步：选择素材**

在美图秀秀工作界面中选择“文字”选项卡，单击 按钮，在右侧的窗格中选择“文字拉高”选项。

### 第3步：编辑素材

在打开的“动画闪字编辑框”对话框中输入文字为“牵手爱情，一路陪你走下去”，在“字体”下拉列表框中选择“汉仪书魂体简”，在“文字大小”下拉列表框中选择“23”，然后单击☒按钮关闭对话框。

提示：动画闪字不能直接竖排，可通过按Enter键的方式获得竖排文字效果。

### 第4步：预览效果

返回美图秀秀工作界面，使用鼠标将动画闪字素材拖动到合适的位置，然后单击预览按钮。

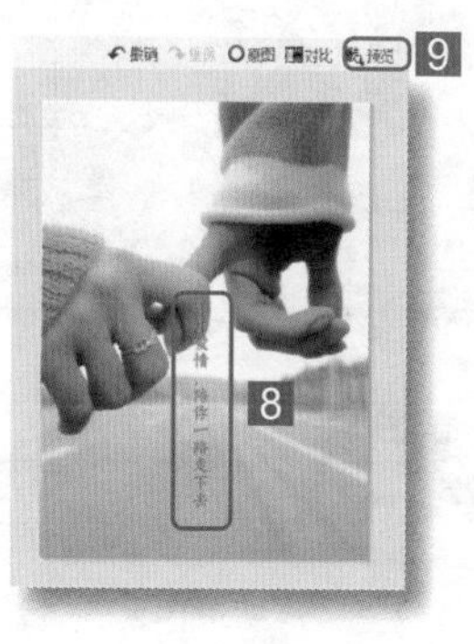

### 第5步：保存图片

在“图片预览”对话框中可看到文字呈动态方式变大和缩小，单击保存按钮，在打开的对话框中将图片保存为“牵手.gif”格式（光盘\效果文件\第6章\动画闪字.gif）。

## 6.1.4 直接使用文字模板

前面讲解的添加文字的方法都需要用户自己输入文字，但用户输入的文字有时并不美观。美图秀秀的“文字模板”功能包含了一些制作好的、效果美观的文字素材，只要轻轻一点就可直接应用，十分方便。

在美图秀秀中打开照片，选择“文字”选项卡，单击 文字模板 按钮，在下方显示出文字模板的类型，选择想要添加的类型，在右侧的窗格中单击需要的文字素材，然后在中间的编辑区域内设置素材的大小、旋转角度或透明度即可。

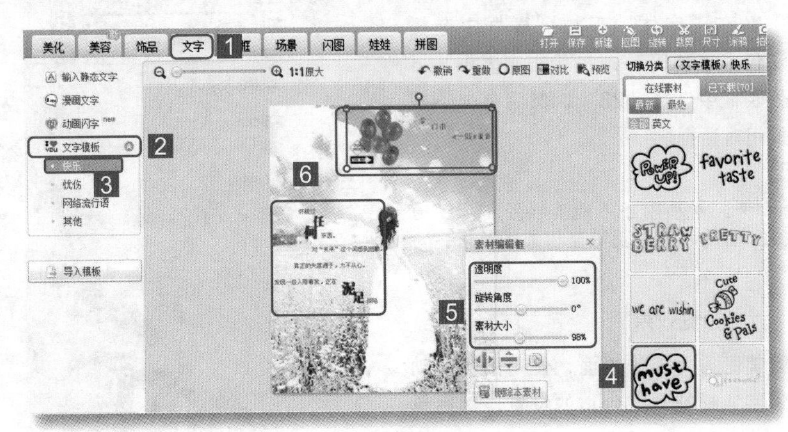


跟我练习

**为照片添加忧伤文字模板，制作出非主流照片的效果**

启动美图秀秀，打开如左图所示的照片（光盘\素材文件\第6章\非主流.jpg），通过文字模板丰富照片内容，最后效果如右图所示（光盘\效果文件\第6章\非主流.jpg）。

## 6.2 各种边框随你挑选

娜娜在学习光影魔术手时，发现光影魔术手中的边框样式比较简单，达不到绚丽的效果。看到苦恼的娜娜，阿伟笑着说：“别担心，美图秀秀也提供了边框功能，它的边框样式丰富、绚丽，可以满足你的要求。就让我带你去看看吧！”

美图秀秀中的边框样式多种多样，包括撕边边框、轻松边框、纹理边框、炫彩边框、简单边框、文字边框和动画边框等。这些边框的使用方法非常简单，可以直接使用，不需要选择图像显示区域。

下面通过美图秀秀为图像添加炫彩边框，使照片效果更加绚丽多彩。

**第1步：打开照片**

启动美图秀秀，单击工具栏中的按钮打开图片（光盘\素材文件\第6章\炫彩边框.jpg）。

**第2步：选择边框类型**

在美图秀秀工作界面中选择“边框”选项卡，单击左边的按钮选择边框类型，这里单击炫彩边框按钮，在打开的窗格中选择如图所示的边框。

**第3步：应用边框**

打开“边框”窗口，拖动滑块设置“边框透明度”为82%，然后单击应用按钮即可（光盘\效果文件\第6章\边框.jpg）。

提示：如果不满意选择的边框效果，可在“切换分类”下拉列表框中选择其他的边框类型。

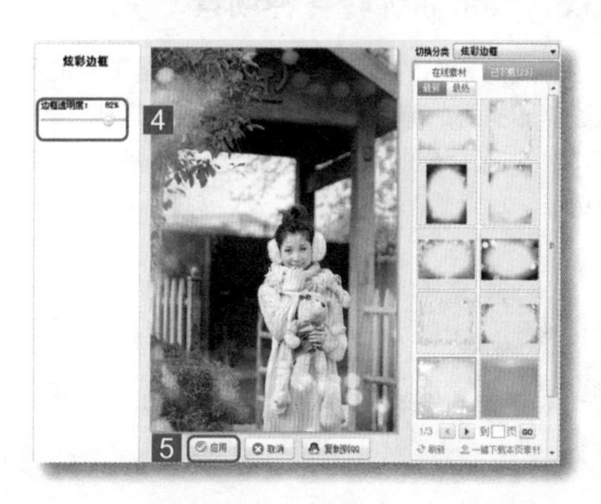

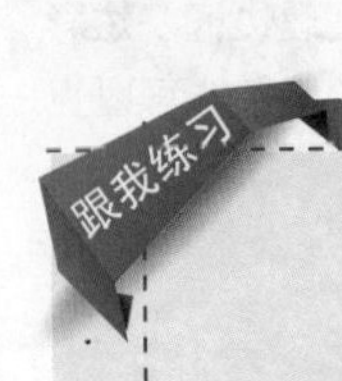


为照片添加不同的边框

跟着娜娜一起打开一张人物照片，为照片应用不同风格的边框样式。用户可根据自己的需要设置不同的边框。

# 6.3 海量场景任你畅游

娜娜的梦想是周游世界，在世界各地留下自己的身影，但娜娜出游的机会并不多，这个梦想可能要等很久很久……看到郁闷的娜娜，阿伟笑着说："娜娜，美图秀秀提供的场景功能，能实现你的愿望，它不止能带你到想去的地方，还可以完成你的其他梦想呢！现在我们就去看看怎样应用场景吧！"

## 6.3.1 带你玩转各种场景

想成为杂志的封面人物吗？想领略不同的风情吗？想和喜欢的明星合照吗？通过美图秀秀的静态场景，可轻松实现这些梦想。美图秀秀的静态场景内容丰富多彩，包含逼真场景、非主流场景、日历场景、拼图场景、明星场景等，可供用户自由选择。

下面通过美图秀秀的场景功能，为照片应用明星场景，试试与明星拍合照的感觉。

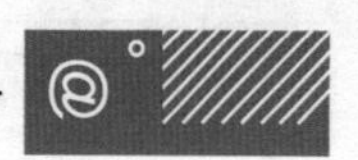

第1步：**打开照片**

启动美图秀秀，单击工具栏中的按钮打开图片（光盘\素材文件\第6章\明星场景.jpg）。

第2步：**选择场景**

在美图秀秀工作界面中选择“场景”选项卡，在“切换分类”下拉列表框中选择“明星场景”选项，在打开的窗格中选择如图所示的场景素材。

第3步：**应用场景**

打开“场景”窗口，在“场景调整”栏中的图像缩略图上拖动鼠标，设置图像的显示区域，单击按钮使图像左右镜像，然后单击按钮。

**提示**：双击图像或单击按钮可更换图像素材。

第4步：**查看效果**

返回美图秀秀工作界面，可看到应用场景后的效果（光盘\效果文件\第6章\明星场景.jpg）。

## 6.3.2 应用动画场景

动画场景是指影视动画角色活动与表演的场合与环境，通俗来说，就是动态的情景。通过美图秀秀的“动画场景”功能可实现动态闪图的效果。

下面通过美图秀秀的“动画场景”功能制作一张动态闪图。

**第1步：打开照片**

在美图秀秀中打开一张图片（光盘\素材文件\第6章\动画场景1.jpg）。

**第2步：选择动画场景**

在美图秀秀工作界面中选择“场景”选项卡，单击 动画场景 按钮，在右侧的窗格中选择如图所示的动画场景素材。

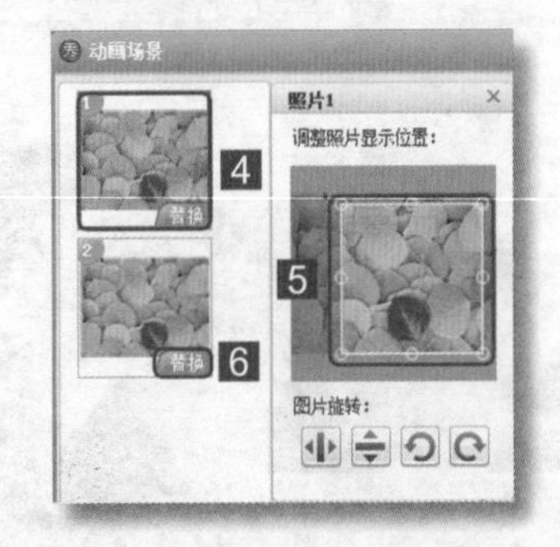


**第3步：设置照片1的显示位置**

打开“动画场景”窗口，单击“照片1”，打开“照片1”对话框，拖动矩形框设置图片的显示区域，然后单击照片2中的 替换 按钮。

### 第4步：选择第2张照片

打开“打开图片”对话框，在其中选择第2张照片（光盘\素材文件\第6章\动画场景2.jpg），然后单击 打开(O) 按钮。

### 第5步：设置照片的切换速度

返回“动画场景”窗口，在“照片2”对话框中拖动矩形框设置照片2的显示区域，然后拖动滑块设置两张照片的切换速度。

### 第6步：预览并保存照片

单击 预览动画场景效果 按钮，在打开的窗格中预览照片效果，完成后单击 保存 按钮保存照片（光盘\效果文件\第6章\动画场景.gif）。

提示：如果对照片效果不满意，可单击 替换 按钮重新选择图片，也可拖动滑块重新设置照片的切换速度。

教你一招

通过抠图换背景

美图秀秀提供了自由抠图、手动抠图和形状抠图3种方法抠取照片前景，其使用方法与光影魔术手中的容易抠图和自由裁剪类似。在美图秀秀中选择“场景”选项卡，单击 抠图换背景 按钮，在打开的窗格中单击 开始抠图 按钮，然后选择所需的抠图方式进行抠图即可。抠取出的前景可直接应用在不同的场景中。

跟我练习

为照片换一张背景

在美图秀秀中打开左图所示的图片（光盘\素材文件\第6章\换背景.jpg），通过抠图为照片换一张自定义的背景（光盘\素材文件\第6章\背景.jpg），然后为其应用非主流场景，最终效果如右图所示（光盘\效果文件\第6章\换背景.jpg）。

## 6.4 怎样组合图片更好看

娜娜很想把自己喜欢的照片组合在一张照片上，但又不知道该怎么办。看着着急的娜娜，阿伟笑着说“别急呀！通过美图秀秀组合图片是很简单的，马上就带你去看看怎么组合图片。”

## 6.4.1 自由拼图——想怎么拼就怎么拼

美图秀秀提供的“自由拼图”功能可以将用户喜欢的图片组合在一张照片里，其操作简单，十分方便。

下面通过美图秀秀的“自由拼图”功能将几张数码照片组合在一张照片中。

**第1步：打开一张照片**

启动美图秀秀，单击 按钮，打开照片（光盘\素材文件\第6章\风景1.jpg）。

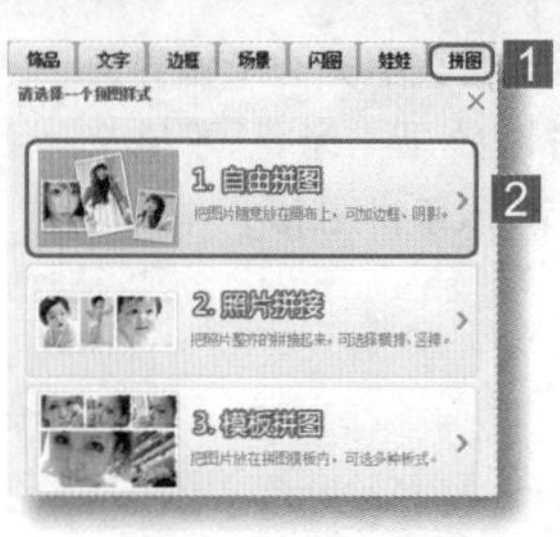


**第2步：打开“自由拼图”窗口**

选择“拼图”选项卡，打开“请选择一个拼图样式”对话框，单击 按钮，打开“自由拼图”窗口。

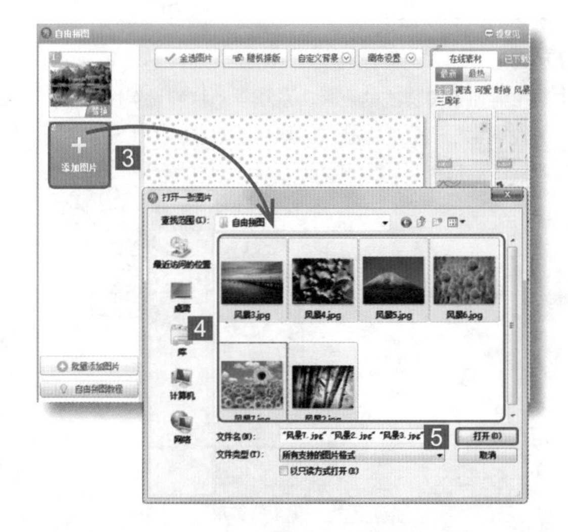


**第3步：添加照片**

单击“添加图片”按钮，打开“打开一张图片”对话框，选择所需添加的照片（光盘\素材文件\第6章\风景），然后单击 按钮。

**提示**：单击 按钮也可打开“打开一张图片”对话框，添加所需照片。

## 第4步：照片排版和背景

返回“自由拼图”窗口，单击随机排版按钮，系统自动对照片进行随机分配，选择“在线素材”选项卡，单击“风景”按钮，选择如图所示的背景，然后单击确定按钮。

提示：单击自定义背景按钮，在打开的窗格中可自定义背景颜色或背景图片。

## 第5步：查看拼图效果

完成后返回美图秀秀工作界面查看拼图效果（光盘\效果文件\第6章\风景拼图.jpg）。

教你一招

### 更多设置照片样式的方法

在“自由拼图”窗口中选中需要设置样式的照片，系统自动打开设置图片样式的对话框，选择“图片编辑”选项卡，拖动滑块可设置照片的大小、透明度和旋转角度等；选择“边框设置”选项卡，在打开的窗格中可设置照片的边框样式。

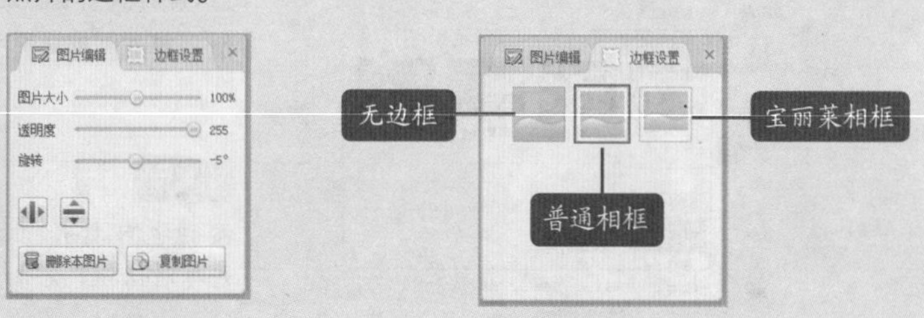

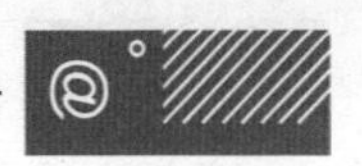

## 6.4.2 照片拼接——最简单的组合方法

照片拼接就是将需要组合的照片拼在一起。这种方法操作简单，且只有横排和竖排两种组合方法，适合对大小相近的照片进行拼接。

在美图秀秀中选择“拼图”选项卡，在打开的窗格中单击 照片拼接 按钮，打开“照片拼接”窗口，单击“添加图片”按钮，在打开的对话框中选择需要添加的图片，然后单击 横排 或 竖排 按钮设置照片的排版方式，在“宽”、“高”文本框中输入拼接后照片的尺寸，然后设置边框的大小和颜色，最后单击 应用 按钮。

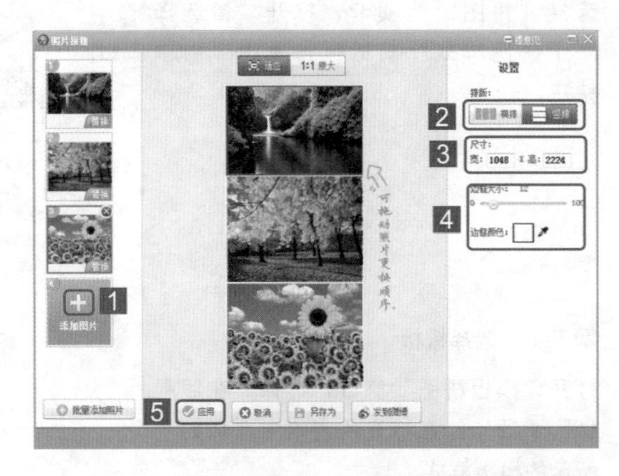

：使用鼠标拖动图片到其他位置，即可改变图片之间的顺序。

## 6.4.3 模板拼图——更多样式供你选择

模板拼图提供了系统预设的拼图样式，用户只需选择需要的样式，再添加照片即可。

**动手一试**

下面通过“模板拼图”对图片进行组合，制作一幅水果拼图。

**第1步：打开一张照片**

启动美图秀秀，单击 打开一张图片 按钮，打开一张照片（光盘\素材文件\第6章\水果.jpg）。

第2步：**打开“模板拼图”窗口**

选择“拼图”选项卡，打开“请选择一个拼图样式”对话框，单击3.模板拼图按钮。

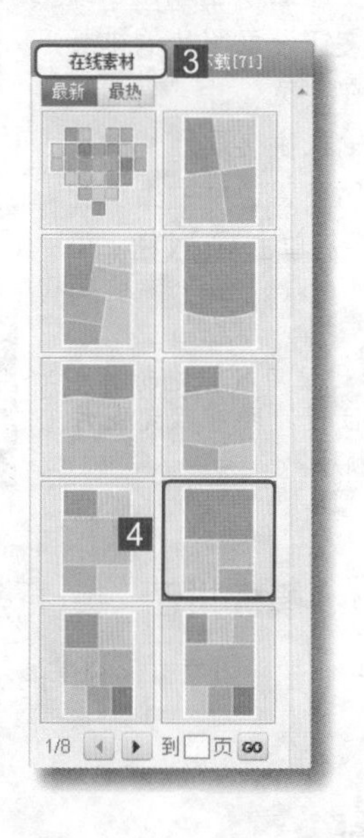


第3步：**选择模板**

打开“模板拼图”窗口，选择“在线素材”选项卡，在打开的窗格中选择如图所示的模板样式。

提示：用户可在系统提供的模板样式中，根据需要选择适合自己的模板。

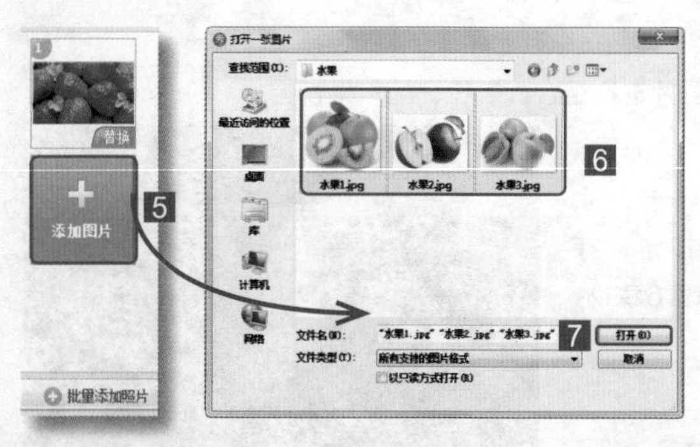


第4步：**添加其他照片**

单击“添加图片”按钮，打开“打开一张图片”对话框，选择需要添加的照片（光盘\素材文件\第6章\水果），然后单击打开(O)按钮。

### 第5步：设置照片样式

返回“模板拼图”窗口，系统自动将添加的照片套用到模板中，单击 选择边框 按钮，在打开的窗格中选择如图所示的边框样式，单击 选择底纹 按钮，在打开的窗格中选择如图所示的底纹样式，完成后单击 确定 按钮。

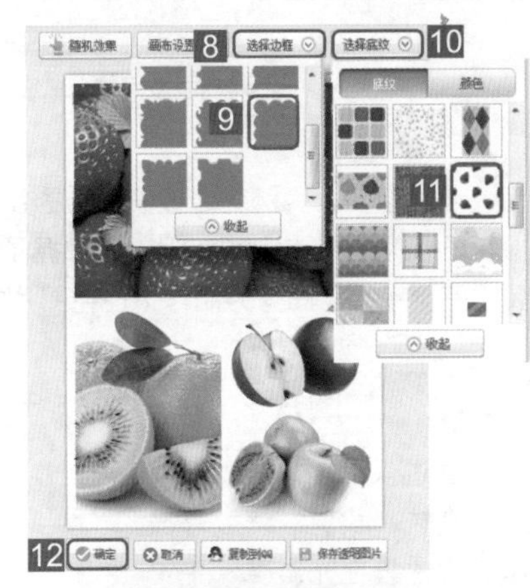


提示：单击 随机效果 按钮，可快速随机设置照片样式。

### 第6步：查看效果

返回美图秀秀工作界面，可看到应用模板拼图后的照片效果（光盘\效果文件\第6章\水果.jpg）。

跟我练习

制作一幅咖啡组合图

启动美图秀秀，通过左图所示的素材照片（光盘\素材文件\第6章\咖啡），利用美图秀秀的模板拼图和自由拼图功能制作一幅拼图，最终效果如右图所示（光盘\效果文件\第6章\咖啡.jpg）。

# 6.5 更进一步——美图秀秀操作小技巧

通过学习，娜娜对通过美图秀秀制作个性化图片的各种操作已经有了一定的掌握，不仅学习了更多的知识，还掌握了更多制作各种图片的方法。阿伟告诉娜娜，要想完全掌握美图秀秀制作个性化图片的功能，还需要进一步掌握以下几个技巧。

## 第1招 图片的基本操作

通过美图秀秀对图片进行旋转、裁剪、缩放等操作的方法与在光影魔术手中对图片进行这些操作的方法类似。

启动美图秀秀，单击 打开一张图片 按钮打开需要处理的照片，单击工具栏中对应的按钮即可进行相应的操作。

打开 保存 新建 抠图 旋转 裁剪 尺寸 涂鸦 拍照

## 第2招 快速美化图片

美图秀秀的“美化”功能设置了很多常用的美化照片操作，可快速实现照片的美化。

在美图秀秀中打开需要处理的照片，选择“美化”选项卡，在右侧的快捷功能区中单击所需的美化特效即可。

## 第3招 查看照片动态效果

对照片进行处理时，如果对照片添加了动画边框或动态文字等，在图像预览区中是无法查看到添加的动态效果的，这时，可通过美图秀秀的预览功能查看添加的动态效果。

在美图秀秀工作界面中单击预览按钮，打开“图片预览”对话框即可查看效果。

**提示：单击保存按钮，可对照片进行保存。**

# 6.6 活学活用

（1）打开左图所示的照片（光盘\素材文件\第6章\树林.jpg），先对照片进行亮度、对比度调节，然后再进行柔光、去雾和锐化等处理，最终效果如右图所示（光盘\效果文件\第6章\树林.jpg）。

（2）打开左图所示的照片（光盘\素材文件\第6章\行军），先对照片进行组合，然后为照片添加漫画文字，制作四格漫画的效果，最终效果如右图所示（光盘\效果文件\第6章\行军.jpg）。

（3）打开左图所示的照片（光盘\素材文件\第6章\成长史），对照片进行组合后为其添加轻松边框和文字边框，然后为照片进行美化操作，制作一幅宝宝的成长历史照片，最终效果如右图所示（光盘\效果文件\第6章\成长史.jpg）。

（4）打开左图所示的照片（光盘\素材文件\第6章\女孩.jpg），抠出照片中的人物，然后为照片应用杂志场景和逼真场景，最终效果如右图所示（光盘\效果文件\第6章\女孩.jpg）。

Life

NEW CENTURY

☑ 想知道都有哪些美容方法吗？

☑ 还在为了节食、减肥而苦恼吗？

☑ 想知道最适合你的发型是哪种吗？

☑ 此时此刻的你完美了吗？

# 第 07 章 使用美图秀秀美容人像

娜娜心情太好了，学习了美图秀秀制作个性化图片的方法后，又要学习新的知识了。都说使用美图秀秀可以对人物图像进行全身美容，包括皮肤、脸、眼睛、头发等，娜娜觉得美图秀秀真是太神奇了，今天非得好好使用美图秀秀来美容一下人物图像，看看它是不是真有那么厉害。阿伟看到一旁笑得合不拢嘴的娜娜，大声说道："你不是很想美容自己的照片吗？还不赶快去试试……"阿伟的话还没说完，只看到娜娜抓起鼠标就噼里啪啦地动了起来，接着又听到了吼叫声："阿伟，还是你先教教我吧……"

# 7.1 让你的脸上没有瑕疵

阿伟看到娜娜打开照片就开始乱涂乱画，告诉她，要使用美图秀秀美容人物图像可以先从脸部开始。美图秀秀提供了多种美容人物脸部的功能，如瘦脸瘦身、磨皮去斑、皮肤美白和添加腮红等。现在我们就去看看到底该怎样给脸美容吧!

## 7.1.1 瘦脸瘦身

相信不喜欢照相的人可能都有一些相同的烦恼，那就是怕拍摄出的效果不好看，尤其是体型稍显丰满的人更不喜欢将自己不好看的一面展示给别人。有了美图秀秀，这些都不再是问题了，美图秀秀的“液化”功能可快速对人物照片进行瘦身，使人看上去更加苗条。

动手一试

下面使用美图秀秀的“液化”功能对人物的脸部进行美化，使人看上去更瘦、更漂亮。

第1步：**打开照片**

在美图秀秀中打开需要处理的人物照片（光盘\素材文件\第7章\瘦脸.jpg），可看到人物的脸稍胖。

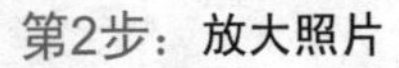

第2步：**放大照片**

选择“美容”选项卡，在打开的窗格中拖动滑块放大照片，使人物的脸部完全显示，然后单击瘦脸瘦身按钮。

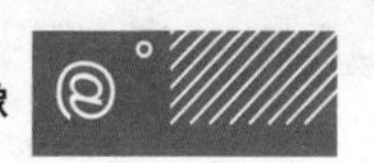

### 第3步：设置画笔属性

单击 按钮，启用画笔，在打开的窗格中拖动滑块，设置画笔的大小和力度分别为“20像素”和“30%”。

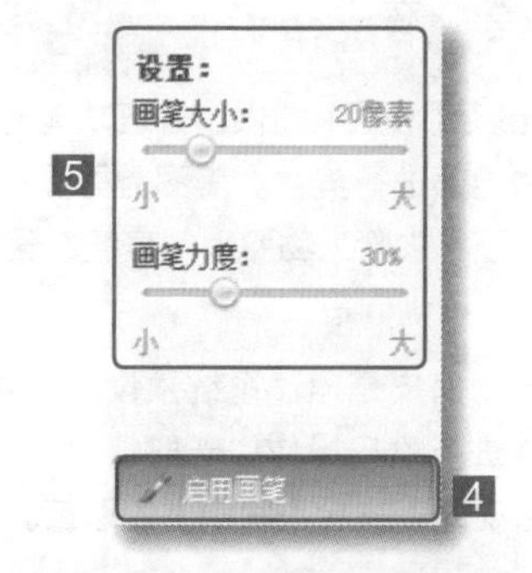


### 第4步：瘦脸

将画笔放在人物脸部需要修整的地方，向内拖动画笔，使人物脸部变小，使用相同的方法对脸部其他需要修整的地方进行调整。

提示：向内拖动画笔可使人物脸部变瘦，向外拖动画笔可使人物脸部变胖。

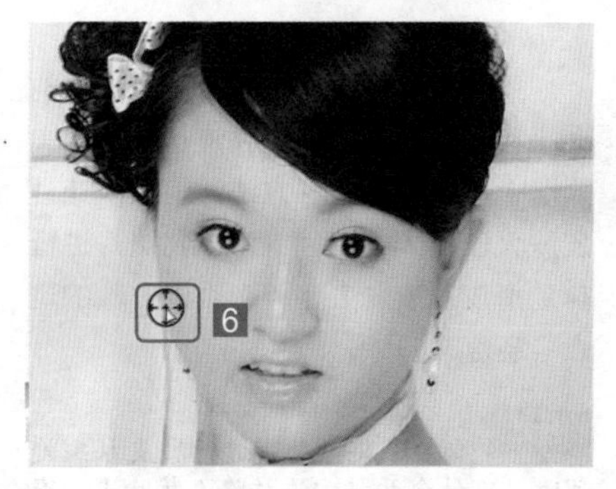


### 第5步：保存照片

完成后可看到瘦脸后的效果，如图所示（光盘\效果文件\第7章\瘦脸.jpg）。然后单击工具栏中的“保存”按钮保存照片。

教你一招

**瘦身体的其他地方**

除了对人物的脸部进行瘦脸操作外，还可对人物的其他部分进行瘦身操作，如瘦手臂、瘦腿等，其操作方法与瘦脸的操作相同。

## 7.1.2 磨皮祛斑

光影魔术手中提供了去斑功能对人物进行美化，但美图秀秀中，可以更方便地对人物脸部进行美容。美图秀秀提供的“磨皮祛斑”功能可使粗糙的皮肤变得更加光滑，还可去除人物脸上的痘痘、雀斑、皱纹、黑眼圈和眼袋等。

1. 自动磨皮

自动磨皮是通过系统预设的值对人物皮肤进行磨皮操作，一般情况下使用自动磨皮即可去除人物脸上的瑕疵。

2. 手动磨皮

手动磨皮需要用户自己设置画笔的大小和力度，然后对人物进行涂抹，去除脸上的瑕疵，这种方法通常用于处理皮肤太差的人物照片或对人物照片进行自动磨皮后皮肤上还存在难以去除的斑点、痘痘等。

提示：在对人物皮肤进行磨皮祛斑处理时，可结合两种方法祛除人物脸上的瑕疵。如先使用自动磨皮对人物皮肤进行美化，如果效果不理想，则可再使用手动磨皮对人物皮肤进行细致的操作，以达到最完美的效果。

动手一试

下面使用美图秀秀的“磨皮祛斑”功能对人物脸部进行美容，祛除脸上的瑕疵，使脸部更加平滑、干净。

**第1步：打开照片**

在美图秀秀中打开需要处理的人物照片（光盘\素材文件\第7章\磨皮祛斑.jpg），可看到人物脸部存在瑕疵。

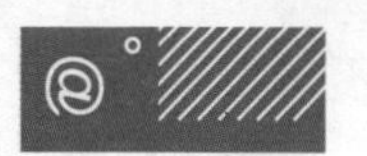

## 第2步：打开对话框

选择“美容”选项卡，在打开的窗格中单击磨皮祛痘按钮，打开“磨皮/祛痘祛斑”对话框。

## 第3步：选择磨皮方式

在打开的对话框中拖动滚动条，使人物的脸部完全显示，然后选择“自动磨皮”选项卡。

## 第4步：磨皮

在打开的窗格中选择“普通磨皮”选项，系统自动对人物皮肤进行处理，完成后可看到人物皮肤变得更平滑，但仍有一些瑕疵存在，再进行一次自动磨皮，然后选择“手动磨皮”选项卡，在打开的提示对话框中单击是(Y)按钮。

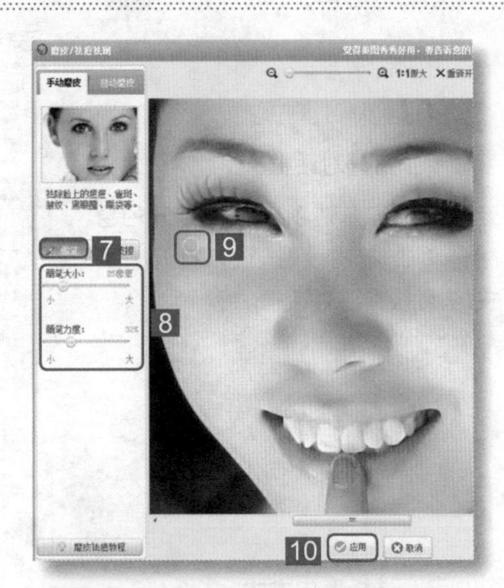


### 第5步：设置画笔属性

单击画笔按钮，激活画笔属性设置选项，拖动滑块设置“画笔大小”和“画笔力度”的值分别为“25像素”和“32”，然后在人物脸上有瑕疵的地方进行涂抹，完成后单击应用按钮。

### 第6步：查看效果

返回美图秀秀工作界面，查看磨皮祛斑后的效果（光盘\效果文件\第7章\磨皮祛斑.jpg）。

## 7.1.3 皮肤美白

使用数码相机拍摄人物照片时，由于拍摄环境等因素，拍摄出的人物照片可能会偏黄或偏暗，而有些天生皮肤较黄或较黑的人，对自己的皮肤都不甚满意。通过美图秀秀可快速方便地对皮肤进行美白。

在美图秀秀中选择“美容”选项卡，在打开的窗格中单击皮肤美白按钮，打开“皮肤美白”窗口，单击“一键美白效果展示”栏中的效果，系统会按预设的值对照片进行美白，完成后单击应用按钮即可。

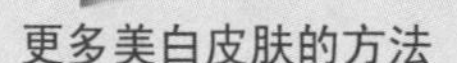


### 更多美白皮肤的方法

在“皮肤美白”窗口左侧单击 画笔 按钮，启动画笔，拖动滑块设置画笔的大小，单击色块按钮设置画笔的颜色，然后在人物脸部进行涂抹即可。

## 7.1.4 添加腮红

对皮肤进行美白后，人物皮肤会显得更加光滑和白净，但有时皮肤太白会使照片感觉不太真实，为脸部添加腮红可使人物脸色更加红润。美图秀秀提供的“腮红”功能不仅使肤色更红润，还提供了许多个性化的腮红素材用于装饰人物，使人显得更加可爱。

下面为人物添加腮红，使人物肤色更加红润，看起来更加可爱。

**第1步：打开照片**

在美图秀秀中打开需要处理的人物照片（光盘\素材文件\第7章\添加腮红.jpg），可看到人物脸部光线太强。

## 第2步：添加素材

选择“美容”选项卡，在打开的窗格中单击[腮红]按钮，选择“在线素材”选项卡，在打开的窗格中选择如图所示的选项。

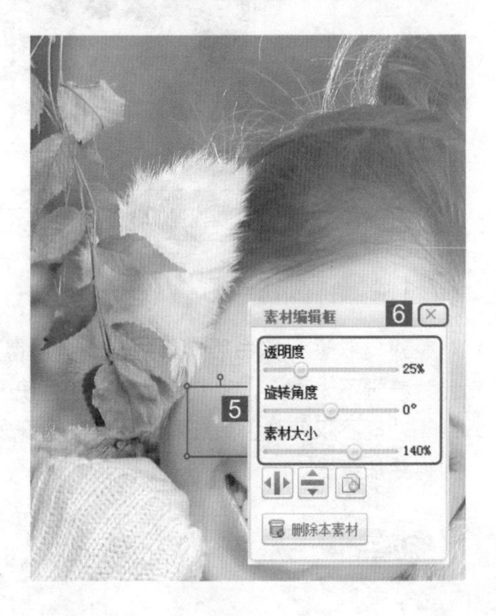


## 第3步：设置素材属性

单击腮红素材，打开“素材编辑框”对话框，拖动滑块设置素材的“透明度”为“25%”，“素材大小”为“140%”，然后将素材拖动到合适的位置，完成后单击×按钮，关闭对话框。

## 第4步：查看效果

使用相同的方法再添加一个腮红素材，完成后可看到人物变得更可爱了（光盘\效果文件\第7章\添加腮红.jpg）。

跟我练习

美容人物脸部

先启动美图秀秀，打开左图所示的人物照片（光盘\素材文件\第7章\美容脸部.jpg），对人物进行液化、磨皮祛斑、美白和添加腮红等操作，美化有瑕疵的皮肤，最终效果如右图所示（光盘\效果文件\第7章\美容脸部.jpg）。

# 7.2 给眼睛化妆

娜娜对人物皮肤进行了美化，人物变得更好看了，但是娜娜对人物的眼睛并不满意。看着烦恼的娜娜，阿伟说："别担心，在美图秀秀中可以对人物的眼睛进行细致的修正，如放大眼睛，改变眼睛颜色等，用户可以根据自己的需要对眼睛进行美化，下面就让我们去看看吧！"

## 7.2.1 放大眼睛

相信很多人对自己的眼睛都不是很满意，尤其是小眼睛的人总是很羡慕那些又大又好看的眼睛。通过美图秀秀可快速放大小眼睛，使眼睛更加漂亮。

下面通过美图秀秀的美容功能放大人物的眼睛，使眼睛变得更大。

**第1步：打开照片**

在美图秀秀中打开需要处理的人物照片（光盘\素材文件\第7章\眼睛.jpg），可看到人物的眼睛较小。

**第2步：放大照片**

选择“美容”选项卡，在打开的窗格中拖动滑块放大照片，使人物的眼睛完全显示，然后单击 眼睛放大 按钮。

**第3步：设置画笔属性**

单击 启用画笔 按钮，启用画笔，在打开的窗格中拖动滑块，设置“画笔大小”和“眼睛放大、缩小”的值分别为“12像素”和“18”。

提示：眼睛放大的值设置过大会使眼睛看起来不太自然，需根据具体情况进行调整。

**第4步：放大眼睛**

将画笔放在眼睛上，待鼠标变为⊙形状时，单击鼠标，系统自动对圆圈中心点的位置进行放大。

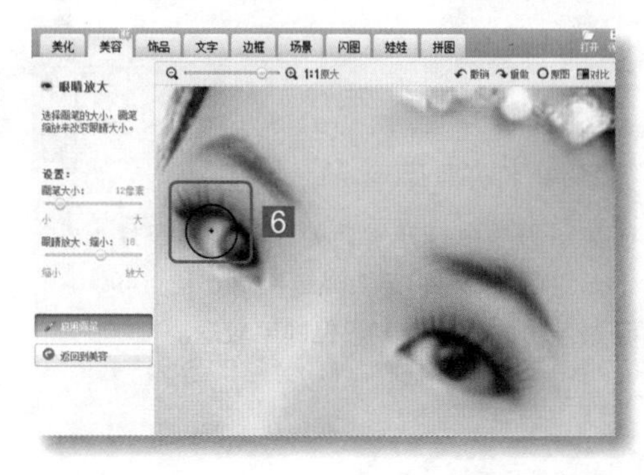


提示：在放大眼睛时，可以不断调整画笔的值，循序渐进，一点一点放大眼睛，不要为了追求太大的眼睛而破坏照片的协调。

**第5步：查看效果**

完成后即可看到人物眼睛变大了，人物看起来也更加美观，最终效果如图所示（光盘\效果文件\第7章\眼睛.jpg）。

教你一招

**缩小眼睛的方法**

如果觉得眼睛太大了，还可将眼睛缩小。缩小眼睛的方法与放大眼睛的方法类似，不同的是在设置画笔参数时需要将“眼睛放大、缩小”的值设置为负数。

## 7.2.2 让睫毛变长

拥有了漂亮的大眼睛，再为眼睛添加长长的睫毛可使眼睛变得更加生动、迷人。

下面通过美图秀秀为眼睛添加睫毛，使睫毛变得又长又漂亮。

第1步：**打开照片**

在美图秀秀中打开需要处理的人物照片（光盘\素材文件\第7章\睫毛.jpg），可看到人物的眼睛较大，但睫毛较短。

第2步：**选择素材**

选择“美容”选项卡，单击 睫毛 按钮，在打开的窗格中选择如图所示的睫毛素材。

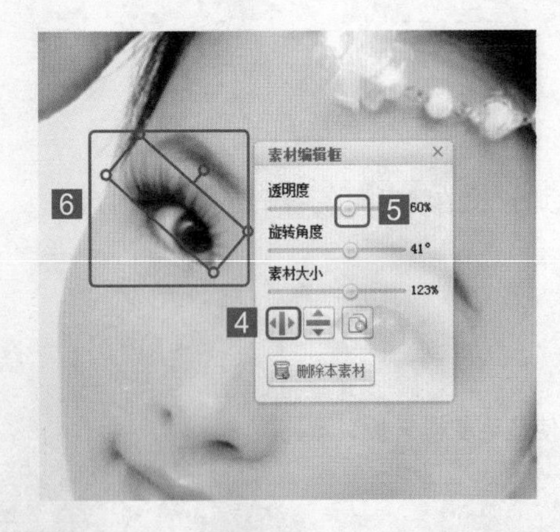


第3步：**调整睫毛**

使用鼠标左键单击睫毛素材，打开“素材编辑框”对话框，将素材的“透明度”设置为“60%”，单击按钮将素材左右镜像旋转，然后将睫毛拖动到人物的眼睛处，将鼠标放在睫毛素材四周的4个圆角上，调整睫毛的大小，将鼠标放在素材顶部的圆角上，调整睫毛的角度。

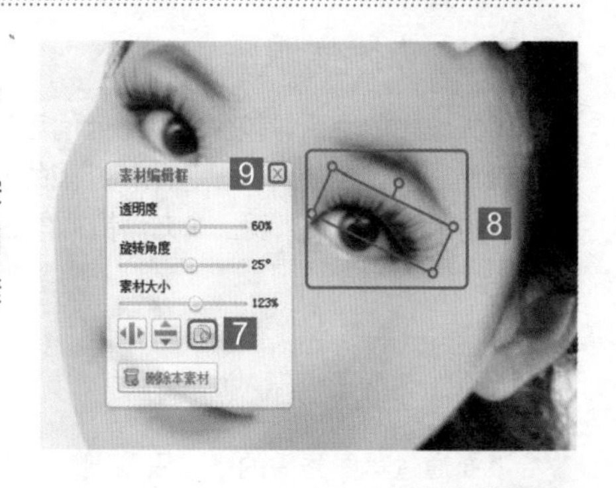


第4步：**添加睫毛**

在“素材编辑框”对话框中单击按钮，复制制作好的睫毛素材，使用相同的方法编辑素材，制作另一只眼睛的睫毛，完成后单击按钮关闭对话框。

第5步：**查看效果**

返回美图秀秀工作界面，查看添加睫毛后的效果（光盘\效果文件\第7章\睫毛.jpg）。

教你一招

美化眉毛和眼睛颜色的方法

在美图秀秀中除了可以对睫毛进行美化外，还可对人物的眉毛和眼睛颜色进行美化。美化眉毛的方法与美化睫毛的方法类似，在美图秀秀中选择“美容”选项卡，单击眉毛或眼睛变色按钮，在打开的窗格中选择需要的眉毛或眼睛颜色素材后，再对素材进行编辑即可。

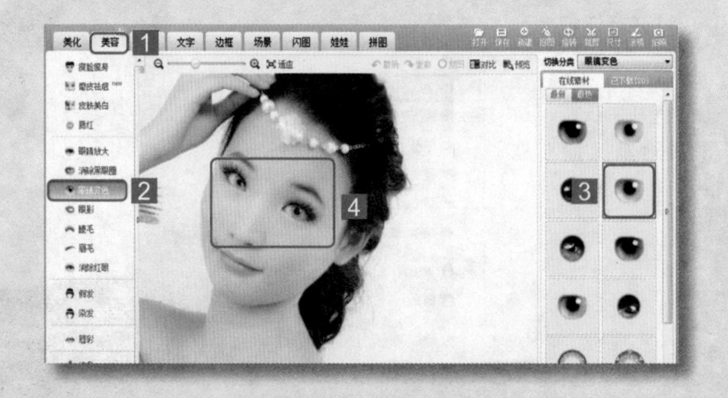

## 7.2.3 去除黑眼圈

每天繁忙的生活与较少的休息时间可能会使大部分人都带有黑眼圈，看着眼睛周围青黑一片，会使人有一种无精打采的感觉。通过美图秀秀可以方便地去除人物眼睛上的黑眼圈，使人看上去充满精神与活力。

下面通过美图秀秀的“去黑眼圈”功能去除人物眼睛周围的黑眼圈，使人看上去更有青春活力。

**第1步：打开照片**

在美图秀秀中打开需要处理的人物照片（光盘\素材文件\第7章\黑眼圈.jpg），可看到人物有黑眼圈。

**第2步：打开对话框**

选择“美容”选项卡，单击 消除黑眼圈 按钮，打开“消除黑眼圈”对话框。

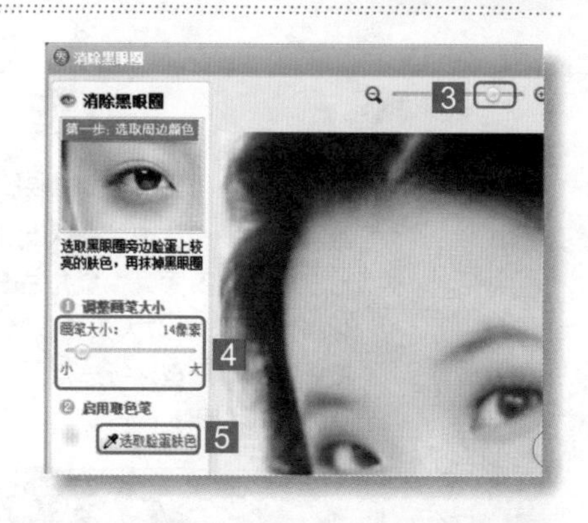


### 第3步：设置参数

拖动照片上方的滑块，将照片放大，使眼睛完全显示，拖动左边的滑块，设置“画笔大小”为“14像素”，然后单击选取脸蛋肤色按钮。

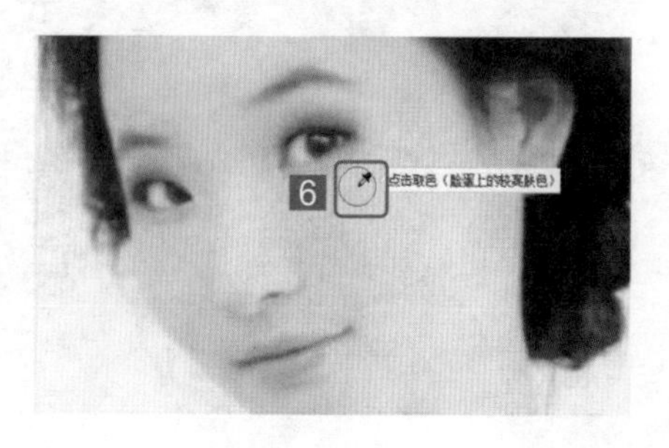


### 第4步：取色

当鼠标变为形状时，在人物脸蛋上肤色较亮的地方单击鼠标；当鼠标变为形状时，表示取色成功。

**提示**：如果取色与人物皮肤的颜色差别较大，可再次单击选取脸蛋肤色按钮对画笔进行取色。

### 第5步：去黑眼圈

拖动滑块将画笔透明度的值设置为“45%”，然后按住鼠标左键不放，对有黑眼圈的地方进行涂抹，完成后单击确定按钮。

### 第6步：查看效果

返回美图秀秀工作界面，可看到祛除黑眼圈后的效果，如图所示（光盘\效果文件\第7章\黑眼圈.jpg）。

跟我练习

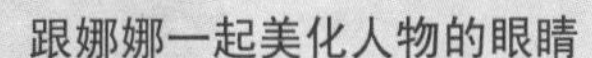

跟娜娜一起美化人物的眼睛

跟着娜娜一起练习美化人物眼睛的操作，你再也不用为眼睛不好看而烦恼了。在美图秀秀中打开左图所示的人物照片（光盘\素材文件\第7章\美化眼睛.jpg），放大人物眼睛，改变眼睛颜色和眉毛，然后再增加睫毛长度，最后对脸型进行适当的修正，最终效果如右图所示（光盘\效果文件\第7章\美化眼睛.jpg）。

# 7.3 看看你适合哪种发型

对脸蛋进行美化后，娜娜看着拍摄的人物照片，效果果然更加美观了。但是娜娜发现人物的头发有些乱糟糟的，还有些发型衬得脸型不好看。看着疑惑的娜娜，阿伟拍着她的头说："别着急，在美图秀秀中可以快速改变人物的发型，使人更加漂亮。"

## 7.3.1 假发——哪种发型更配你

我们去理发店理发，理发师傅问的第一句话大多是"你想剪什么样的发型？"而大多数人都不甚了解自己究竟适合什么发型，随便剪出的发型又会导致自己对发型更加不满意，通过美图秀秀的"假发"功能提供了当前最流行的各种发型，方便用户随时使用，为人物换一个适合的发型会使人变得更加漂亮。

### 1. 发型的选择

要为人物制作一个合适的发型首先需要为人物添加头发素材，而发型素材的选择需要根据人物的脸型来进行搭配。

知识点拨

下面介绍一些常见的脸型与发型搭配的几种方法。

■ 圆脸发型搭配

圆脸的脸型特征为圆弧型发际，下巴较圆，脸较宽。圆脸型的人选择发型时最好是选择能将圆的部分遮住的发型，这样可使脸型变长，最好选择头顶较高的发型，且留一侧刘海，还可佩戴长坠型的耳环来进行装饰。

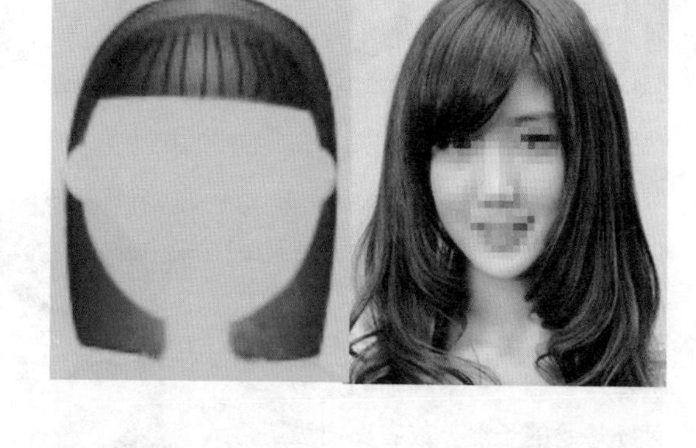

■ 方脸发型搭配

方脸的脸型特征为前额宽广，下巴颧骨突出。方形脸的人在选择发型时可选择顶部头发蓬松、刘海留在一侧且长过腮帮，这样可使脸变小，前额变窄，使脸部线条变得更柔和。

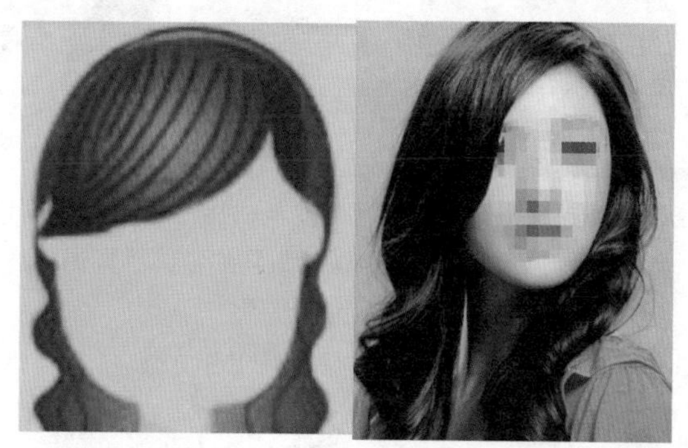

■ 菱形脸发型搭配

菱形脸也叫申字脸，脸型特征表现为前额与下巴较尖窄，颧骨较宽。在选择发型时可选择前额头发前倾呈波浪型的发型，可缩小颧骨的宽度；可选择刘海较饱满的发型，使额头看起来较宽。

## ■ 三角形脸发型搭配

三角形脸分为正三角形脸和倒三角形脸。正三角形脸的特征表现为额头窄小，下巴宽大，可选择长发，头顶较高、较蓬松的发型；倒三角型脸的特征表现为额头较窄，下巴较宽，可选择刘海较短，且刘海参差不齐的发型，或者选择侧分较长一边，做成波浪型的发型。

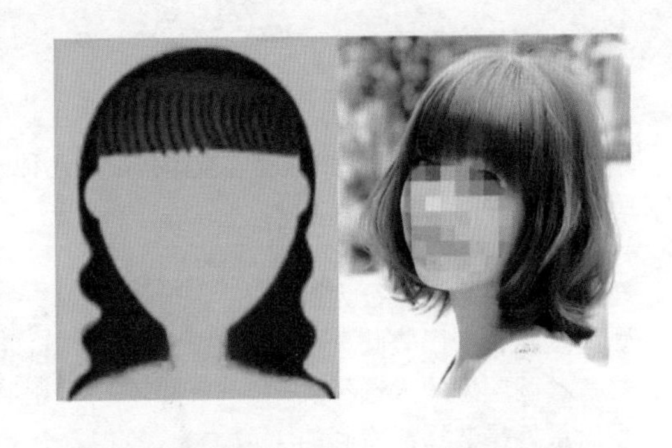

## ■ 长脸发型搭配

长脸型的人脸型特征表现为眼睛到嘴角的距离长，额头较高，长脸型的人选择发型时，可选择在前额处留下刘海的发型，可缩短脸的长度，或者在两边留少许短发，盖住腮帮，可使脸不会显得太长。

### 2. 如何使添加的发型与人物更匹配

在美图秀秀中添加了假发素材后，可能会发现假发与人物搭配的并不协调，在美图秀秀中可通过以下方法使人物的整体感觉更自然。

**知识点拨**

在美图秀秀中常用的修饰发型的方法有以下两种。

## ■ 修饰发型

由于美图秀秀中的假发是系统提供的素材，不可能像在理发店中为自己量身定做的发型一样合体，所以需要对头发进行适当的修饰。通过“液化”功能即可对人物头发进行修饰，且修饰时要注意发型与脸型搭配。

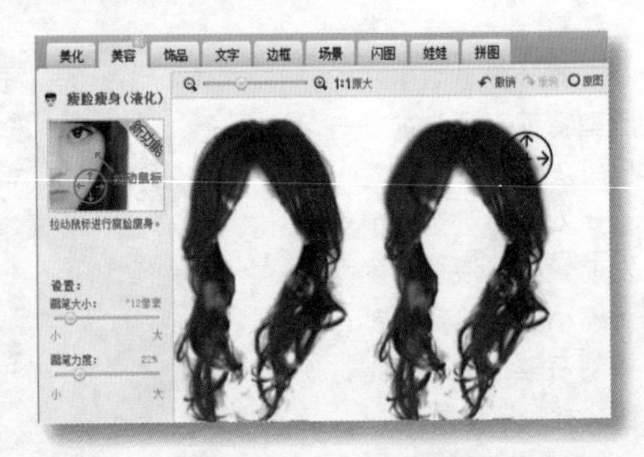

■ 为人物照片换背景

为人物换发型和做液化后，如果效果仍不理想，可为人物照片换背景，将人物放在不同的环境中，人物不会显得太突出，可使照片整体感觉更加协调。

在美图秀秀中可通过抠图与场景两种方式为照片换背景，其操作方法已在前面的章节中讲述过，这里不再重复。

通过美图秀秀的“假发”功能为人物挑选一个适合自己的发型。

**第1步：打开照片**

在美图秀秀中打开需要处理的人物照片（光盘\素材文件\第7章\假发.jpg）。

**第2步：添加素材**

选择“美容”选项卡，在打开的窗格中单击 假发 按钮，可看到系统提供的当前流行的各种发型，选择其中的一种发型。

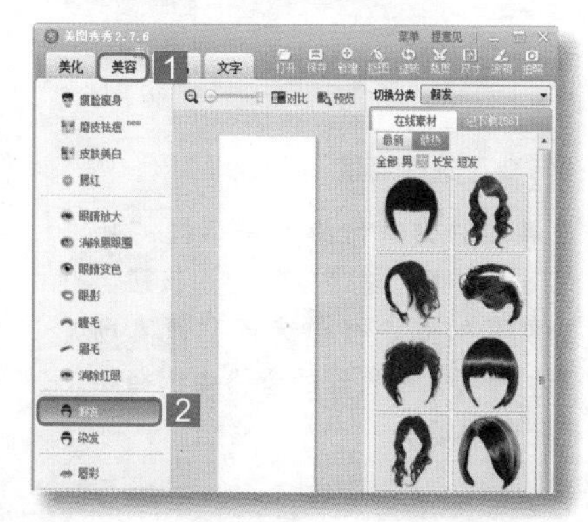

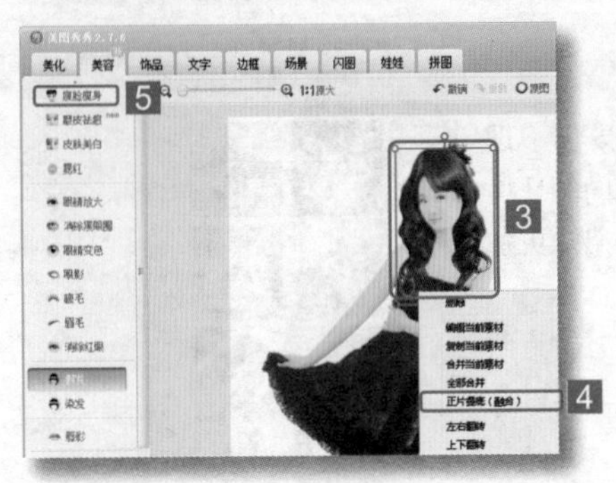

### 第3步：调整素材

使用鼠标拖动素材周围的圆角，调整素材的大小和位置，效果如图所示，单击鼠标右键，在弹出的快捷菜单中选择"正片叠底(融合)"命令，使素材与人物颜色融合，完成后单击 瘦脸瘦身 按钮。

### 第4步：液化

融合头发后可看到头发与人物搭配并不协调，这时需要为人物做液化操作。在"瘦脸瘦身"窗格中单击 启用画笔 按钮，然后拖动鼠标调整画笔的大小和力度，对头发和脸型进行修正。

### 第5步：查看效果

完成人物修正后返回美图秀秀工作界面，即可看到液化后的效果，如图所示。

### 第6步：选择场景

在美图秀秀工作界面中选择"场景"选项卡，单击 静态场景 按钮，在展开的列表框中选择"逼真场景"选项，在打开的窗格中选择如图所示的场景。

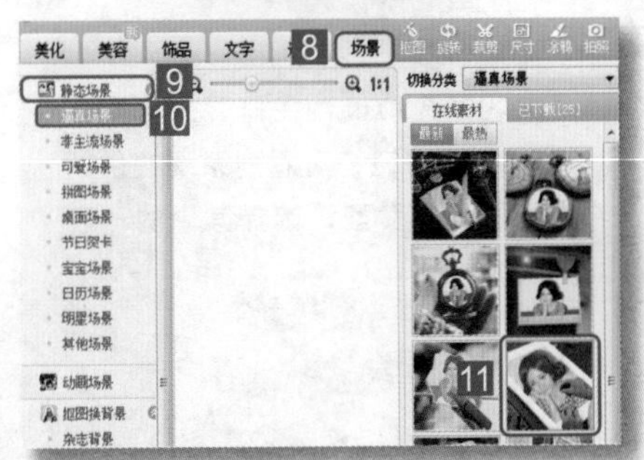

第7步：**调整照片的位置**

打开“场景”窗口，在“场景调整”栏中单击按钮，使图片左右翻转，然后拖动图片四周的圆圈调整图像的显示区域，完成后单击按钮。

第8步：**查看效果**

返回美图秀秀工作界面，查看最终效果（光盘\效果文件\第7章\头发.jpg）。

## 7.3.2 染发——改变头发的颜色

随心情变换发色对年轻人来说是再平常不过的事情了。根据服饰和妆容来改变头发的颜色，可更加体现自己的个性，同时为了避免伤害头发，可使用“美图秀秀”的染发功能快速预览适合自己的发色。

下面通过美图秀秀的“染发”功能为人物头发换个不一样的色彩。

第1步：**打开照片**

在美图秀秀中打开需要处理的人物照片（光盘\素材文件\第7章\头发变色.jpg）。

### 第2步：打开对话框

选择“美容”选项卡，在打开的窗格中单击染发按钮，打开“染发”对话框。

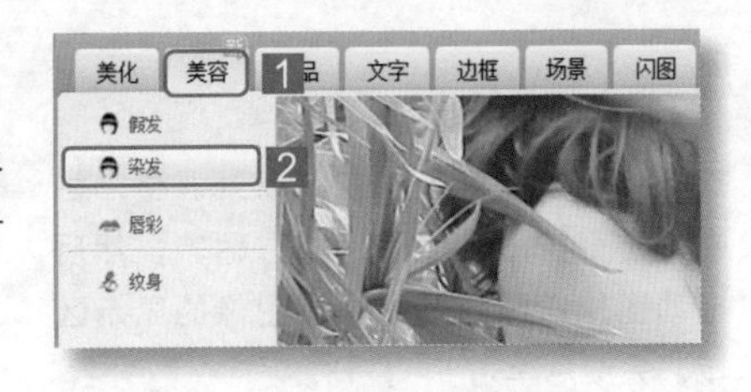


### 第3步：设置画笔属性

单击画笔按钮，设置画笔属性，拖动滑块设置画笔的大小，单击色块按钮■，设置画笔颜色，然后在人物头发上进行涂抹。

### 第4步：擦出多余的颜色

对头发进行染色后可发现头发周围也被覆上了颜色，单击橡皮擦按钮，在其他地方进行涂抹，还原周围的颜色，完成后单击应用按钮。

### 第5步：查看效果

返回美图秀秀的美容界面，可看到人物头发颜色变成了酒红色（光盘\效果文件\第7章\头发变色.jpg）。

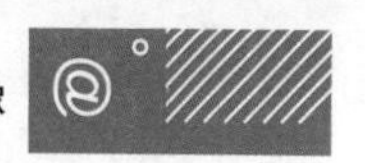

跟我练习

**为人物照片换发型**

启动美图秀秀，打开左图所示的照片（光盘\素材文件\第7章\发型.jpg），为照片中的人物挑选一个发型，并对头发和人物进行修饰，完成后再为头发进行染色，最终效果如下图所示（光盘\效果文件\第7章\发型.jpg）。

# 7.4 美容身体的其他部分

“阿伟，美图秀秀除了可以对皮肤、眼睛、头发进行美容外，还可以做哪些美容啊？”娜娜好奇地问，听了娜娜的问题后阿伟说道：“美图秀秀可以像唇彩一样对嘴唇进行涂色，还可以在身体上纹各种各样的纹身，下面我就带你去看看吧！”

## 7.4.1 改变嘴唇的颜色

在美图秀秀中改变嘴唇的颜色主要是通过它的唇彩功能来进行的。唇彩是一种唇部的化妆品总称，将其涂在嘴唇上可使嘴唇有一种晶亮剔透、滋润轻薄的感觉。

下面通过美图秀秀的唇彩功能改变嘴唇的颜色，感受不同感觉的风格。

第1步：**打开照片**

在美图秀秀中打开需要处理的照片（光盘\素材文件\第7章\嘴唇.jpg）。

第2步：**打开"唇彩"窗口**

选择"美容"选项卡，在打开的窗格中单击 唇彩 按钮，打开"唇彩"窗口。

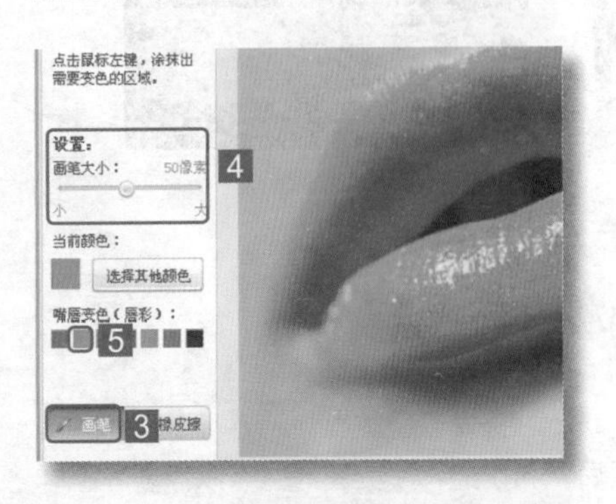


第3步：**设置画笔属性**

在打开的窗口中单击 画笔 按钮，激活画笔属性设置，拖动滑块设置"画笔大小"为"50像素"，单击"色块"按钮 ，设置画笔的颜色。

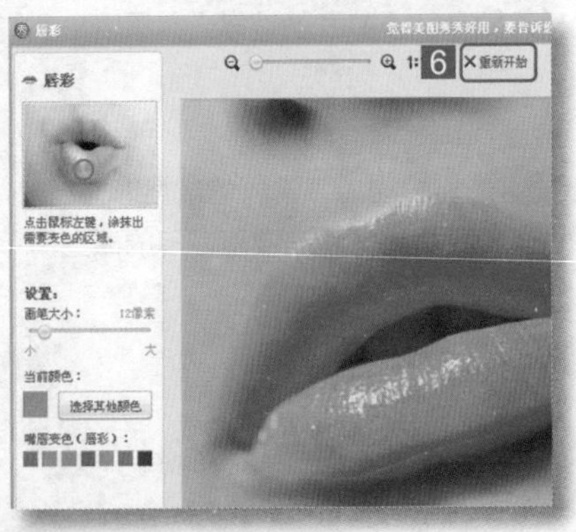


第4步：**对嘴唇进行涂色**

设置好画笔属性后，在嘴唇上进行涂抹，完成后可看到嘴唇颜色变成了红色（光盘\效果文件\第7章\嘴唇1.jpg），单击 重新开始 按钮重新对嘴唇进行涂色。

提示：如果嘴唇外的区域也被涂上了颜色，可单击 橡皮擦 按钮，使用橡皮擦擦掉不需要的部分。

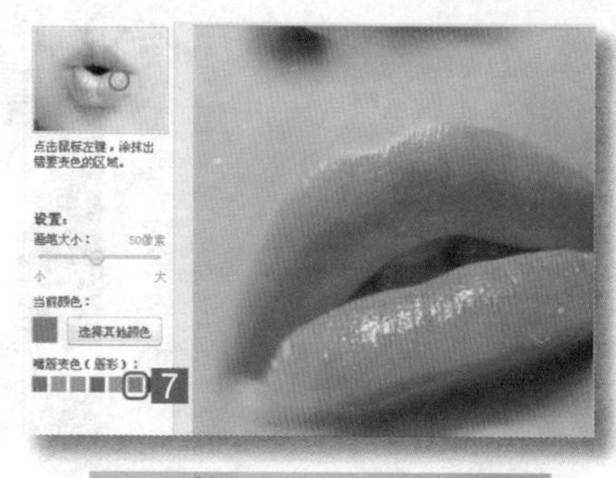

**第5步：再次对嘴唇进行涂色**

单击“色块”按钮■，对嘴唇进行涂色，完成后可看见嘴唇颜色变为了粉色（光盘\效果文件\第7章\嘴唇2.jpg），用户可根据自己喜欢的颜色对嘴唇进行涂色。

提示：单击 选择其他颜色 按钮，在打开的对话框中还可选择更多的颜色对嘴唇进行涂色。

## 7.4.2 添加纹身

纹身就是在皮肤上制作一些特殊的具有代表性的图案、花纹或文字等，用于表示各种不同的含义。但对于喜欢纹身的人来说，在现实生活中纹身是一件痛苦且耗时的事情，美图秀秀的纹身功能提供了多种纹身图案，用户只需轻轻一点就可为人物添加个性化的纹身。

动手一试

下面通过美图秀秀的纹身功能为人物添加纹身，使人物形象更加美观。

**第1步：打开照片**

在美图秀秀中打开需要处理的照片（光盘\素材文件\第7章\纹身.jpg）。

## 第2步：添加素材

选择“美容”选项卡，在打开的窗格中单击 纹身 按钮，在打开的窗格中选择如图所示的纹身素材。

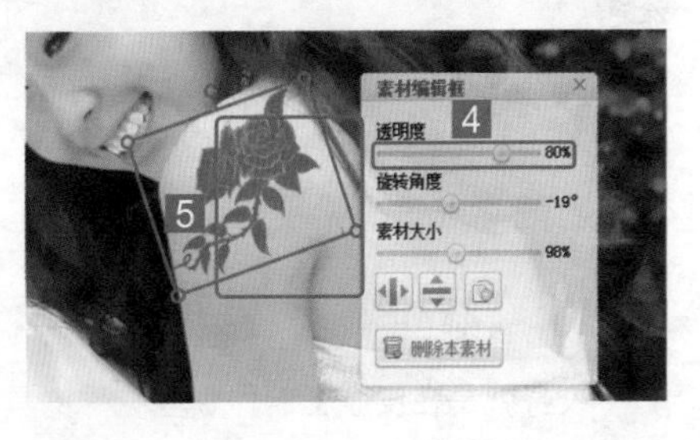


## 第3步：编辑素材

选中素材，打开“素材编辑框”对话框，拖动滑块，设置素材的“透明度”为80%，拖动素材四周的圆角，调整素材的大小和角度，然后将纹身素材拖到合适的位置。

## 第4步：融合素材

使用鼠标右键单击素材，在弹出的快捷菜单中选择“正片叠底（融合）”命令，将图片与素材进行融合。

提示：“正片叠底”可使素材与图片融合，使照片效果更加真实。

## 第5步：查看效果

完成后即可看到添加纹身后的效果，如图所示（光盘\效果文件\第7章\纹身.jpg）。

教你一招

## 其他美化人物照片的方法

除了通过美图秀秀对人物照片进行美化外，可牛影像也可对人物照片进行美化，其操作方法与在美图秀秀中美化人物的方法类似。在“开始”菜单中选择“所有程序”/“可牛影像”/“可牛影像”命令，启动可牛影像，单击工具栏中的“打开”按钮打开人物照片，选择“图片编辑”选项卡，单击“美容”按钮，在打开的窗格中可看到可牛影像美化人物照片的各个选项按钮，单击相应的按钮即可进行对应的操作。

跟我练习

## 对人物进行美化

在美图秀秀中打开左图所示的人物照片（光盘\素材文件\第7章\美容.jpg），先对照片进行磨皮操作，然后为人物嘴唇涂上唇彩，为人物添加纹身，最终效果如右图所示（光盘\效果文件\第7章\美容.jpg）。

# 7.5 使用饰品装饰人物图像

娜娜对人物进行了美容后，人物变得更漂亮了，但照片却显得有点单调，怎样使人物照片的内容更丰富呢？看着沉思的娜娜，阿伟说道："美图秀秀提供了丰富的饰品供用户选择，用户可以为人物照片添加很多好看好玩的饰品。下面就来看看如何使用饰品来装饰人物图像吧！"

## 7.5.1 都有哪些饰品

在现实中，我们可能没有机会佩戴各种饰品，但在美图秀秀中我们可以轻而易举地获得我们需要的各种饰品。在美图秀秀中选择"饰品"选项卡，在打开的窗格中可看到饰品种类繁多，下面我们就具体讲解一下各种饰品吧！

在美图秀秀中提供了多种饰品，包括可爱心形饰品、配饰、服装、非主流印、动态文字和会话气泡等，下面介绍一些常用的饰品。

类型名称：可爱心形饰品
饰品特色：顾名思义，可爱心形饰品中提供的所有饰品都是心形的，其样式多样、形态各异，包含静态和动态的饰品素材。
使用场合：适用于装饰一些可爱、浪漫氛围的照片，如宝宝照片、情侣照片等。

类型名称：配饰
饰品特色：配饰主要用于搭配，品种齐全，种类多样，包括皇冠、头饰、耳环、项链、眼镜、花朵和指甲等。
使用场合：适合用于装饰人物的各个部分，使单调的人物照片内容更加丰富。如为人物添加耳环和项链可使人物更有华贵的感觉。

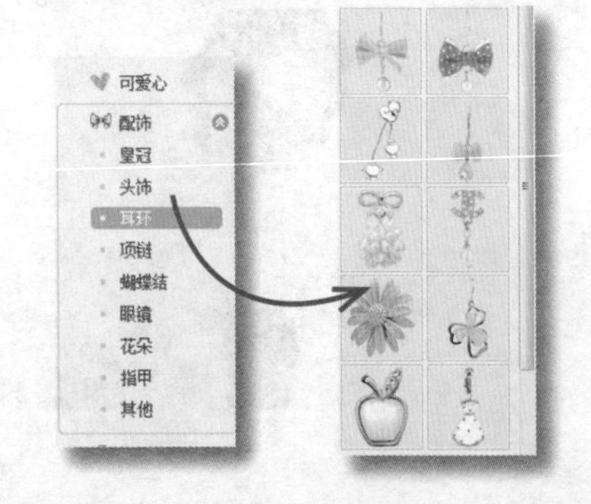

类型名称：服装

饰品特色：服装类型的饰品提供了各种不同场合和样式的衣物，如实物衣服、卡通服装、军装、证件装、帽子和口罩等。

使用场合：可用于改变人物照片中人物的着装，使制作不同场合下的人物照片变得更加方便。

类型名称：会话气泡

饰品特色：会话气泡与漫画文字类似，为文字提供了一个特殊的区域，使文字效果更加具有个性化。

使用场合：可用于装饰人物照片，添加情景对话等，使照片效果更加生动，有个性。

类型名称：非主流印

饰品特色：非主流是在当前社会的年轻人中很流行的欣赏观，其效果大多较为夸张。美图秀秀中提供了一系列流行的恶搞表情、优美文字和一些绚丽的装饰物等。

使用场合：可用于制作各种非主流的个性化照片。

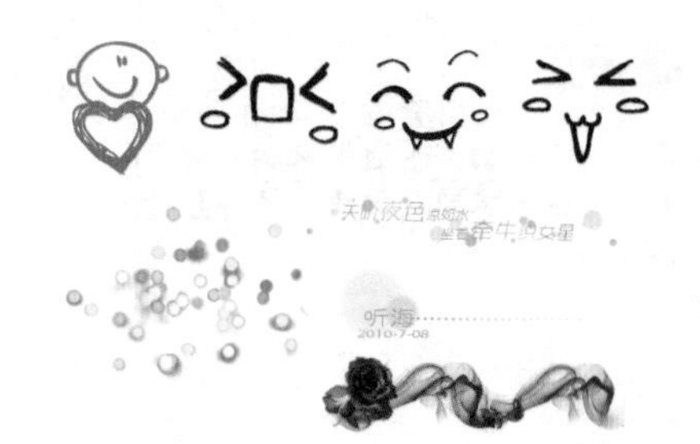


类型名称：动态文字

饰品特色：在静态的图像中添加动态文字可使图像成为动态图片。美图秀秀中的动态文字提供了当前流行的各种文字，用户可直接使用。

使用场合：可用于制作非主流和个性化的图片。

类型名称：缤纷节日
饰品特色：缤纷节日类型的饰品中包含了各种节日所需的素材，如万圣节、国庆节、中秋节和生日等。
使用场合：可用于装饰某些特殊的节日，使照片更有主题。

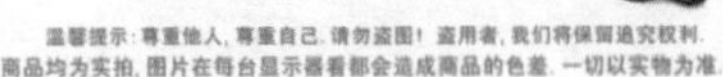

类型名称：淘宝商城
饰品特色：淘宝商城类型的照片中包含了很多用户开设淘宝网店所需的素材，可供用户直接使用。
使用场合：可用于制作淘宝网店照片、装饰宝贝等。

提示：美图秀秀中还有其他很多饰品，如遮挡物、卡通形象和其他饰品等，用户可根据不同的需要选择饰品对照片进行装饰。

## 7.5.2 饰品的应用

了解了饰品的种类后，下面就来看看怎样在照片中添加饰品吧！

下面通过美图秀秀的饰品功能为人物添加饰品，使单调的人物照片内容更加丰富，使照片效果看起来更好。

### 第1步：打开照片

在美图秀秀中打开需要处理的照片（光盘\素材文件\第7章\饰品.jpg）。

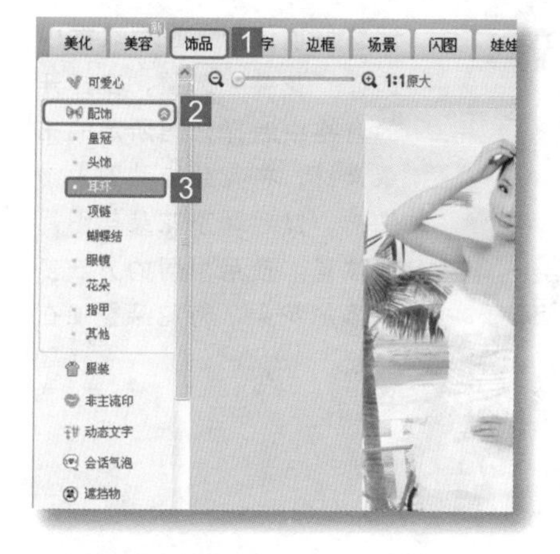


### 第2步：选择饰品种类

选择“饰品”选项卡，在打开的窗格中单击配饰按钮，在展开的列表框中选择“耳环”选项。

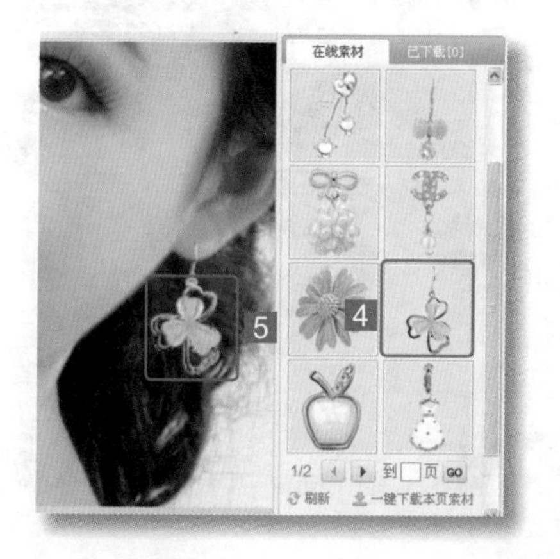


### 第3步：添加耳环饰品

在打开的窗格中选择如图所示的耳环，将耳环拖动到人物耳朵上，调整耳环的大小和角度，使耳环与耳朵相匹配。

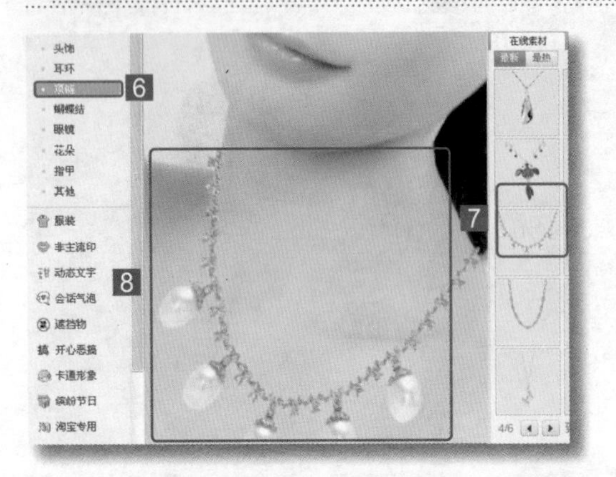


### 第4步：添加项链

添加完耳环后，在列表框中选择“项链”选项，在打开的窗格中选择如图所示的项链素材，将项链拖动到人物脖子处，调整项链与脖子的位置。

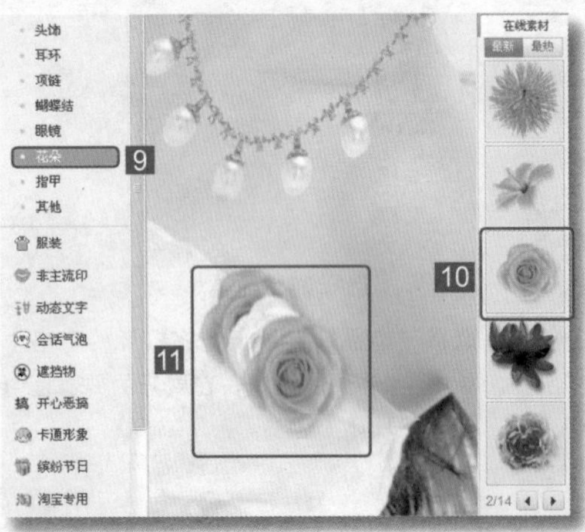


### 第5步：添加花朵

调整好项链后，在列表框中选择“花朵”选项，在打开的窗格中选择如图所示的花朵素材，将花朵拖动到人物胸前，然后调整花朵与图片的位置。使用相同的方法多次添加花朵，将花朵叠加在一起。

### 第6步：添加云朵

单击 其他饰品 按钮，在打开的窗格中选择如图所示的蓝天素材，将素材拖动到图片上方，调整素材大小并设置其透明度为“23%”，完成后单击×按钮。

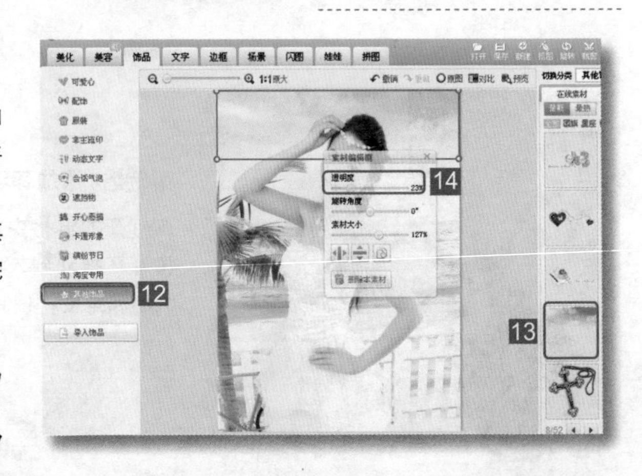


提示：在非主流印中也有云朵素材，用户可结合两者中的素材增加天空中的云朵。

**第7步：添加漂流瓶**

单击 可爱心 按钮，在打开的窗格中选择如图所示的漂流瓶素材，将素材拖动到图像中，调整素材大小、位置和透明度，然后使用相同的方法多添加几个漂流瓶。

**第8步：查看效果**

添加完成后在素材上单击鼠标右键，在弹出的快捷菜单中选择“全部合并”命令，完成后可看到最终效果（光盘\效果文件\第7张\饰品.jpg）。

跟我练习

**为照片添加装饰品**

在美图秀秀中打开左图所示的照片（光盘\素材文件\第7章\装饰.jpg），在缤纷节日饰品中选择蛋糕、水果和贺卡，在非主流饰品中选择装饰物，在其他饰品中选择糖果，完成后的最终效果如图所示（光盘\效果文件\第7章\宝宝生日.jpg）。

# 7.6 更进一步——美容人物图像小妙招

通过学习，娜娜已掌握了使用美图秀秀美容人物照片的方法，不仅学习了各种美化人物图像的方法，最重要的是能够融会贯通地使用这些方法。阿伟告诉娜娜要完全掌握美化人物照片的方法，使人物照片更加漂亮，还需要掌握以下几个技能。

## 第1招 素材与图片的融合

在美图秀秀中添加素材后，素材是悬浮在原图像上面的，与图像呈分离状态，使图像与素材融合的方法是使用鼠标右键单击素材，在弹出的快捷菜单中可看到一系列的命令，选择“合并当前素材”命令，可将当前选中的素材与原图像进行合并；选择“全部合并”命令，可将当前所有的素材与原图像进行合并；选择“正片叠底（融合）”命令，可将当前素材与原图像进行融合。

**提示**：*正片叠底是Photoshop中图层混合的一种方式，它通过查看通道中的颜色信息，将基色与混合色进行融合，使任何颜色与黑色融合产生黑色，而忽略白色。*

## 第2招 饰品的获取

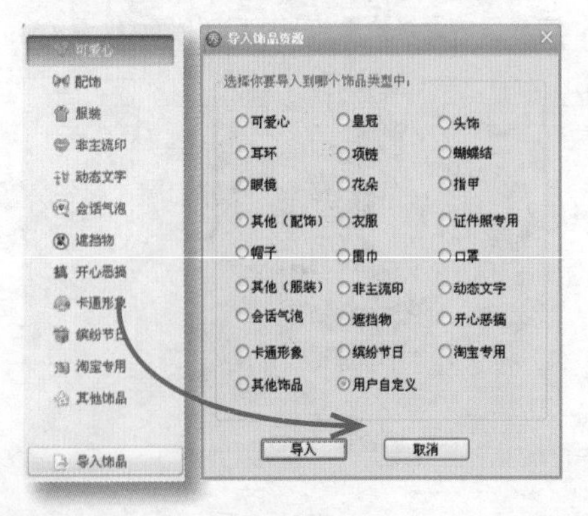


虽然美图秀秀中提供的饰品类型丰富，但每个用户的需求都是不同的，因此除了使用美图秀秀中提供的饰品外，用户还可导入自己喜欢的饰品到美图秀秀中。

在美图秀秀中选择“饰品”选项卡，在打开的窗格中单击“导入饰品”按钮，打开“导入饰品资源”对话框，在其中选择饰品类型后单击“导入”按钮，在打开的对话框中选择图片进行导入即可。

## 第3招 轻松制作宝宝照片

对于图形图像处理软件操作不是很熟悉的妈妈来说，要为宝宝制作好看的照片是一件比较费劲的事，但在美图秀秀中，可通过应用宝宝场景简单、快速地制作好看的宝宝照片。

在美图秀秀中打开宝宝照片，选择“场景”选项卡，单击 静态场景 按钮，在展开的列表框中选择“宝宝场景”选项，在打开的窗格中选择需要的场景，即可立即制作可爱的宝宝照片。

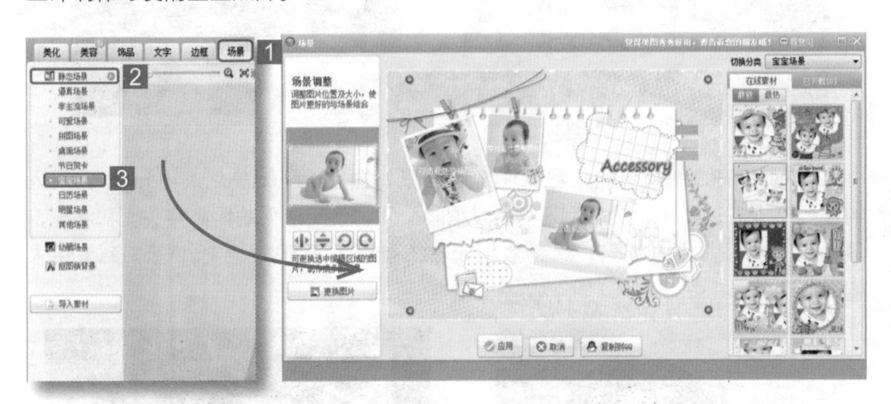


# 7.7 活 学 活 用

（1）打开左图所示的人物照片（光盘\素材文件\第7章\瘦身.jpg），对人物进行液化操作，使人物更苗条，然后放大人物的眼睛，将眼睛颜色设置为红色，最终效果如右图所示（光盘\效果文件\第7章\瘦身.jpg）。

（2）打开左图所示的人物照片（光盘\素材文件\第7章\美白人物.jpg），对人物进行美白操作，放大人物的眼睛并添加睫毛，然后为人物换个风景场景，最后应用边框，最终效果如右图所示（光盘\效果文件\第7章\美白人物.jpg）。

（3）打开左图所示的人物照片（光盘\素材文件\第7章\美化人物.jpg），对人物进行磨皮去斑操作，然后为人物换发型和染发，使用液化功能修整头发和脸型，最后为人物添加逼真场景，最终效果如右图所示（光盘\效果文件\第7章\美化人物.jpg）。

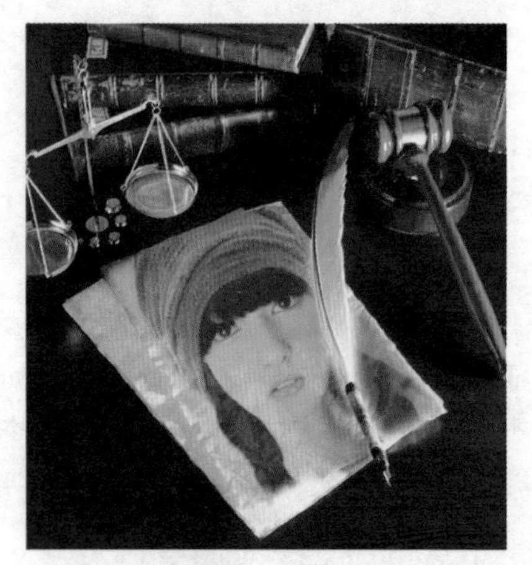

Life

NEW CENTURY

☑ 想知道如何管理电脑中的图片吗？

☑ 还在为不断上传图片而烦恼吗？

☑ 想知道怎样轻松去除照片中的水印吗？

☑ 此时此刻的你还在为修复照片而伤脑筋吗？

# 第 08 章 使用可牛影像编辑图片

娜娜今天非常激动，终于要学习最后一个处理数码照片的软件了。都说可牛影像和美图秀秀一样，提供了很多简单又快捷的处理数码照片的方法，而且可牛影像在制作某些效果方面更加简单。今天可得好好学学，看看它是不是真的那么强大。想到这，娜娜立马启动软件开始处理照片，但娜娜看着被自己弄得一团糟的照片，还是无奈地叹了口气，说："阿伟，你在哪呀？快来教教我怎么使用可牛影像吧！"听着娜娜着急的声音，阿伟笑着说："你总是这么心急，还是看我怎么做吧……"

# 8.1　可牛影像的基本操作

娜娜一开启可牛影像后就立即对阿伟说："阿伟，快点教我怎样使用可牛影像吧！我好想快点看看它有哪些功能……"看着心急的娜娜，阿伟慢慢说道："呵呵，别急，还是先来看看可牛影像的基本操作方法吧！"

## 8.1.1　管理图片

对于喜欢查看图片或经常处理图片的人来说，有一个统一管理图片的工具是十分方便的。有些图形图像处理软件在安装时会附带安装一个管理图片的工具，如光影魔术手和美图秀秀，但可牛影像的图片管理功能是包含在软件内部的。

1. 图片管理的工作界面

在"开始"菜单中选择"所有程序"/"可牛影像"/"可牛影像"命令启动该软件，在可牛影像工作界面中可看到"图片库"、"图片编辑"、"动感闪图"、"可牛拍照"和"礼品制作"等功能模块，选择"图片库"选项卡，进入图片管理功能界面，如图所示。

下面介绍图片管理功能界面中各组成部分的作用。

1 图片属性区域：在该区域中显示了当前的图片扫描状态，可以对图片进行重新扫描、删除图片或设置图片缩略图大小等操作。

2 目录结构区域：该区域显示了扫描后电脑中包含图片的所有文件夹列表，单击 +添加扫描目录 按钮可添加扫描的目录，单击 -添加不扫描目录 按钮可设置不扫描的目录。

3 图片显示区域：该区域用于显示当前目录中的所有图片，并且包含了子文件夹中的所有图片，拖动“图片属性区域”中的滑块可设置图片的显示大小。

提示：第一次使用可牛影像的“图片库”功能时，选择“图片库”选项卡，系统会自动弹出一个扫描方式选择对话框，如图所示。可看到可牛影像提供了“快速扫描”、“自定义扫描”和“全盘扫描”3种图片扫描方式。初次使用，建议用户选择“快速扫描”选项，该选项可根据电脑的配置和电脑中储存图片的多少来进行扫描。

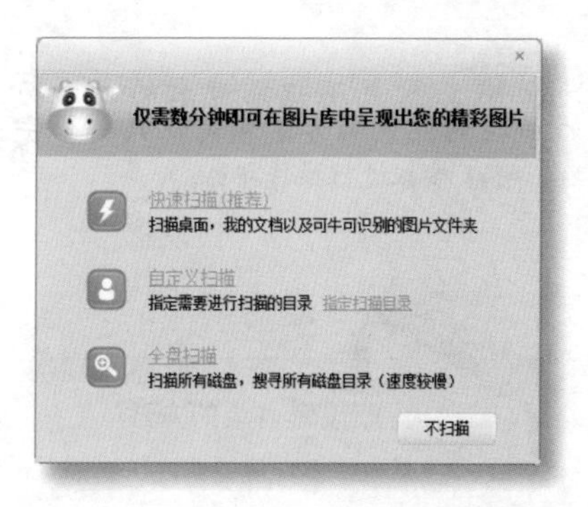


### 2. 编辑扫描目录

在“目录结构区域”中列出了扫描后包含图片的文件夹列表，如果某个文件夹中的图片不是经常使用的，可删除不需要的目录；也可添加经常使用的文件目录。

设置目录的方法有以下几种。

■ 删除目录

在“目录结构区域”中选中不需要显示的文件夹，单击鼠标右键，在弹出的快捷菜单中选择“从图片库中删除”命令，在打开的提示对话框中单击 确定 按钮即可。

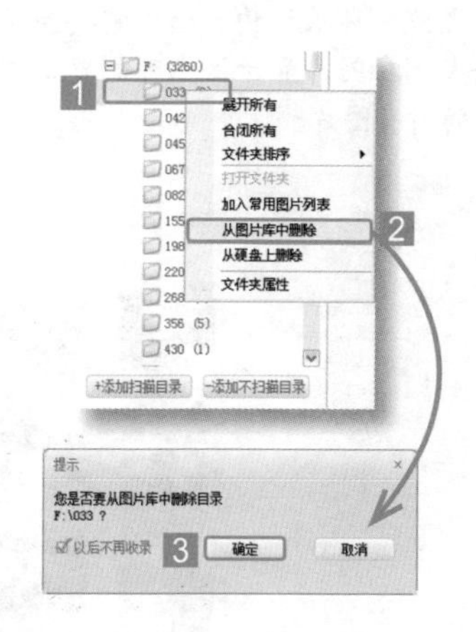


提示：选中“提示”对话框中的“以后不再收录”复选框，下次再进行扫描时，该目录中的图片将不会再被添加到图片库中。

## 添加扫描目录

如果需要添加电脑中的文件到图片库中，可单击“目录结构区域”中的 +添加扫描目录 按钮，在打开的“浏览文件夹”对话框中选择需要添加的文件夹后单击 确定 按钮即可。

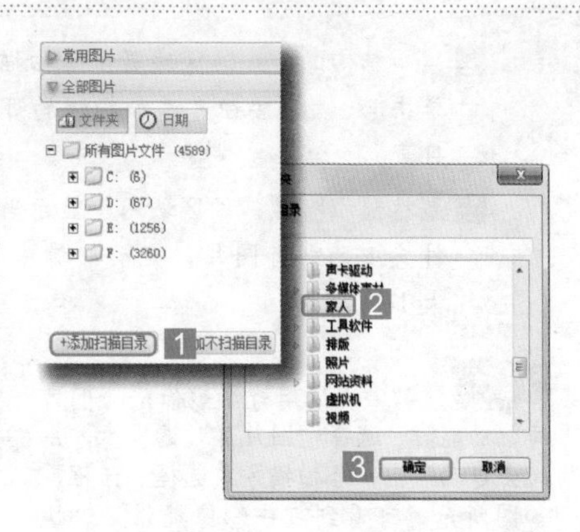

**提示**：设置不扫描目录的方法与添加扫描目录的方法相同，只需单击 -添加不扫描目录 按钮进行操作即可。

**教你一招**

更多设置目录的方法

单击“图片属性区域”中的“设置”按钮，打开“设置”对话框，在其中还可重新设置图片的扫描方式和扫描目录等。

### 3. 浏览图片

在图片库中提供了多种方式供用户浏览图片，下面分别进行介绍。

**方法1：** 在“目录结构区域”中单击 文件夹 按钮，系统将按文件位置列出图片文件的目录结构，选中需要显示的文件夹，在图片显示区中可浏览该文件夹下的所有图片。

**方法2：** 在“目录结构区域”中单击 日期 按钮，系统将按时间顺序显示图片文件的目录结构，选中需要显示的文件夹，在图片显示区中可浏览该文件夹下的所有图片。

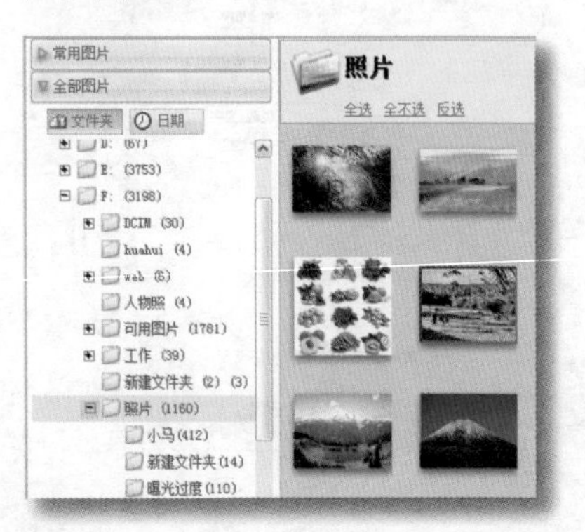

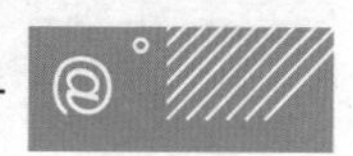

提示：单击常用图片按钮，在打开的窗格中还可浏览最近打开过的图片和最近编辑过的图片。

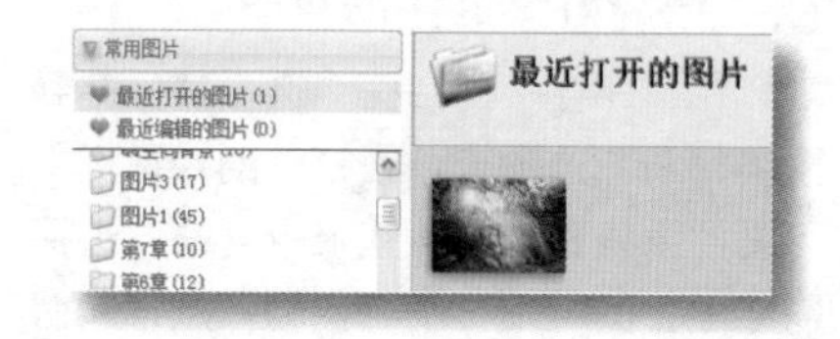


教你一招

**编辑图片的方法**

在图片库中不仅可以对图片的位置进行管理，还可编辑图片。在图片显示区域中选中需要编辑的图片，单击鼠标右键，在弹出的快捷菜单中可看到一些编辑图片的命令，如复制、旋转、打开、删除和设为桌面背景等，选择相应的命令即可对图片进行对应的操作。

## 8.1.2 保存图片

对图片进行编辑或美化等处理后需要将其进行保存，在可牛影像中不仅可以将图片保存到本地电脑中，还可直接将图片保存到网络相册，如百度相册、QQ相册等，不需要用户重新上传，操作更加便捷。

### 1. 将图片保存在电脑中

在可牛影像中处理完照片后，单击工具栏中的“保存”按钮，打开“保存”对话框，选择“保存到本地”选项卡，在其中设置文件的保存路径、名称及格式后单击保存(S)按钮即可。

2. 将图片保存到网络中

在“保存”对话框中选择“保存到网络相册”选项卡，在打开的对话框中可看到系统预设的一些流行网站，选择需要上传的网站，在右侧输入账号和密码后单击登录按钮即可。

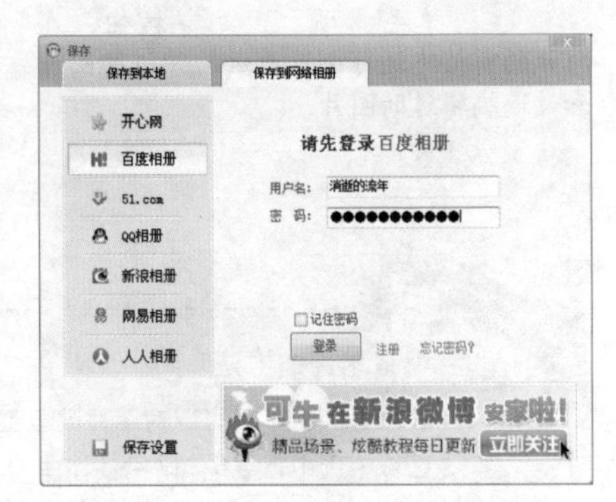


提示：要将图片保存到网络相册中，需要拥有该网站的账号，如果没有，可单击对话框中的“注册”超链接，打开相关页面进行注册。

新手解惑

Q：光影魔术手与美图秀秀也能将图片保存到网络中吗？

A：在光影魔术手中处理完照片后只能将照片保存在本地电脑中，而在美图秀秀中既可将照片保存在电脑中，也可将照片分享到微博中，如新浪微博、腾讯微博等，其操作方法与可牛影像保存图片的方法类似。

动手一试

下面在可牛影像中浏览图片并将选中的图片保存到指定的文件夹中。

第1步：启动软件

在“开始”菜单中选择“所有程序”/“可牛影像”/“可牛影像”命令，启动软件。

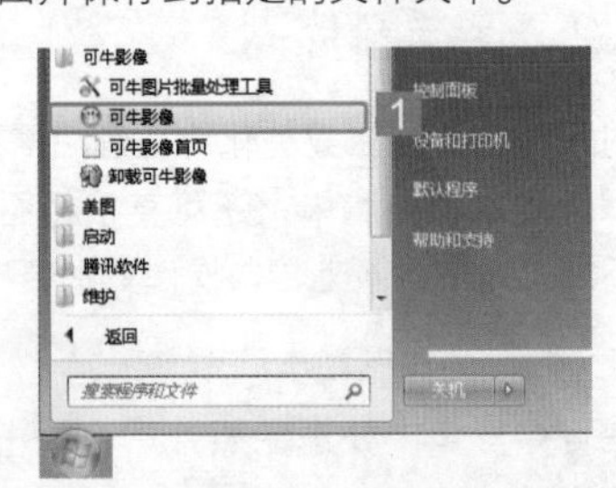


提示：双击桌面上的快捷图标也可启动该软件。

第2步：浏览文件

选择“图片库”选项卡，进入图片管理界面，在目录结构区域中选择文件位置，这里选择“F:\照片”，在图片显示区域浏览文件后选择需要保存的照片。

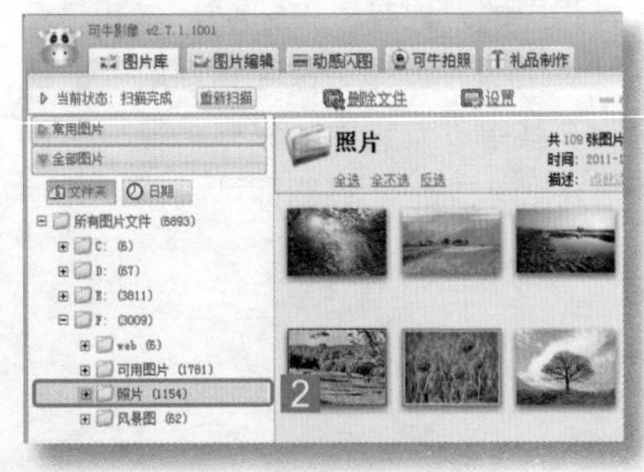

## 第3步：打开“保存”对话框

双击选中的图片，返回图片编辑界面，单击工具栏中的“保存”按钮，打开“保存”对话框。

## 第4步：设置保存路径

选择“保存到本地”选项卡，在打开的窗格中单击浏览按钮，在打开的对话框中选择保存路径为“库\图片\我的图片\风景”，然后单击确定按钮。

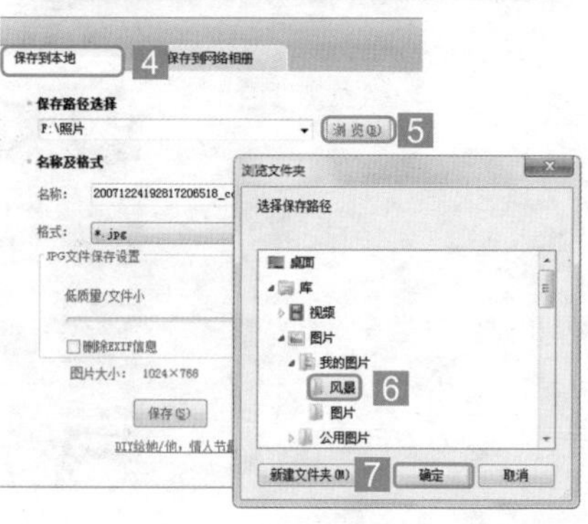


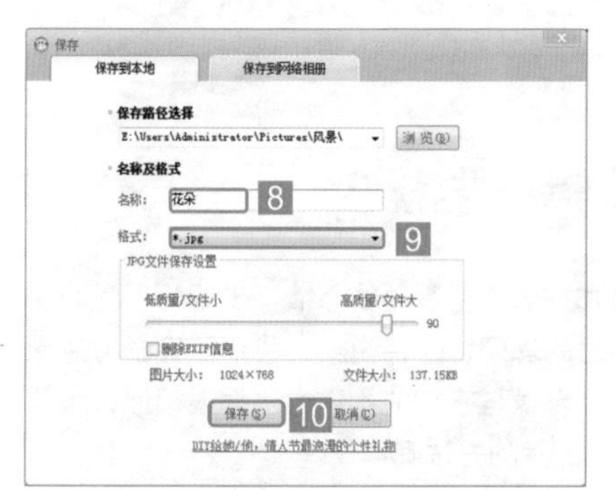


## 第5步：保存照片

返回“保存”对话框，在“名称”文本框中输入“花朵”，在“格式”下拉列表框中选择“*.jpg”选项，完成后单击保存按钮。

## 第6步：查看保存后的照片

在任务栏上单击鼠标右键，在弹出的快捷菜单中选择“Windows资源管理器”命令，打开资源管理器，在“查找范围”下拉列表框中选择保存的路径（E:\Users\Administrator\Pictures\风景\）后即可看到该图片。

跟我练习

在可牛影像中浏览并上传照片

先启动可牛影像，进入图片库，然后整理图片目录，添加常用的扫描目录，删除不需要的目录，整理后的图片库如图所示。对图片进行浏览，然后将漂亮的图片上传到网络相册中。

## 8.2 图片编辑一学就会

娜娜熟悉了可牛影像的基本操作后更加按耐不住激动的心情，想要马上学习使用可牛影像编辑图片的方法。看着激动不已的娜娜，阿伟说："我们已经学习过光影魔术手和美图秀秀处理照片的方法，可牛影像与它们的操作方法都很相似，十分简单，现在让我们去看看通过可牛影像编辑图片的方法吧！"

### 8.2.1 让照片色彩更加鲜明

如果拍摄出的照片色彩太暗或太亮，可通过调整亮度、对比度和饱和度的值使照片色彩更加自然，颜色更加鲜明。

下面通过可牛影像调整照片的色彩，使照片色彩更加鲜艳、明亮。

第1步：**打开图片**

启动可牛影像，单击 打开一张图片 按钮，打开需要处理的照片（光盘\素材文件\第8章\色彩.jpg）。

提示：单击工具栏中的“打开”按钮 也可打开照片。

第2步：**编辑图片**

选择“图片编辑”选项卡，单击“编辑”按钮，在打开的窗格中拖动“照片调整”栏中的滑块设置“亮度”、“对比度”和“饱和度”的值，这里分别设置为“36”、“27”和“10”。

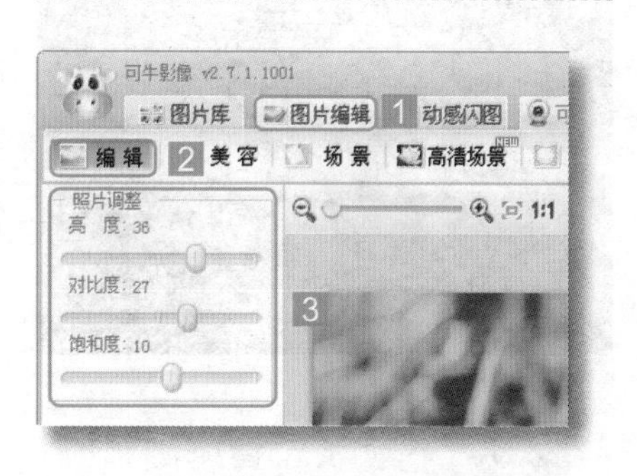


第3步：**查看效果**

设置完参数的值后，系统自动对照片进行处理，完成后即可看到照片色彩变得更加明艳了（光盘\效果文件\第8章\色彩.jpg）。

提示：在光影魔术手中，可通过更多的方法调整照片的亮度与色彩，但使用可牛影像可使操作更加便捷。

## 8.2.2 照片智能修复

使用相机拍摄出的照片可能存在一些光线或色彩上的偏差，通过可牛影像的“智能修复”功能可调整照片瑕疵，还原照片的真实色彩，使照片效果更加自然。

可牛影像的智能修复功能包含了多种调整照片的方法，如去雾、亮白、补光、减光或调整照片RGB色调等。在可牛影像中选择“图片编辑”选项卡，单击“编辑”按钮，在右侧快捷区中选择“智能修复”选项，在打开的窗格中可看到系统提供的一系列修复操作预览图，单击需要进行修复的预览图，即可对照片进行修复操作。

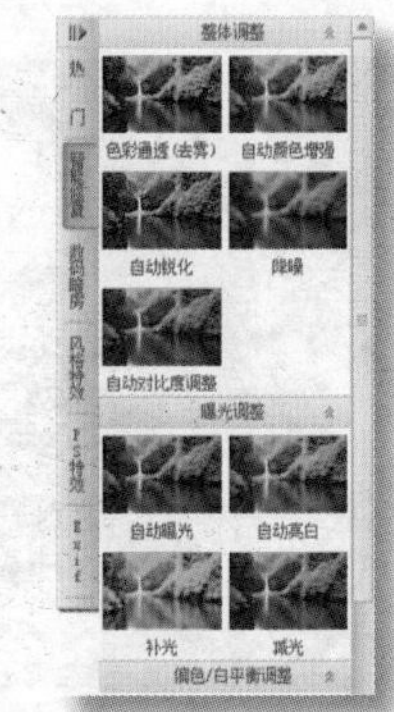

## 8.2.3 不想让人看见怎么办

如果你想将拍摄的照片发布到网上，但又不希望将自己的身份暴露出来，可通过可牛影像的马赛克功能来实现。马赛克通常是指用许多小石块或有色玻璃碎片拼成的图案或这些类型组成的五彩斑斓的视觉效果。在现在也经常作为一种图形图像或影视处理的手段，可将需要被隐藏的画面制作成一个个看上去很模糊的小格子，使他人无法辨认。

下面通过可牛影像的“马赛克”功能将照片中的地名打上马赛克。

**第1步：打开图片**

在可牛影像中打开需要处理的照片（光盘\素材文件\第8章\马赛克.jpg）。

## 第2步：打开“局部马赛克”窗格

选择“图片编辑”选项卡，单击“编辑”按钮，在打开的窗格中单击局部马赛克按钮，打开“局部马赛克”窗格。

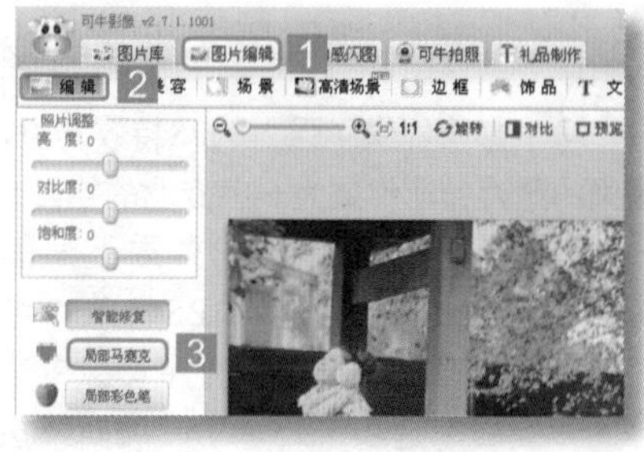


## 第3步：调整画笔参数

单击马赛克笔按钮，激活画笔参数设置选项，拖动滑块设置“马赛克大小”和“画笔大小设置”的值分别为“54”和“300像素”。

## 第4步：打马赛克

将鼠标移至地名处，拖动鼠标在照片上进行涂抹，完成后单击确定按钮。

提示：单击橡皮擦按钮，可擦除被打上马赛克的区域。

## 第5步：查看效果

返回图片编辑界面，即可看到打上马赛克后的效果（光盘\效果文件\第8章\马赛克.jpg）。

## 8.2.4 怎样制作更专业的效果

可牛影像提供了强大的PS特效功能，轻轻松松就能使普通的数码照片变为专业效果的照片，让你成为一名专业的绘画大师。

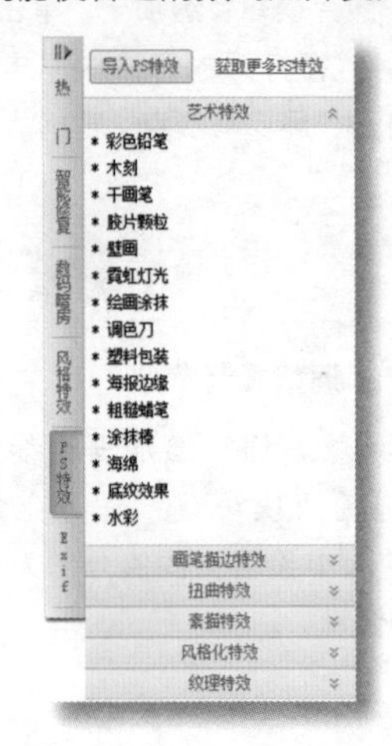


与光影魔术手和美图秀秀不同的是可牛影像中提供了更多的PS特效，可使照片获得更多的效果。在可牛影像中选择“图片编辑”选项卡，单击“编辑”按钮，在右侧快捷区中选择“PS特效”选项，可看到可牛影像包含了艺术特效、画笔描边特效、扭曲特效、素描特效、风格化特效和纹理特效等类型，选择需要应用的类型，在展开的列表框中单击效果特效即可应用。

下面通过可牛影像的PS特效功能制作一幅拼图。

**第1步：打开图片**

在可牛影像中打开需要处理的照片（光盘\素材文件\第8章\拼图.jpg）。

**第2步：打开窗口**

选择“图片编辑”选项卡，单击“编辑”按钮，在打开的窗格中选择右侧快捷区中的“PS特效”选项，单击“纹理特效”按钮，在展开的列表框中选择“马赛克拼贴”选项。

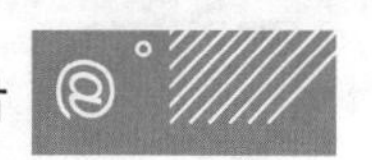

第3步：**设置参数**

在“拼贴大小”、“缝隙宽度”和“加亮缝隙”数值框中分别输入“60”、“2”和“7”，然后单击 确定 按钮。

提示：如果需要更改PS特效，可单击窗口中间列出的PS特效，如“艺术效果”选项，在展开的列表框中选择需要的类型即可。

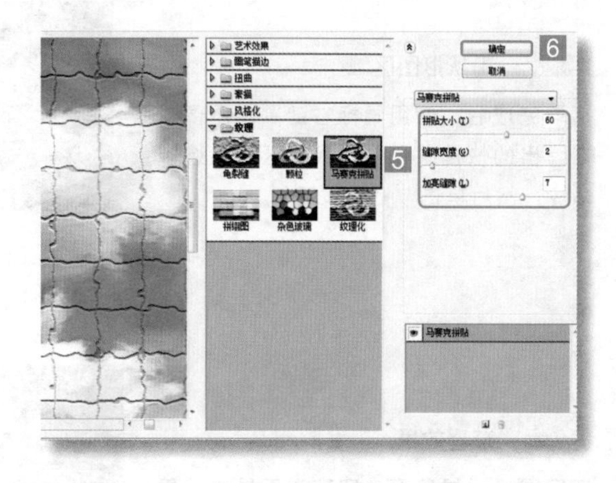

第4步：**打开“抠图工具”窗口**

返回图片编辑界面，即可看到整个画面被分割为大小相同的格子，单击工具栏中的“抠图”按钮，打开“抠图工具”窗口。

提示：可牛影像的抠图功能与光影魔术手和美图秀秀类似，这里不再详细讲解。

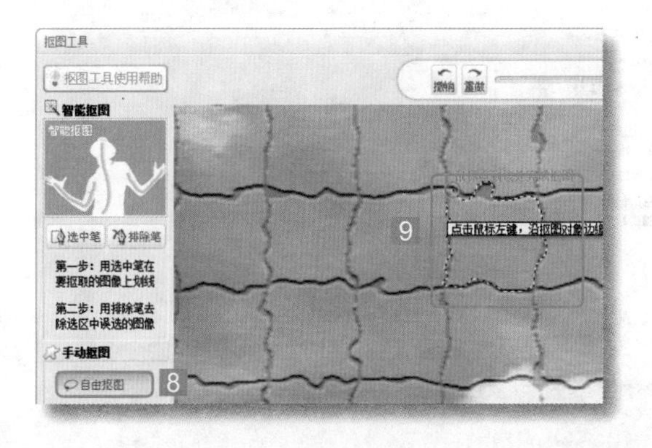

第5步：**抠图**

单击 自由抠图 按钮，在图像区域中按格子边缘抠出格子区域，完成后使用相同的方法多抠取几个格子。

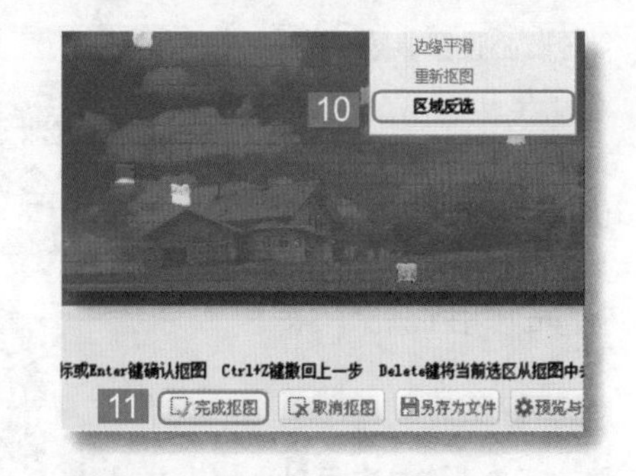


第6步：**确认抠图区域**

抠取完成后，使用鼠标右键单击图像，在弹出的快捷菜单中选择“区域反选”命令，然后单击完成抠图按钮。

第7步：**查看效果**

返回图片编辑界面，即可查看最终效果（光盘\效果文件\第8章\拼图.jpg）。

教你一招

获取更多PS特效的方法

在右侧快捷区域中单击“获取更多PS特效”超链接，系统将默认打开可牛影像官方论坛中的PS插件网页（http://bbs.keniu.com/forum-5-1.html），在该页面中下载需要的PS特效后，返回可牛影像图片编辑界面，单击导入PS特效按钮，载入下载的.8bf格式的文件，完成后使用相同的方法即可应用下载的PS特效。

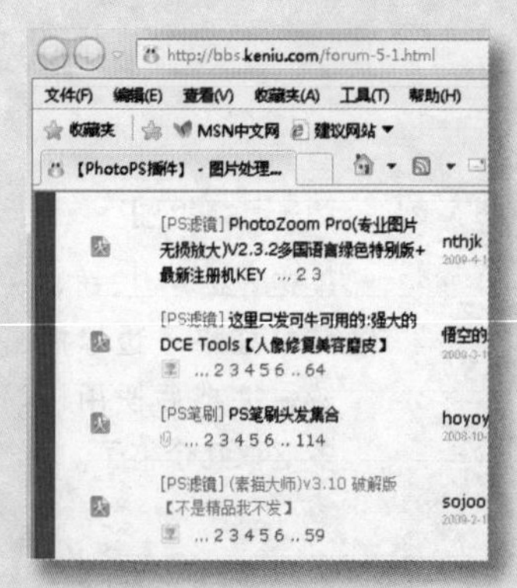

跟我练习

制作蜡笔画

在可牛影像中打开左图所示的照片（光盘\素材文件\第8章\蜡笔画.jpg），对照片进行智能修复（自动锐化）和素描特效，然后使用“美容”功能中的染发美白唇彩为照片上色，最终效果如右图所示（光盘\效果文件\第8章\蜡笔画.jpg）。

# 8.3 去水印有妙招

在对图片进行处理时，娜娜有时需要从网上下载素材，但下载的图片基本都带有水印，怎样才可以去掉图片中的水印呢？看着愁眉苦脸的娜娜，阿伟说道：“别着急，娜娜，可牛影像提供了去水印功能，使用户可以方便地去除照片中的水印，下面我们就去看看吧！”

## 8.3.1 通过“去水印”功能去除水印

如果用户需要去除从网上下载的图片中的水印，可通过可牛影像中提供的“去水印”功能将其清除。

动手一试

下面将通过可牛影像的“去水印”功能去除照片中的水印，还原照片的本来面目。

**第1步：打开图片**

在可牛影像中打开需要处理的照片（光盘\素材文件\第8章\去水印.jpg），可看到照片上方有淘宝水印。

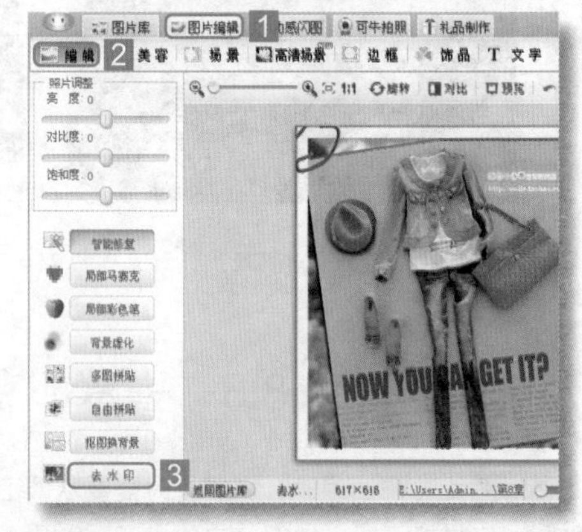

**第2步：打开“去水印”窗口**

选择“图片编辑”选项卡，单击“编辑”按钮，在打开的窗格中单击 去水印 按钮，打开“去水印”窗口。

**第3步：选择水印区域**

单击 水印选区 按钮，选择“矩形区域”工具，框选图像中有水印的区域，完成后可看到该区域被红白线条所选取。

提示：选区工具还有“圆形区域”工具和“自由区域”工具，用户在选取选区时应根据具体情况进行选择。

### 第4步：去水印

单击相似背景选择按钮，在图像中框选与水印区域相似的背景区域，完成后可看到该区域被白绿线条所选取，然后单击开始去水印按钮去除水印，完成后单击确定按钮。

提示：选择的背景区域应包含水印区域或与水印区域相交。

### 第5步：查看效果

返回可牛影像图片编辑界面，可看到去除水印后的效果（光盘\效果文件\第8章\去水印.jpg）。

提示：选择水印区域后，直接单击开始去水印按钮也可去除水印，但其效果没有选择背景区域的效果理想，用户在去水印的过程中应根据自身需要进行选择。

## 8.3.2 通过“裁剪”去除水印

如果水印与图片的主体部分存在一定的距离，且裁掉水印部分后并不影响图片的整体效果，可通过可牛影像的“裁剪”功能将其裁掉，从而达到去除水印的目的。

在可牛影像中单击“裁剪”按钮，打开“裁剪”窗口，在该窗口中裁剪图片后单击确定按钮即可。

提示：如果裁剪后的照片太小可为图片添加边框，其方法与光影魔术手和美图秀秀中的方法类似。

## 8.3.3 通过“遮挡”去除水印

所谓遮挡就是通过可牛影像中的饰品或场景来遮挡水印。下面我们来看看怎样通过饰品和场景遮挡水印。

### 1. 通过“饰品”遮挡水印

在可牛影像中选择“图片编辑”选项卡，单击“饰品”按钮，在打开的窗格中选择需要的饰品即可，其添加方法与在美图秀秀中添加饰品的方法类似，这里不再做详细介绍。

2. 通过“场景”遮挡水印

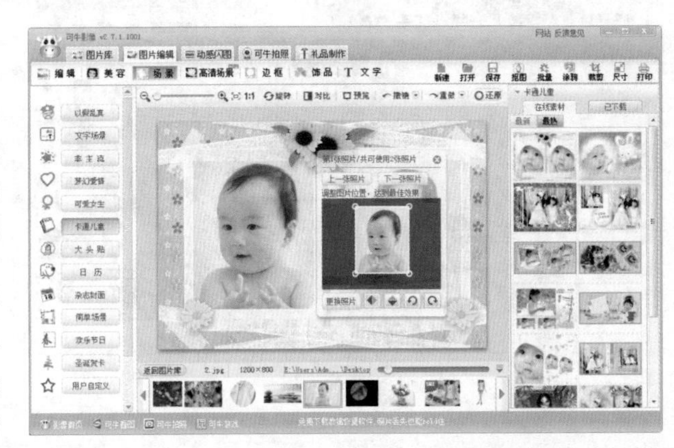

通过“场景”遮挡水印是在场景中编辑图片的显示区域，将有水印的区域隐藏起来。可牛影像中场景的用法与美图秀秀中的类似，在可牛影像中选择“图片编辑”选项卡，单击“场景”按钮，在打开的窗格中选择所需使用的场景即可。

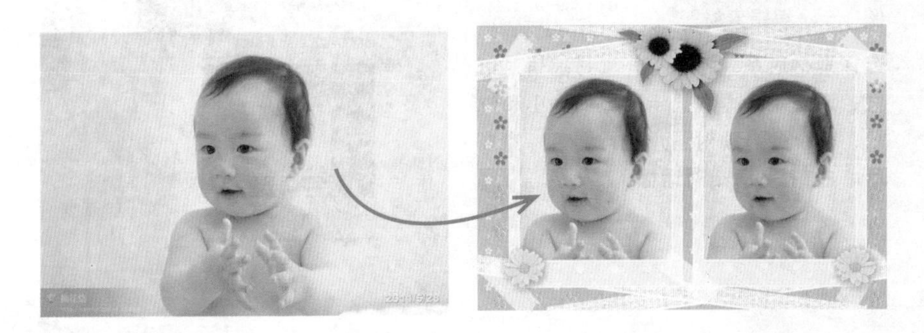

动手一试

下面通过可牛影像的“场景”功能，去除照片中的水印。

第1步：**打开图片**

在可牛影像中打开需要处理的照片（光盘\素材文件\第8章\遮挡水印.jpg），可看到照片下方有水印。

第2步：**选择场景**

在可牛影像中选择"图片编辑"选项卡，单击"场景"按钮，在打开的窗格中单击简单场景按钮，然后选择如图所示的场景素材。

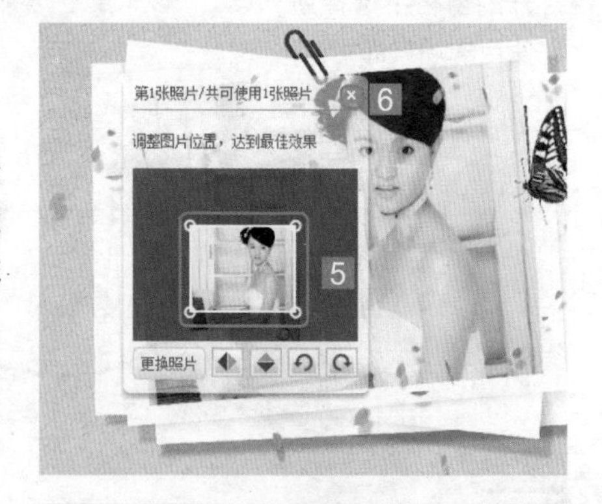

第3步：**编辑素材**

选择素材后系统自动打开素材编辑对话框，调整对话框中显示区域的大小和位置，系统会自动对图片进行调整，完成后单击×按钮关闭对话框。

第4步：**查看效果**

返回可牛影像图片编辑界面，即可看到原图片中的水印已经被遮盖了，且图片效果也变得更加美观（光盘\效果文件\第8章\场景去水印.jpg）。

## 8.3.4 通过"局部磨皮"去除水印

通过"局部磨皮"去水印就是对带有水印的部分图像进行模糊处理，这种方法与磨皮祛痘类似，但适合用于处理水印背景较单一的图片。

下面通过可牛影像的“局部磨皮”功能去掉照片中的水印。

第1步：**打开图片**

在可牛影像中打开需要处理的水印照片（光盘\素材文件\第8章\磨皮去水印.jpg）。

第2步：**打开“局部磨皮”窗格**

选择“图片编辑”选项卡，单击 美容 按钮，然后在打开的窗格中单击 局部磨皮/祛痘 按钮。

第3步：**磨皮去水印**

在打开的窗格中选择“磨皮笔”选项卡，拖动滑块设置“磨皮力度”和“磨皮笔大小”的值，这里分别将其设置为“26”和“56像素”，使用鼠标在有水印的地方进行涂抹，完成后单击 确定 按钮。

**第4步：查看效果**

使用相同的方法多去几次，可使效果更好。返回图片编辑界面，可看到去除水印后的效果（光盘\效果文件\第8章\磨皮去水印.jpg）。

新手解惑

Q：光影魔术手和美图秀秀可以去水印吗？

A：除了通过系统提供的去水印功能外，可牛影像去水印的其他方法在光影魔术手与美图秀秀中都可以使用，它们的操作方法都是类似的，用户可以根据自己的需要选择使用的软件。

跟我练习

去除照片中的水印

在可牛影像中打开下图所示的第一张图片（光盘\素材文件\第8章\去照片水印.jpg），尝试通过学习的各种方法去掉照片中的水印，最终效果如下图所示（光盘\效果文件\第8章\去照片水印）。

# 8.4 更进一步——可牛操作小技巧

通过学习，娜娜已经熟悉了可牛影像的各种操作，不仅能熟练地掌握它的使用方法，而且还能够灵活运用。阿伟告诉娜娜，要想更加灵活熟练地使用可牛影像，还需要进一步掌握以下几个技能。

## 第1招 编辑前景照片

在可牛影像中进行饰品、文字、场景和抠图等操作时，还可对前景照片进行处理，使前景与背景更匹配。

单击对应的前景照片，在打开的窗口中可对前景照片进行更多的效果设置，如影楼特效、融合效果等。

## 第2招 使用“数码暗房”美化照片

使用数码相机拍摄出的照片通常都需要经过一定的后期处理，才能算正式完成。通过可牛影像的“数码暗房”功能可快速对拍摄的照片应用各种影楼特效，制作出具有各种风格的艺术照效果。

在可牛影像中选择“图片编辑”选项卡，单击“编辑”按钮，在右侧快捷区中选择“数码暗房”选项，在打开的窗格中可看到系统提供的各种影楼特效，单击特效预览图即可应用该效果。

# 8.5 活学活用

(1)启动可牛影像，在图片库中自定义图片的扫描方式，并练习图片扫描目录的添加与删除。

(2)在图片库中浏览本地电脑中的图片，将漂亮的图片上传到新浪相册中。如果用户没有新浪相册可新申请一个或选择其他的相册上传。

(3)在可牛影像中打开左图所示的照片(光盘\素材文件\第8章\山水风景.jpg)，对照片进行补光、降噪、添加云形饰品等操作，制作出水彩画的效果，最终效果如右图所示(光盘\效果文件\第8章\水彩画.jpg)。

(4)在可牛影像中打开左图所示的照片(光盘\素材文件\第8章\调整色彩.jpg)，先调整照片的亮度和对比度，然后通过局部磨皮和饰品去掉照片上方的水印，对照片进行降噪、去雾和补光操作，最终效果如右图所示(光盘\效果文件\第8章\调整色彩.jpg)。

Life

NEW CENTURY

☑ 想知道怎样制作动感闪图吗？

☑ 还在为制作QQ表情而烦恼吗？

☑ 想知道怎样制作搞笑的摇头娃娃吗？

☑ 此时此刻的你想成为杂志的封面人物吗？

# 第 09 章 使用可牛影像美化照片

娜娜在学习了可牛影像在数码照片处理方面的一些基本操作后，对可牛影像已经有了进一步的认识。这天，她听说利用可牛影像可以制作各种各样的动感闪图，不由地兴致盎然，但随后她发现可牛影像中的好多功能在其他软件中也有，如场景、饰品等功能。娜娜觉得很纳闷，既然这些功能别的软件中也有，那为什么还要学习它呢？看着一旁摇头的娜娜，阿伟说道："每个软件都有自己的特色。虽然我们在其他的软件中学习过这些知识，但它们处理出来的效果却有所不同。下面我就教教你怎样用这些知识美化照片吧……"

# 9.1 制作动感闪图

娜娜很喜欢闪亮的东西，所以想自己试着制作动感图片了。看着跃跃欲试的娜娜，阿伟笑着说："虽然在美图秀秀中我们讲解了通过动态场景的方法制作动态图片，但在可牛影像中，我们将学习更多制作动感图片的方法。现在就让我们去看看吧！"

新手解惑

Q：美图秀秀中只能通过动态场景制作动态图片吗？

A：美图秀秀与可牛影像的功能很相似，且它们制作动态图片的操作方法也很类似，所以将两者放在一起进行讲解。在可牛影像中制作动感图片的方法在美图秀秀中也能适用。

## 9.1.1 通过场景制作闪图

和在美图秀秀中制作闪图一样，在可牛影像中也可通过场景的运用制作动感闪图。

在可牛影像中打开一张图片，选择"动感闪图"选项卡，打开"动感闪图制作"窗口，在该窗口中默认打开"闪图场景"选项卡，在打开的窗格中即可通过动态场景的应用轻松制作出动感闪图。

动手一试

下面通过闪图场景的应用，制作一个动态的旧书翻阅闪图，展示宝宝的成长画面。

**第1步：打开图片**

在"开始"菜单中选择"所有程序"/"可牛影像"/"可牛影像"命令启动该软件，打开需要处理的照片（光盘\素材文件\第9章\旧书闪图1.jpg）。

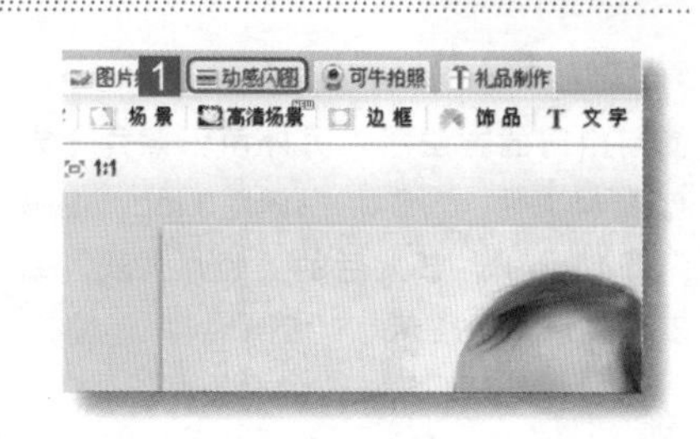

### 第2步：打开“动感闪图制作”窗口

选择“动感闪图”选项卡，打开“动感闪图制作”窗口，在打开的提示对话框中单击缩小图片按钮，载入图片。

### 第3步：选择并应用场景

在打开的窗格中单击如图所示的旧书场景，打开“动感闪图”对话框，单击立即应用按钮，应用选择的旧书场景。

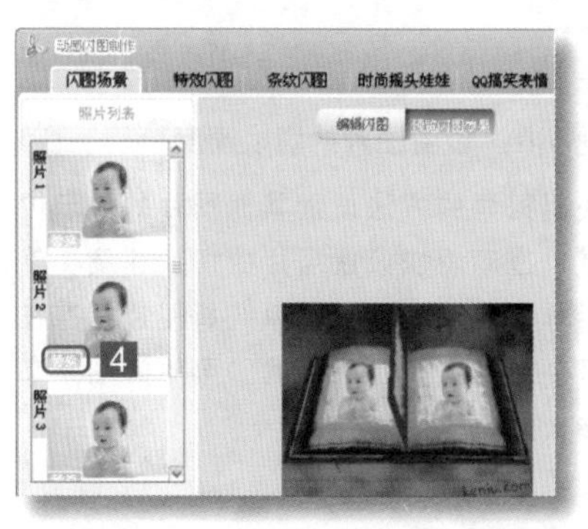

### 第4步：更换照片

系统自动将之前打开的照片加载到场景中，在“预览效果闪图”窗格中可看到闪图有4个场景，即需要4张照片。在“照片列表”列表框中的“照片2”中单击替换按钮。

提示：图片的多少是由场景的切换来决定的。

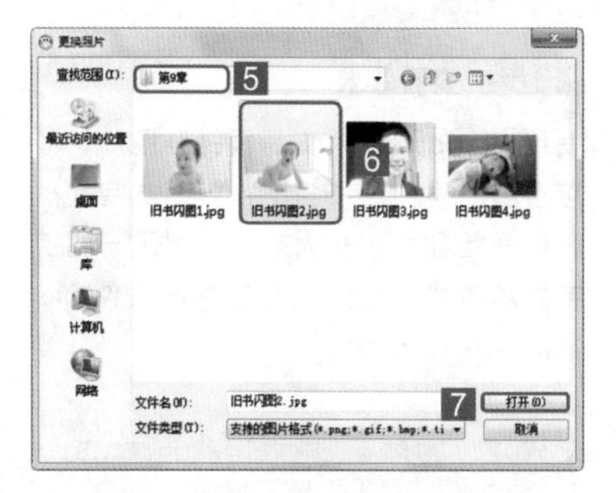

### 第5步：选择照片

打开“更换照片”对话框，在“查找范围”下拉列表框中选择照片所在的路径，在下方的列表框中选中图片，这里选择“旧书闪图2.jpg”（光盘\素材文件\第9章\旧书闪图2.jpg），然后单击打开(O)按钮。

### 第6步：载入其他照片

使用相同的方法载入另外两张照片（光盘\素材文件\第9章\旧书闪图3.jpg、旧书闪图4.jpg），载入后的“照片列表”列表框显示如图所示。

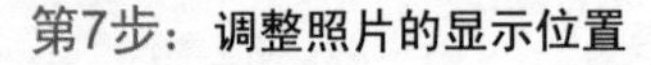

### 第7步：调整照片的显示位置

在“照片列表”列表框中单击照片1缩略图，打开“照片1设置”对话框，拖动缩略图上方框四周的圆角，调整图片的显示位置，完成后单击☒按钮。

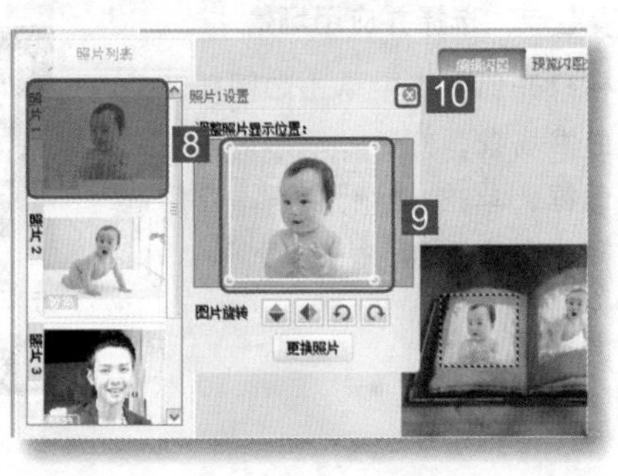


提示：在“照片设置”对话框中还可以旋转和更换图片，只需单击 [按钮] 和 [更换照片] 按钮即可实现。

### 第8步：设置图片的切换速度

使用相同的方法设置其他图片的显示位置，拖动滑块设置照片的切换速度，然后单击 [保存] 按钮，系统将图片保存在可牛影像安装目录下的“可牛闪图”文件夹中。

### 第9步：查看效果

使用Windows图片查看器打开图片，即可看到制作的旧书闪图，闪图从宝宝小时候开始翻页到长大后，呈现了一幅宝宝的动态成长画面（光盘\效果文件\第9章\旧书闪图.gif）。

## 9.1.2 制作各种特效闪图

在可牛影像中，除了可以通过场景制作闪图外，还可以制作特效闪图、多图闪图和条纹闪图等效果的动态图片。

这几种闪图的制作方法与通过场景制作闪图的方法类似。下面就对这些特效闪图进行详细讲解。

■ 特效闪图

特效闪图主要是通过系统提供的一些特殊效果对图片处理前后的效果进行动态显示，如底片曝光效果、浮雕抖动效果、闪电特效、老电影特效等。

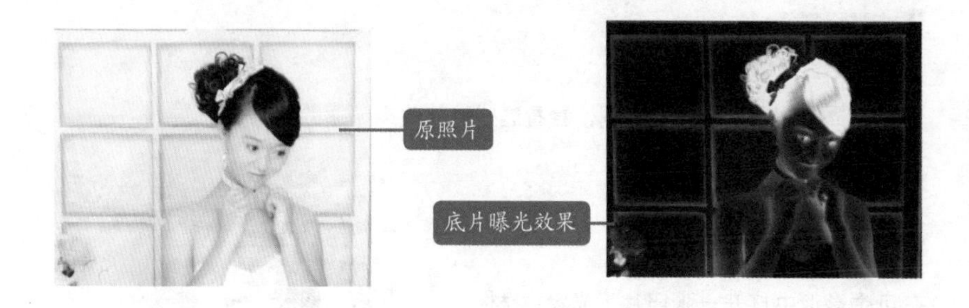


■ 多图闪图

多图闪图主要是将图片融合进系统提供的多图切换效果中，其画面丰富，效果美观。如下图所示为一张照片应用多图闪图后的效果。

## 条纹闪图

条纹闪图即条形纹路的动态图片，是原照片与条形纹路的照片进行切换显示所形成的闪图效果。如下图所示为一张照片应用条形闪图后的效果。

下面以制作多图闪图为例，看看这些特殊效果闪图的制作方法。

### 第1步：打开图片

在可牛影像中打开一张照片（光盘\素材文件\第9章\香烟.jpg），然后选择“动感闪图”选项卡。

### 第2步：选择闪图效果

打开“动感闪图制作”窗口，选择“多图闪图”选项卡，在打开的窗格中选择如图所示的多图闪图效果。

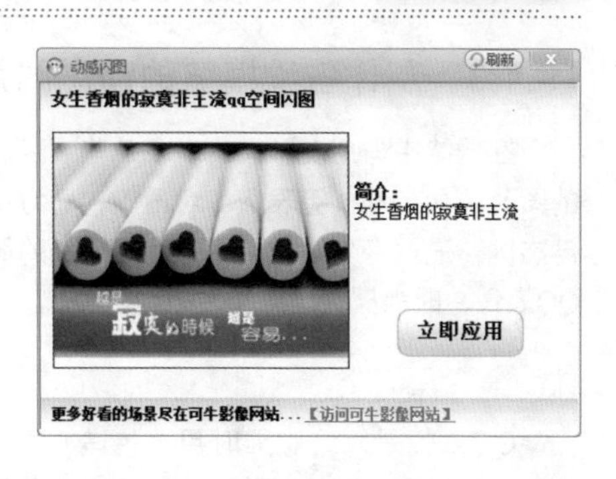


## 第3步：应用闪图效果

打开“女生香烟的寂寞非主流qq空间闪图”对话框，在该对话框中单击立即应用按钮，应用该效果。

## 第4步：设置图片属性

在“照片列表”列表框中单击照片1缩略图，打开“照片1设置”对话框，在“照片显示位置”栏中将表示图片显示位置的方框拖动到缩略图下方，然后拖动照片下方的滑块，设置图片的切换速度。完成后单击保存按钮保存图片。

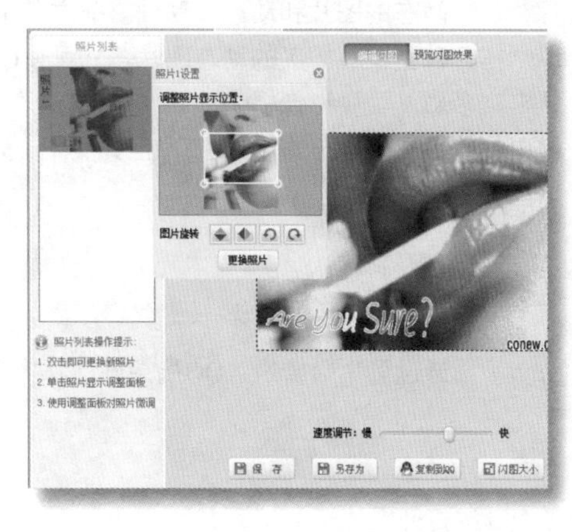


提示：选择“预览闪图效果”选项卡，在打开的窗格中可预览图片效果。如不满意，可切换到“编辑闪图”界面，对图片重新进行编辑。

## 第5步：查看效果

打开保存的照片即可看到应用了多图闪图后的效果（光盘\效果文件\第9章\香烟闪图.gif）。

## 9.1.3 制作各种搞笑的动态图片

在网络中与朋友聊天或发表某些观点、文章时，通常会用到一些具有娱乐性质的图片，如各种搞笑表情、对话等，而为了使其更具有表现力，这些图片通常都是动态的。通过可牛影像可将自己或朋友的照片制作为各种搞笑的动态图片，如搞笑QQ表情、时尚摇头娃娃和多图娃娃等。

### 1. 搞笑QQ表情

QQ表情是网络聊天时用于传递心情或感觉的各种图片，包含静态的图片和动态的动画。而本节中的搞笑QQ表情则指各种幽默、搞笑的动态图片，它可使QQ聊天的内容更丰富多彩。可牛影像提供的制作搞笑QQ表情的方法可使用户制作出属于自己的QQ表情，且其操作十分简单。

下面通过可牛影像的“QQ搞笑表情”功能制作一个搞笑的QQ表情。

**第1步：打开图片**

在可牛影像中打开一张照片（光盘\素材文件\第9章\小孩.jpg）。然后选择“动感闪图”选项卡，打开“动感闪图制作”窗口。

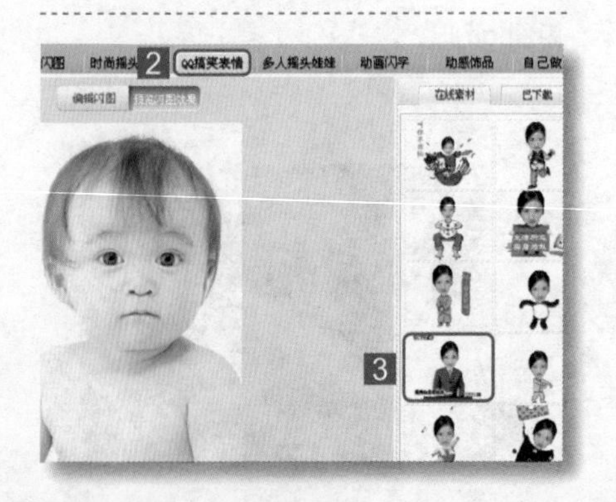


**第2步：选择命令**

打开“动感闪图制作”窗口，在该窗口中选择“QQ搞笑表情”选项卡，在打开的窗格中选择如图所示的选项。

### 第3步：打开“抠图工具”窗口

打开“摇头娃娃提示”对话框，在该对话框中单击使用当前照片按钮，打开“抠图工具”窗口。

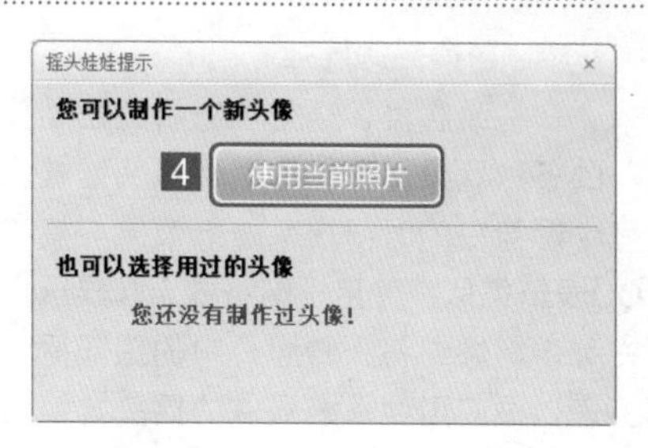


### 第4步：抠图

系统自动开启智能抠图功能，在人物头部轮廓处单击鼠标左键，然后沿头部轮廓画线，直至完成头部区域的选取，完成后单击完成抠图按钮。

**提示**：如果用户不擅长直接画出选区，可选择其他的抠图方法，如使用选中笔和排除笔选择选区等。

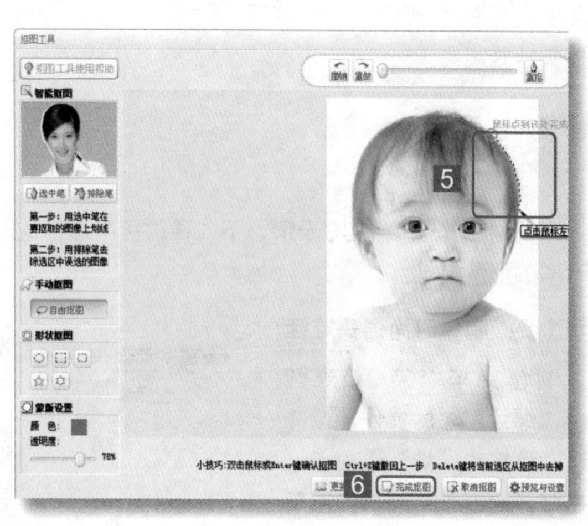


### 第5步：保存QQ表情

返回“动感闪图制作”窗口，在窗口中可看到应用QQ搞笑表情后的情景。保持图片切换速度不变，单击保 存按钮保存图片。

**提示**：单击复制到QQ按钮可将制作的搞笑QQ表情复制到剪贴板中，在进行QQ聊天时，直接按Ctrl+V键即可使用该表情。

### 第6步：查看效果

打开保存的QQ表情，即可看到制作好的图像（光盘\效果文件\第9章\搞笑QQ表情.gif）。

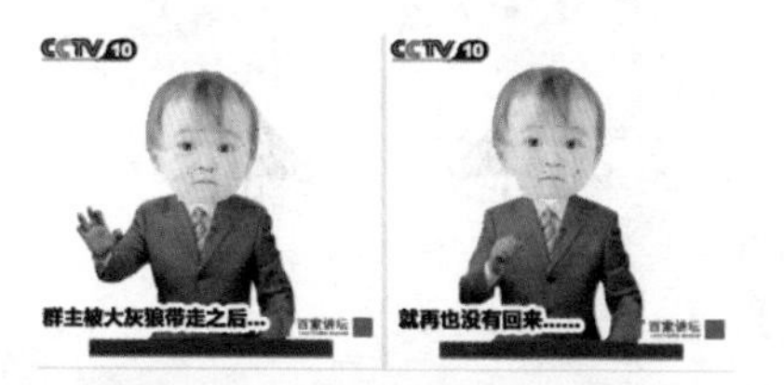

2. 时尚摇头娃娃

在礼品店里，经常可以看到摆动头部的各种玩具，我们称之为摇头娃娃。可牛影像中的时尚摇头娃娃效果与搞笑QQ表情类似，可用于网络聊天和娱乐。在可牛影像中将人物照片中的头部抠取下来，再应用到系统提供的摇头娃娃闪图中，可快速制作出各种搞笑、时尚的摇头娃娃。

动手一试

前面制作了搞笑QQ表情，下面通过可牛影像的“时尚摇头娃娃”功能接着制作时尚的摇头娃娃。

第1步：**制作时尚摇头娃娃**

在制作完毕搞笑QQ表情后，继续刚才的操作，选择“时尚摇头娃娃”选项卡，在打开的窗格中选择如图所示的选项，系统自动应用选择的娃娃样式，然后单击 保存 按钮。

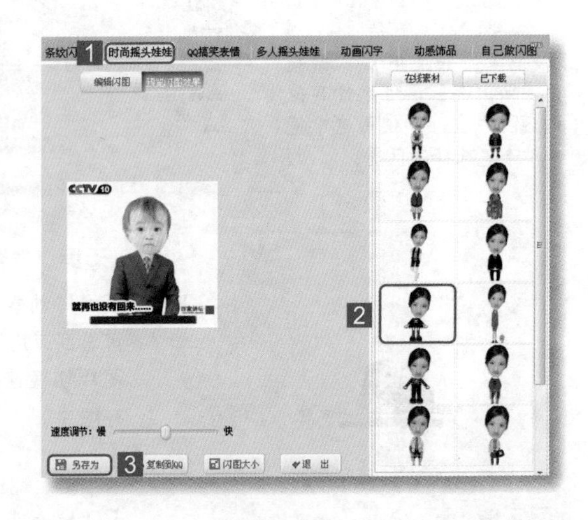


提示：制作搞笑QQ表情与制作时尚摇头娃娃的操作是类似的，不同的是，它们应用的场景不同。

第2步：**保存摇头娃娃**

系统自动将制作的时尚娃娃保存到系统中的“库\文档\可牛闪图”目录下。打开摇头娃娃，查看其效果（光盘\效果文件\第9章\时尚摇头娃娃.gif）。

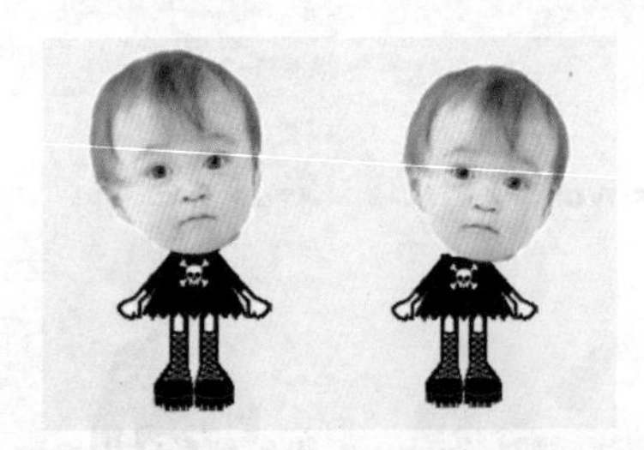

3. 多人摇头娃娃

多人摇头娃娃与时尚摇头娃娃类似，不同的是多人摇头娃娃中有多个人物，可构成一幅完整的图画或情景对话。由于其丰富的人物形象和情景，多人摇头娃娃更具有搞笑和幽默性。其制作方法与摇头娃娃的制作方法类似。

下面在制作时尚摇头娃娃的基础上，接着制作多人摇头娃娃。

**第1步：制作多人摇头娃娃**

继续刚才的操作，在“动感闪图制作”窗口中选择“多人摇头娃娃”选项卡，在打开的窗格中选择如图所示的选项。

提示：多人摇头娃娃主要是通过添加不同的前景图片来制作的。

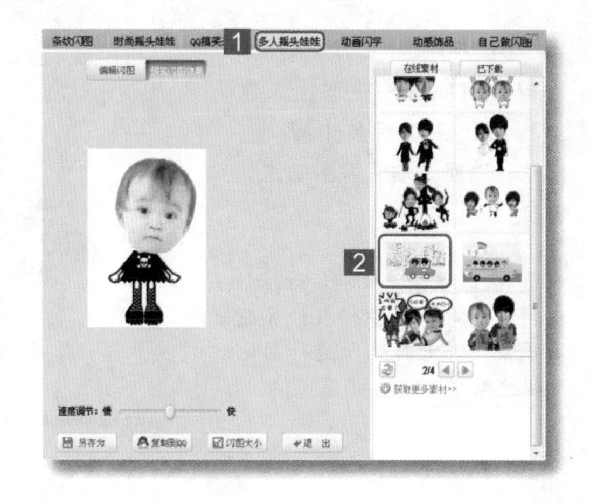


**第2步：打开窗口**

在“照片列表”列表框中单击头像2缩略图上的替换按钮，打开提示对话框，然后单击使用当前照片按钮，打开“抠图工具”窗口。

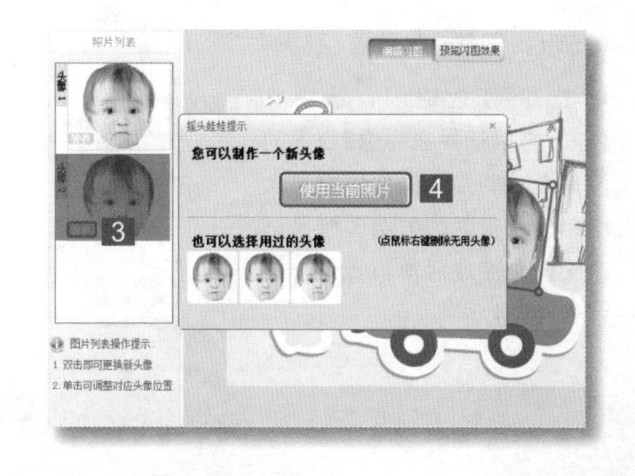

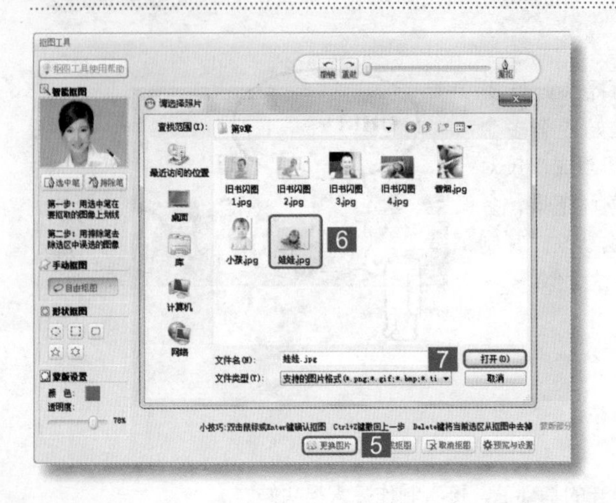

第3步：更换图片

在窗口中单击更换图片按钮，打开“请选择照片”对话框，在其中选择需要更换的图片（光盘\素材文件\第9章\娃娃.jpg）后单击打开(O)按钮。

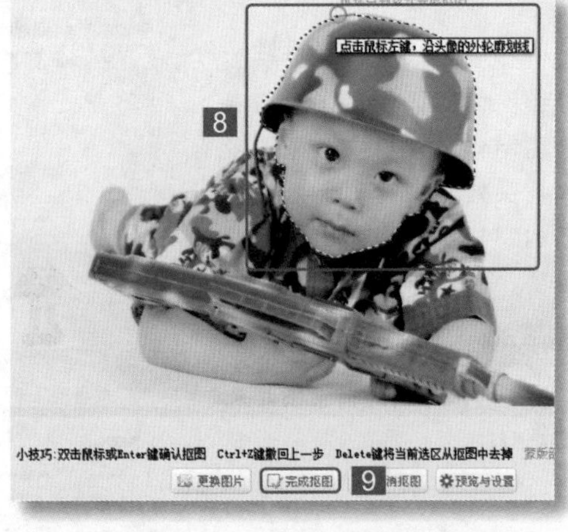

第4步：抠图

使用相同的方法抠取出人物的头部，完成后单击完成抠图按钮，返回“动感闪图制作”窗口。

提示：单击预览与设置按钮，在打开的对话框中可以预览抠图效果，并可对选区进行羽化和描边操作。

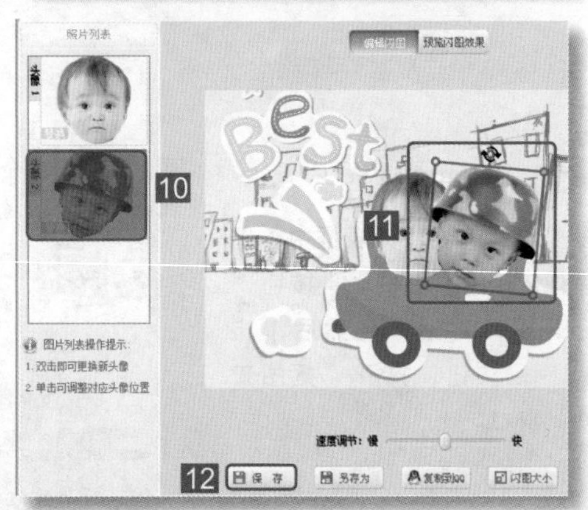

第5步：调整头像位置

单击头像2缩略图，选中头像2，将鼠标放在头像2四周的圆角上，调整头像的位置与大小，使用相同的方法调整另一个头像，完成后单击保存按钮保存图片。

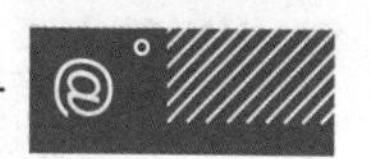

## 第6步：查看效果

打开保存的图片即可看到其效果（光盘\效果文件\第9章\多人摇头娃娃.gif）。

新手解惑

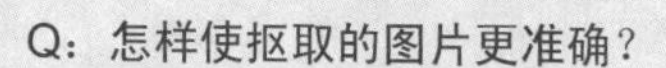

Q：怎样使抠取的图片更准确？

A：抠图时，如果抠取的图片效果与预期的效果并不符合，在选择选区完成后，系统会自动在选区上加上调节点，拖动调节点可调整选区的范围，在选区上单击鼠标右键还可增加调节点，使选区的选择范围更准确。

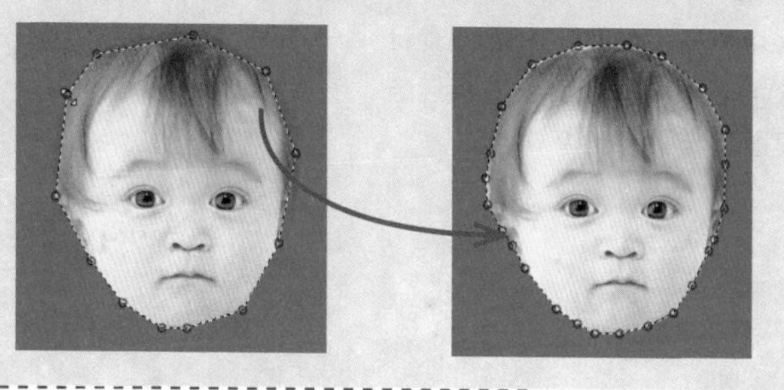

教你一招

如何快速获得制作的头像

在制作QQ表情或摇头娃娃时，单击替换按钮，打开“摇头娃娃提示”对话框，除了制作新头像外，在该对话框中还可以直接应用以前抠取的人物头像。在“也可以选择用过的头像”栏中单击头像缩略图，即可直接应用头像，不需要重新制作，以提高工作效率。

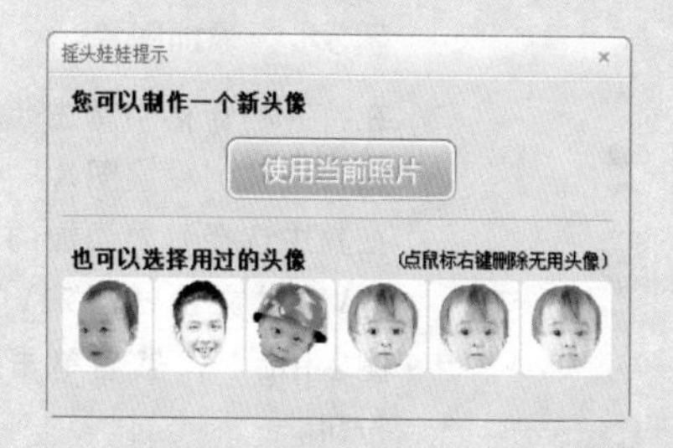

## 9.1.4 自己制作闪图

使用系统制作的各种闪图效果虽然很方便，但如果能够亲自参与制作的环节，则会体会到乐趣和成就感。可牛影像提供了制作闪图功能，使用它，用户可以制作出自己喜欢的各种闪图。

下面通过可牛影像的“制作闪图”功能，亲自动手制作一个非主流闪图，体验一下制作过程中的乐趣。

**第1步：打开图片**

在可牛影像中打开一张照片（光盘\素材文件\第9章\自己做闪图1.jpg）。然后选择“动感闪图”选项卡。

**第2步：选择命令**

打开“动感闪图制作”窗口，并在自动弹出的提示对话框中单击缩小图片按钮，返回“动感闪图制作”窗口，选择“自己做闪图”选项卡。

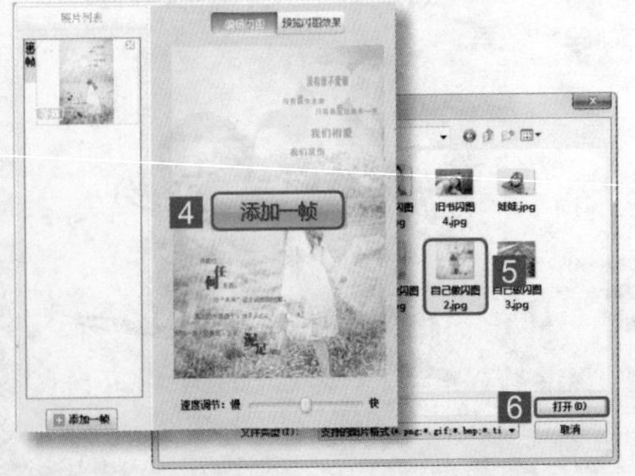


**第3步：添加图片**

在打开的窗格中单击添加一帧按钮，打开“更换图片”对话框，在其中选择需要添加的图片（光盘\素材文件\第9章\自己做闪图2.jpg），然后单击打开(O)按钮。

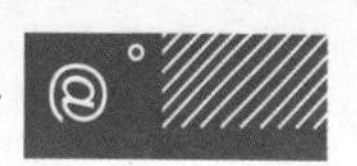

### 第4步：添加图片

单击“照片列表”列表框下方的添加一帧按钮，使用相同的方法再添加一张图片（光盘\素材文件\第9章\自己做闪图3.jpg）。添加完成后，在“照片列表”列表框中可看到3张图片的缩略图。然后单击“第2帧”缩略图。

### 第5步：设置照片属性

打开“照片2设置”对话框，在“调整照片显示位置”栏中拖动图片四周的圆角调整照片的显示位置，使图片中的文字完全显示。然后使用相同的方法设置其他图片的显示位置。

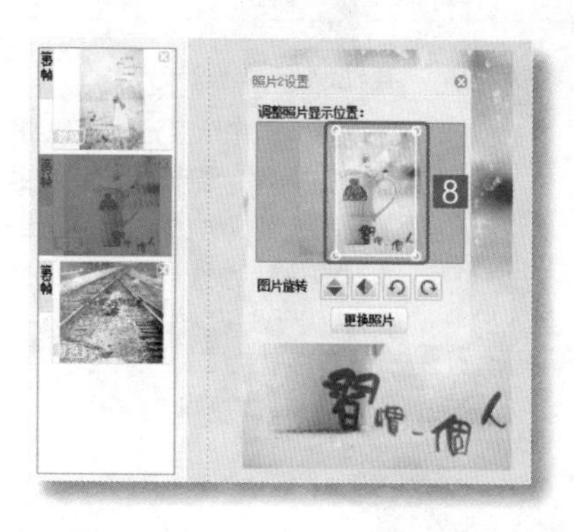


### 第6步：预览并设置切换速度

选择“预览闪图效果”选项卡，在打开的窗格中查看制作的闪图效果。可看到系统默认情况下，照片的切换速度较慢，向右拖动下方的滑块，加快照片的切换速度，完成后单击保存按钮，保存制作的闪图。

### 第7步：查看效果

使用看图软件打开保存的图片（光盘\效果文件\第9章\非主流闪图.jpg），可看到自己制作的闪图在3张图片中快速进行切换显示，效果如图所示。

教你一招

**其他制作闪图的方法**

在可牛影像中除了通过系统提供的各种闪图效果制作动感闪图外，在“动感闪图制作”窗口中，还可通过添加动态文字和动态饰品使照片变为动感闪图，其操作方法与在美图秀秀中添加动态文字与饰品的方法类似。另外，在美图秀秀中也可以制作动感闪图，其制作方法与可牛影像的方法类似。

跟我练习

**制作一张搞笑的摇头娃娃同学录**

根据提供的图片（光盘\素材文件\第9章\同学录），在可牛影像中制作一个多人摇头娃娃，效果如右图所示（光盘\效果文件\第9章\同学录.gif）。

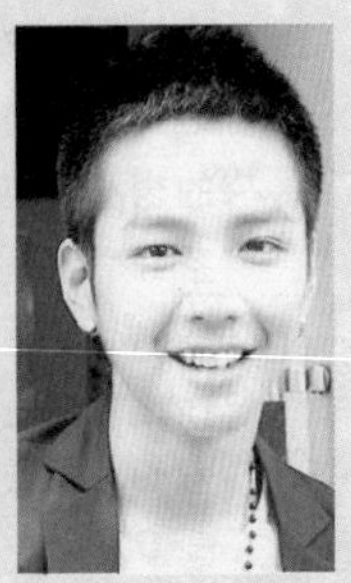

# 9.2 可牛影像的其他应用

“阿伟，可牛影像除了制作动感闪图外，还有什么其他的应用吗？”听了娜娜的问题，阿伟回答道：“当然有了。可牛影像中还提供了很多其他功能，接下来就让我们一起去看看吧！”

## 9.2.1 使用文字装饰图像

使用数码相机拍摄的照片都是不包含文字信息的，但在可牛影像中可通过其“文字”功能为照片添加文本，使照片显得更有活力和主题性。

下面介绍一些在可牛影像中添加文字的方法。

1. 添加静态文字

静态文字是最基本的文字，添加时可由用户自定义输入的文本，包括文本内容、文本字体、文本样式等。在可牛影像中选择“图片编辑”选项卡，在打开的窗格中单击 T 文字 按钮，打开“静态文字编辑”对话框，在该对话框中输入需要添加的内容，然后设置其字体、大小、透明度等属性后单击 应用文字 按钮即可。

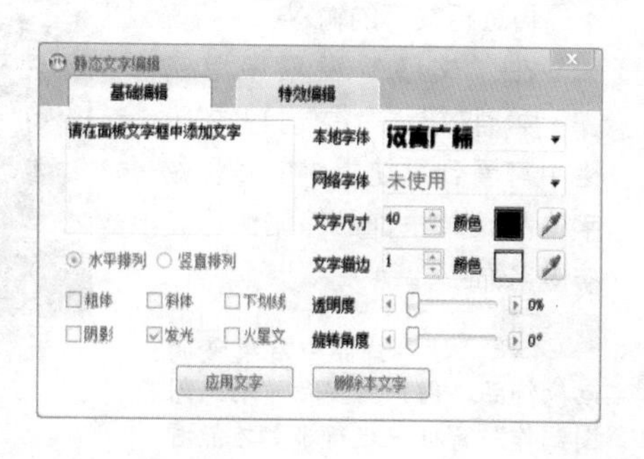


提示：在添加静态文字时，除了可手动设置文字的样式外，还可直接运用系统提供的各种特殊字体。在“静态文字编辑”对话框中选择“特效编辑”选项卡，在打开的窗格中可看到系统提供的各种字体样式缩略图，单击相应的缩略图即可运用选定的字体样式。

2. 泡泡文字

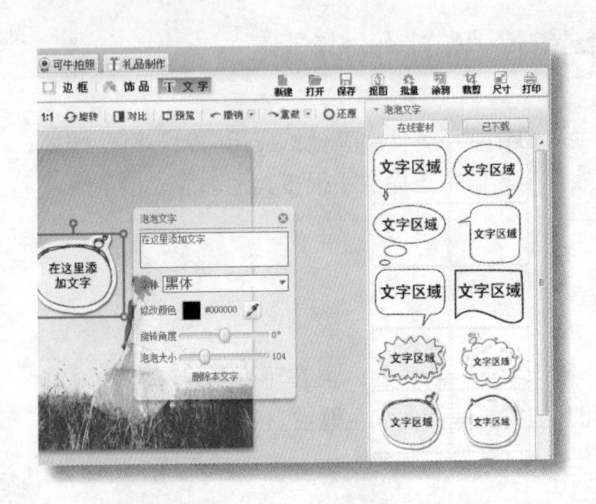

泡泡文字是给文字加上泡泡形状的边框，其效果类似于美图秀秀中的漫画文字。

在可牛影像中选择“图片编辑”选项卡，单击 T 文字 按钮，在打开的窗格中单击 泡泡文字 按钮，在右侧打开的窗格中即可看到系统提供的各种泡泡样式。单击泡泡缩略图，应用一个泡泡样式，然后在打开的对话框中输入文字并设置文字样式即可。

3. 炫字饰品

炫字饰品是众多饰品中的一种，效果与美图秀秀中的文字模板类似，用户可直接运用不需再进行文字的输入。

在“文字”窗格中单击 炫字饰品 按钮，在右侧打开的窗格中可看到系统提供的各种炫字饰品，单击饰品缩略图可直接应用饰品。

**提示**：炫字饰品中有大量的动感饰品，用户需要在“动感闪图制作”窗口中进行添加才能看到其动态效果。

4. 泡泡饰品

泡泡饰品拥有泡泡文字的外形，但不能输入文字，用户输入静态文字后，可选择泡泡饰品对文字进行装饰。其使用方法与炫字饰品类似。

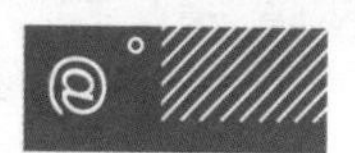

教你一招

### 其他添加文字的方法

除了上述讲解的几种方法外，在可牛影像中还可通过文字场景等来为图片添加文字。可牛影像中文字场景的使用方法与在美图秀秀中其他场景的使用方法类似，将在后面进行详细讲解。

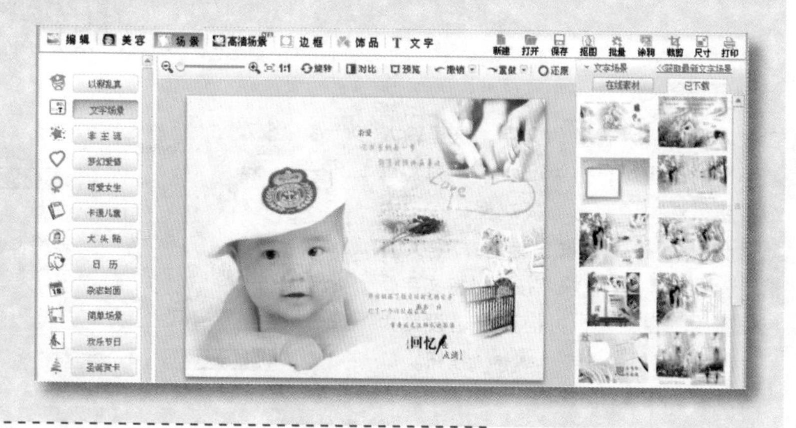

下面通过可牛影像的“文字”功能，为照片添加文字，使照片的主题更加明确。

**第1步：打开图片**

在可牛影像中打开需要处理的照片（光盘\素材文件\第9章\添加文字.jpg），然后选择“图片编辑”选项卡。

**第2步：打开“静态文字编辑”对话框**

单击T 文字按钮，在打开的窗格中单击添加静态文字按钮，打开“静态文字编辑”对话框。

**第3步：输入文字**

在文本框中输入需要的文字，这里输入“不时的遐想”，选中“水平排列”单选按钮，选中“阴影”复选框，在“本地字体”下拉列表框中选择“华文行楷”选项，单击“色块”按钮，将文字颜色设置为“白色”，将描边颜色设置为“粉色”，完成后单击应用文字按钮。

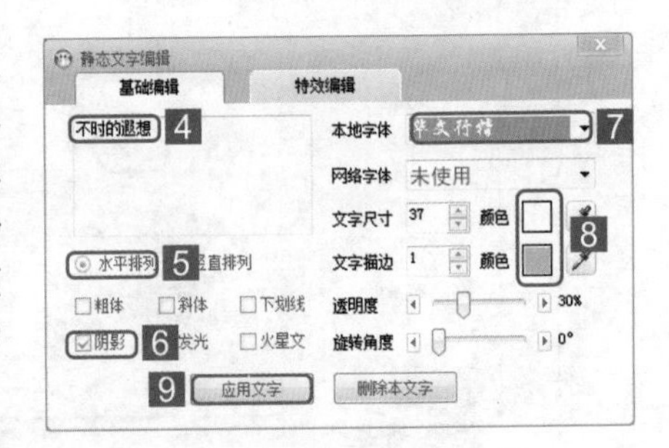

**第4步：设置特殊效果**

使用相同的方法输入文字“我们的爱”，然后选择“特效编辑”选项卡，在打开的窗格中选择如图所示的字体样式，完成后单击 x 按钮。

**第5步：输入其他文字**

使用类似的方法输入其他的文字，最终效果如图所示（光盘\效果文件\第9章\添加文字.jpg）。

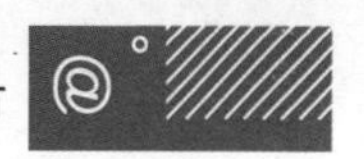

## 9.2.2 场景的应用

场景即情景，通常是指电影、戏剧或现实生活中的各种场面。在可牛影像中，系统提供了很多真实、唯美的场景，使用它们修饰照片，可使照片的效果更加逼真、美观。

在可牛影像中选择“图片编辑”选项卡，在打开的窗格中单击 场景 按钮，打开“场景”窗格，在其中选择场景类型后，再在打开的窗格中单击需要应用的场景缩略图即可应用场景。

在上图中可看到可牛影像中的场景种类众多，下面介绍一些经常使用的场景。

场景类型：以假乱真

场景特色：以假乱真场景即逼真场景，其场景贴近生活，更具有真实性。如报纸、电视画面、街道和屏幕等场景。

适用类型：以假乱真场景可用于装饰人物照片，使人物照片效果更加逼真。

场景类型：文字场景
场景特色：文字场景类型中的所有场景都包含文字，可用于表现图片的内容或主题，如节日贺卡、广告词等，且该场景中的文字还可进行更改，十分方便。
适用类型：文字场景类型可用于制作具有特殊意义的照片，如中秋节、感恩节贺卡和各种搞笑证件图片等。

场景类型：非主流场景
场景特色：非主流场景中包含了当前流行的各种非主流图片效果，样式多样，效果美观。
适用类型：非主流场景可用于制作各种类型的非主流图片，特别是可用于渲染伤感、快乐或搞怪等氛围的照片。

场景类型：卡通儿童场景
场景特色：该场景主要包含了用于装饰儿童照片的各种场景，其场景可爱、简单。
适用类型：儿童卡通场景可用于装饰儿童照片，使其更加可爱和有活力。

**提示**：在可牛影像中还包含了梦幻爱情、可爱女生、大头贴、日历、杂志封面等多种场景，场景的应用方法是类似的，用户可根据需要选择使用场景。

教你一招

### 高清场景的使用方法

除了上面讲解的各种类型的场景，可牛影像还提供了其特有的高清场景，高清场景的类型也包含了日历、以假乱真、非主流和卡通儿童等，其场景效果清晰、美观，但图片较大，可用于制作高清图片。高清场景的使用方法与普通场景相同。

下面通过可牛影像的场景功能，将人物照片制作为杂志封面。

### 第1步：打开图片

在可牛影像中打开一张照片（光盘\素材文件\第9章\杂志封面.jpg），然后单击工具栏中的“抠图”按钮。

第2步：抠图

打开“抠图工具”窗口，单击选中笔按钮，在需要选择的区域画绿线，标记前景，系统自动根据图片选择保留的区域，拖动该区域上的调节点，使抠出的图像更加准确，完成后单击完成抠图按钮。

第3步：选择场景

返回可牛影像图片编辑界面，单击“场景”按钮，在打开的窗格中单击杂志封面按钮，然后选择如图所示的场景。

第4步：应用场景

系统自动应用选择的场景，并打开“调整图片位置”对话框，在该对话框中设置图片的显示位置，完成后单击按钮。

第5步：查看效果

返回可牛影像图片编辑界面，即可查看到最终效果（光盘\效果文件\第9章\杂志封面.jpg）。

新手解惑

**Q：美图秀秀和可牛影像中场景和文字的应用有什么区别吗？**

A：虽然在美图秀秀中已经对场景、文字等内容进行了学习，但在可牛影像中，这些知识也是用户经常使用的，且美图秀秀处理图片侧重于个性化效果，可牛影像处理图片则更注重于效果的绚丽。如下图所示分别为通过美图秀秀和可牛影像处理后的图片效果。

跟我练习

**通过可牛影像制作一幅中秋节壁纸**

启动可牛影像后，打开需要处理的照片（光盘\素材文件\第9章\中秋壁纸.jpg），先抠出照片中的人物，为照片应用文字场景，并将场景中的文字修改为“月是中秋分外明，我把问候遥相寄；皓月当空洒清辉，中秋良宵念挚心；祝愿佳节多好运，月圆人圆事事圆！”将字体设置为“迷你简硬笔行”，最后为照片应用撕边边框，最终效果如下图所示（光盘\效果文件\第9章\中秋壁纸.jpg）。

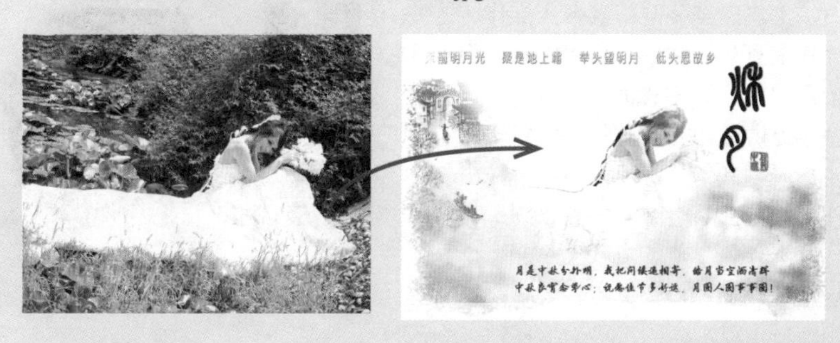

# 9.3 更进一步——可牛美化图片小妙招

通过学习，娜娜已经基本掌握了通过可牛影像制作个性化图片的操作，不仅学习了制作各种闪图的操作，而且还懂得更多美化图片的方法。阿伟告诉娜娜，想要通过可牛影像制作更多效果美观的图片，还需要掌握以下几个技能。

## 第1招 设置桌面壁纸

很多人都喜欢将自己喜欢的人或风景照片用作电脑的桌面背景。但由于照片尺寸或清晰度等问题，效果都不太美观。通过可牛影像的场景和高清场景可制作出各种效果美观的图片，适合用作桌面背景。

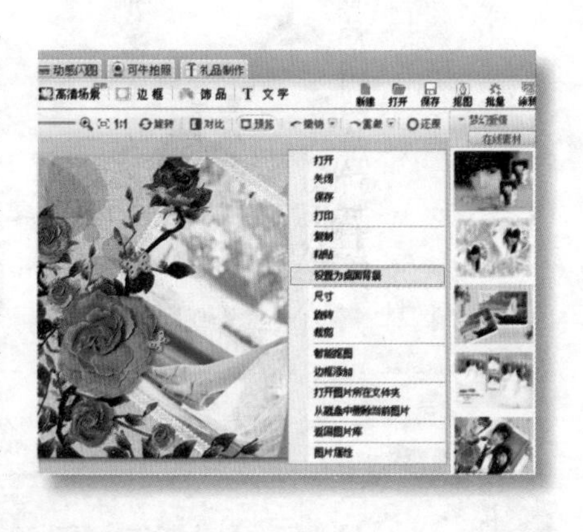


在可牛影像中制作的图片可直接将其设置为桌面背景，其方法为：在制作完成的照片上单击鼠标右键，在弹出的快捷菜单中选择“设置为桌面背景”命令即可。

## 第2招 通过“挤压”进行瘦身

在美图秀秀中我们讲解了各种美容人物照片的方法，如瘦脸瘦身、一键美白、磨皮、美化眼睛等各个操作，这些操作在可牛影像中也可以进行，但除了使用“液化”方式进行瘦身外，可牛影像还提供了“挤压”的方法进行瘦身。

在“美容”界面中单击 瘦脸美容 按钮，在打开的窗格中单击 挤压方式 按钮，拖动滑块设置瘦脸笔的大小和力度，然后在人物照片中需要进行瘦身的地方单击鼠标左键即可。

## 第3招 抠图小技巧

在可牛影像中抠图时，为了使抠取的图像更符合用户的要求，可使用以下技巧简化抠图操作：

①选择选区时，双击鼠标或按Enter键可确认选择的区域，以便再次选择其他区域。

②单击窗口中的按钮或按Ctrl+Z键可返回上一步操作。

③按Delete键可删除当前选中的区域。

## 第4招 批量处理数码照片

爱好摄影的人看到美丽的画面通常都会用镜头将其拍摄下来，日积月累，照片的数量也越来越多。到了需要使用时，才发现要处理的照片实在是太多了。通过可牛影像的“批量处理”功能，能够节省大量的时间，提高用户的工作效率。

在可牛影像的工具栏中单击“批量”按钮，打开“批量处理工具”对话框，单击 添加图片 或 添加文件夹 按钮，添加需要处理的图片，然后在“选择要使用的处理功能”下拉列表框中可选择系统预设的一些处理方案，如淘宝照片、网络照片等的处理，可使用户的操作更加简便；除此之外，用户还可以自定义需要处理的方案，设置好处理参数后，单击 批量生成照片 按钮设置图片的保存位置即可。

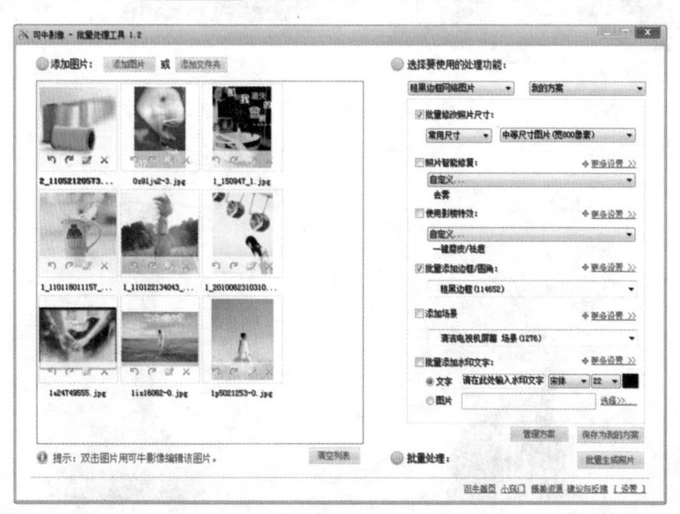

# 9.4 活学活用

（1）可牛影像中制作动感闪图的方法有哪些？打开左图所示的照片（光盘\素材文件\第9章\闪图素材.jpg），对照片应用梦幻爱情场景，然后再进行水彩PS特效，通过这张照片自己制作一张闪图，最终效果如右图所示（光盘\效果文件\第9章\闪图.gif）。

（2）打开左图所示的照片（光盘\素材文件\第9章\非主流.jpg），对照片进行颜色修正和去雾镜操作，然后为照片应用一个非主流场景，最终效果如右图所示（光盘\效果文件\第9章\非主流.jpg）。

（3）打开左图所示的照片（光盘\素材文件\第9章\美容杂志.jpg），对人物进行美白和磨皮，然后添加杂志场景，最终效果如右图所示（光盘\效果文件\第9章\美容杂志.jpg）。

☑ 想知道怎样制作一幅漂亮的风景画吗

☑ 还在为满脸的痘痘、发胖而发愁吗

☑ 想知道怎样制作个性化签名图吗

此时此刻的你已经学会如何处理数码

# 第 10 章 数码照片处理综合应用

娜娜今天可高兴了，因为终于将这些软件学完了，终于可以自己动手制作各种好看的图片了。看着傻笑的娜娜，阿伟无奈地叹了口气道：“你不是早就想处理自己拍摄的照片吗？学完了所有的知识，现在正是你试练的好时机，怎么还不动手？”听到阿伟的督促声，娜娜立马开启软件开始处理她拍摄的照片了，随即响起了啪啪的敲击声，但过了一会儿又听到娜娜叫到：“阿伟，我处理后的照片太难看了，你还是教教我怎么通过这些软件处理不同的照片吧！”

# 10.1 制作水墨山水画

娜娜很喜欢祖国的名山大川，每次到各地旅游都会把美丽的风景拍摄下来，带回家慢慢品味。但娜娜更想将这些风景照片制作成漂亮的风景画，将它们挂在家中欣赏。看着跃跃欲试的娜娜，阿伟笑着说：“好了，别着急，现在我们就一起看看怎样用光影魔术手将风景照片制作成精美的水墨山水画吧！”

## 10.1.1 调整照片的亮度

使用数码相机拍摄的风景照片由于拍摄环境等因素，拍摄出的照片效果并不理想，如光线太暗、曝光过度等。下面通过“色阶”和“曲线”调整照片的亮度和对比度。

**第1步：打开图片**

在“开始”菜单中选择“所有程序”/“光影魔术手”/“光影魔术手”命令启动软件，选择“文件”/“打开”命令，打开“打开”对话框。

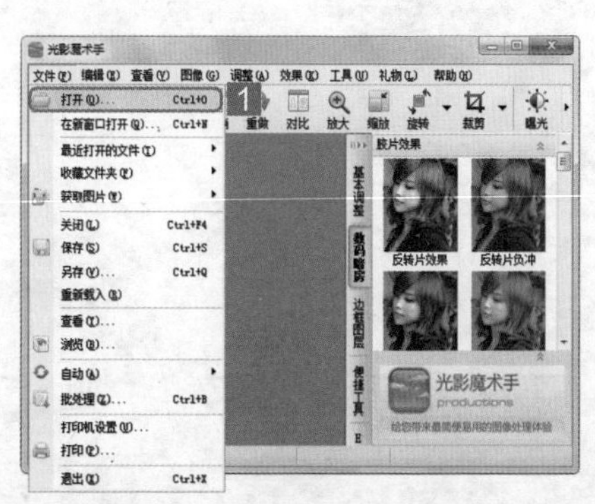

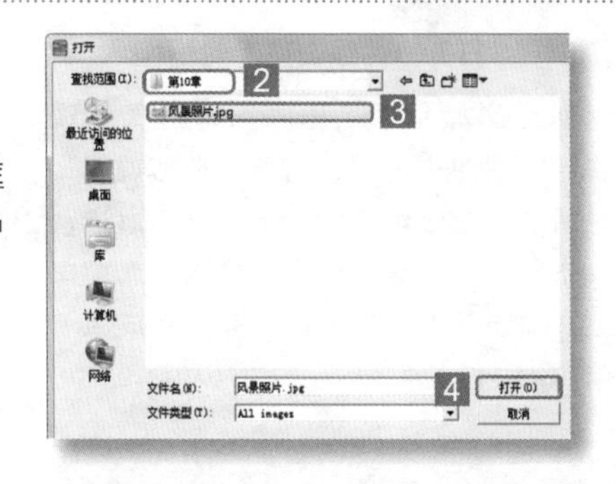


## 第2步：选择图片

在该对话框的“查找范围”下拉列表框中选择图片所在路径，在下方的列表框中选中图片，完成后单击 打开(O) 按钮。

## 第3步：查看打开的照片

返回光影魔术手工作界面，即可看到打开的照片（光盘\素材文件\第10章\风景照片.jpg）。

## 第4步：打开“色阶调整”对话框

打开图片后，可看到照片偏暗，在菜单栏中选择“调整”/“色阶”命令，打开“色阶调整”对话框。

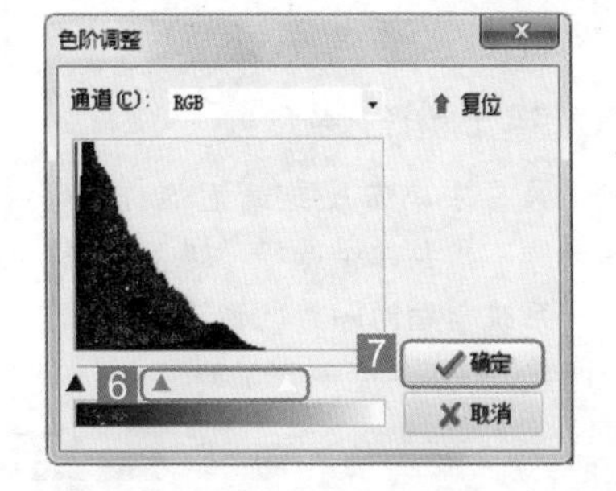


## 第5步：调整照片对比度

在打开的“色阶调整”对话框中向右拖动黑色的三角形滑块，向左拖动白色的三角形滑块，调整照片的明暗对比度，完成后单击 ✓确定 按钮。

### 第6步：打开“曲线调整”对话框

返回光影魔术手工作界面，选择“调整”/“曲线”命令，打开“曲线调整”对话框。在该对话框中选择RGB通道，单击斜线，出现一个圆形的调节点，向上拖动调节点，使图片变亮，完成后单击 ✓确定 按钮。

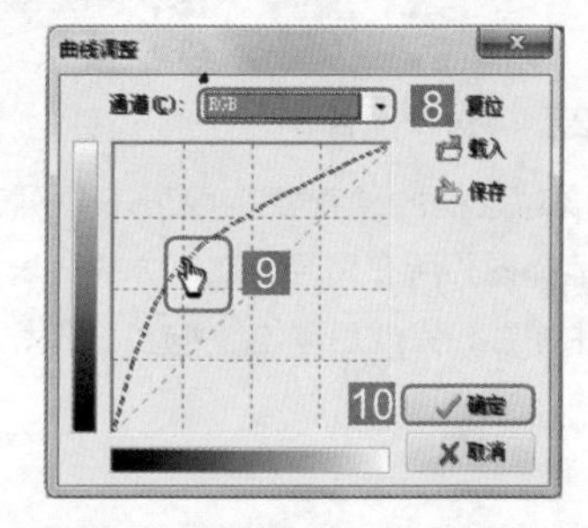

### 第7步：查看效果

返回光影魔术手工作界面，可查看到调整照片亮度和对比度后的风景照片变得更加清晰。

## 10.1.2　调整照片的色彩

调整了照片的亮度，下面我们通过去雾镜、反转片效果等调整照片的色彩，使风景照片的层次更加分明，使制作出的效果更加逼真。

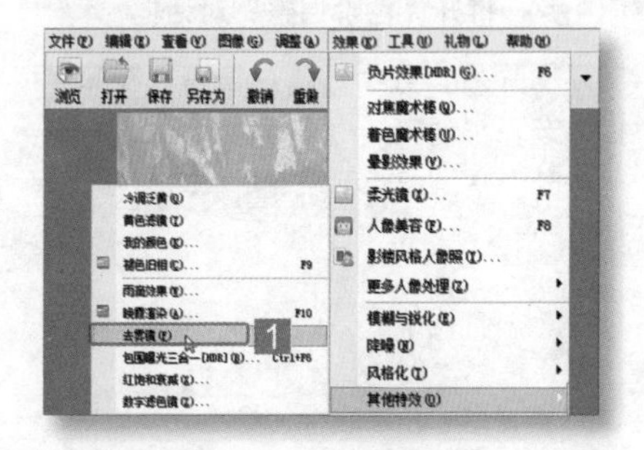


### 第1步：使用去雾镜调整照片色调

在光影魔术手工作界面中选择“效果”/“其他特效”/“去雾镜”命令，系统自动调整照片的色调，使照片更加清晰。

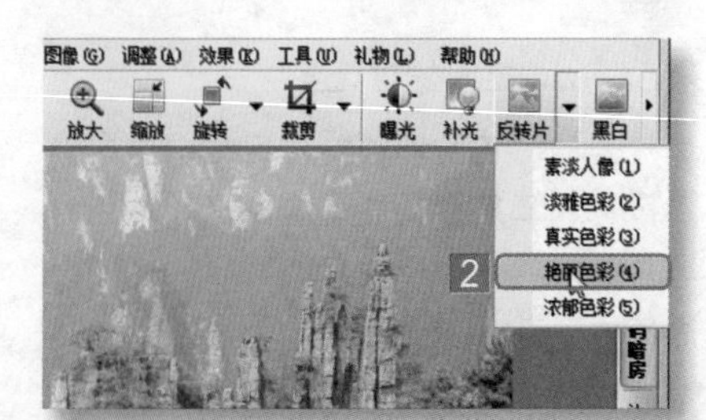


### 第2步：调整照片色彩

在工具栏中单击反转片按钮后的▼按钮，在弹出的下拉菜单中选择“艳丽色彩”命令，系统自动对图片的色调即饱和度进行调整，使照片色彩更加明艳。

第3步：**查看效果**

完成操作后，系统自动返回光影魔术手工作界面，可看到调整了照片色彩后，照片的颜色层次更加分明。

## 10.1.3 制作黑白效果

水墨山水画一般以黑白效果为主，这里通过降噪、影楼风格和黑白效果等制作效果逼真的黑白效果。

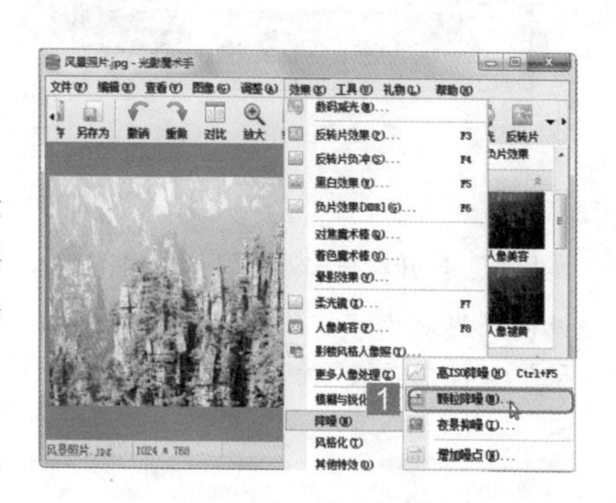


第1步：**打开“颗粒降噪”对话框**

由于制作的是水墨山水画，照片细节不应显示得太清楚，应当进行适当的降噪。选择“效果”/“降噪”/“颗粒降噪”命令，打开“颗粒降噪”对话框。

第2步：**降噪**

在“颗粒降噪”对话框中拖动滑块，设置“阈值”和“数量”的值分别为“245”和“2”，完成后单击 确定 按钮。

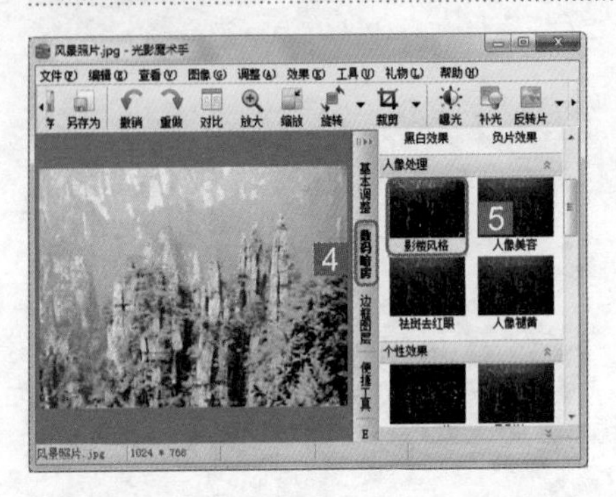

第3步：**打开“影楼人像”对话框**

在右侧功能区中选择“数码暗房”选项卡，在打开窗格的“人像处理”栏中单击“影楼风格”图片缩略图，打开“影楼人像”对话框。

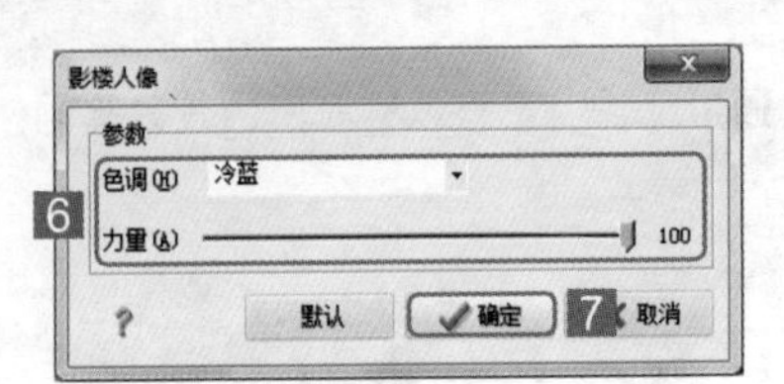

第4步：**设置参数**

在对话框的“色调”下拉列表框中选择“冷蓝”选项，拖动滑块设置“力量”值为“100”，完成后单击确定按钮。

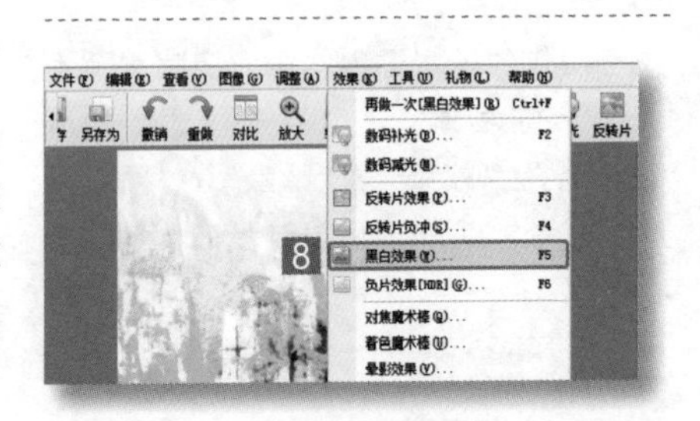

第5步：**打开“黑白效果”对话框**

返回光影魔术手工作界面，选择“效果”/“黑白效果”命令，打开“黑白效果”对话框。

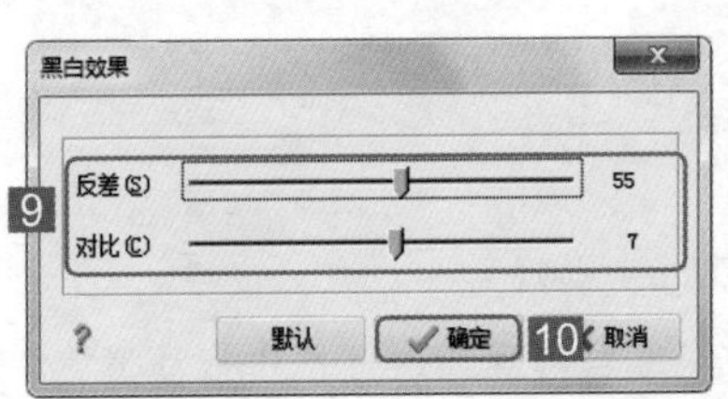

第6步：**设置黑白效果**

在打开的对话框中拖动滑块设置“反差”和“对比”的值分别为“55”和“7”，完成后单击确定按钮。返回光影魔术手工作界面可看到其效果。

## 10.1.4 添加水印

水印通常用于标志作品的归属，在画作下方一般都会签上作者的署名，在这里，我们通过“自由文字与图层”添加一个印章水印。

### 第1步：打开“打开”对话框

选择“工具”/“自由文字与图层”命令，打开“自由文字与图层”对话框，然后单击 水印 按钮，打开“打开”对话框。

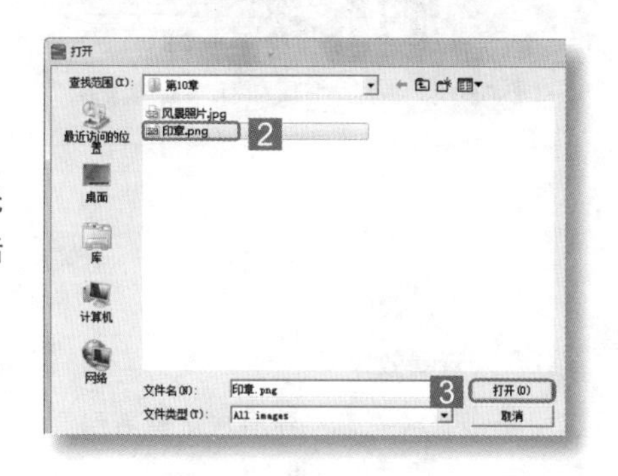

### 第2步：选择水印图片

在该对话框中选择需要的水印图片（光盘\素材文件\第10章\印章.png），然后单击 打开(O) 按钮。

### 第3步：调整水印的位置

返回“自由文字与图层”对话框，将水印拖动到图片左下方的位置，完成后单击 汉 文字 按钮。

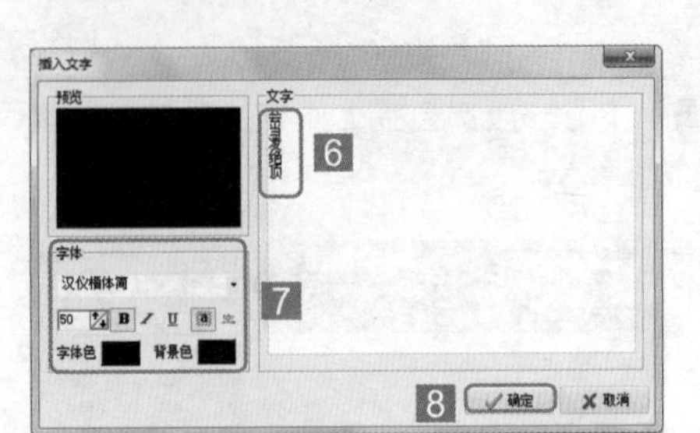


**第4步：输入文字**

打开“插入文字”对话框，在其中输入文字“会当凌绝顶”，设置文字字体为“汉仪楷体简”，字体颜色为“黑色”，完成后单击 ✓确定 按钮。使用相同的方法输入“一览众山小”文本。

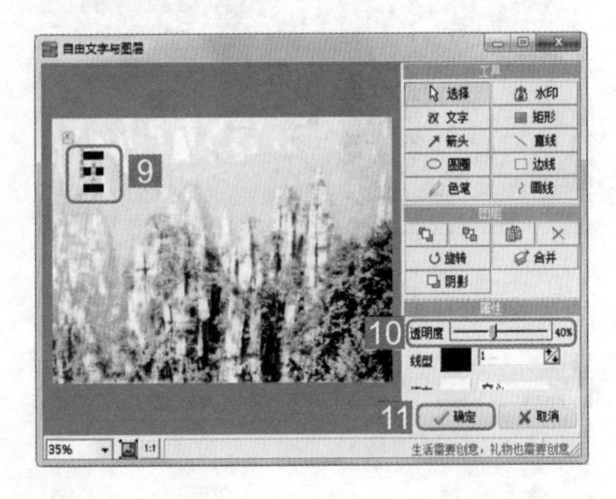


**第5步：设置文字属性**

返回“自由文字与图层”对话框，将文字拖动到图片的左上方，设置文字的“透明度”为“40%”，完成后单击 ✓确定 按钮。

**第6步：查看效果**

返回光影魔术手工作界面，可查看到添加文字和水印后的效果。

## 10.1.5 添加纹理和旧照片效果

水墨画一般都是画在纸或画布上，在光影魔术手中可为照片添加“纸质”和“画布”纹理效果。这里为了使制作的水墨画效果更加逼真，下面为制作的图片添加画布纹理效果和旧照片效果。

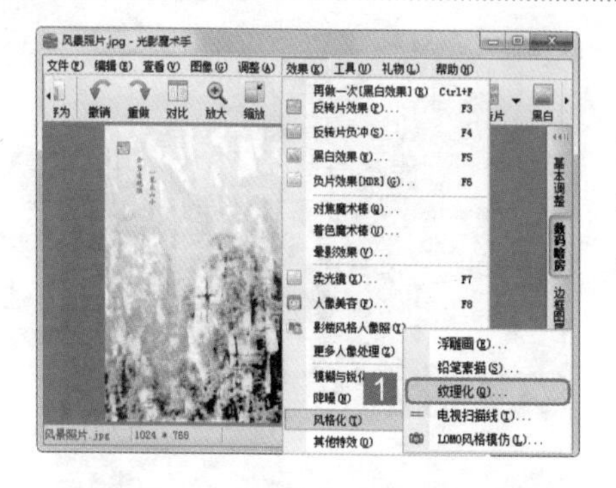

## 第1步：打开“纹理化”对话框

在光影魔术手工作界面中选择“效果”/“风格化”/“纹理化”命令，打开“纹理化”对话框。

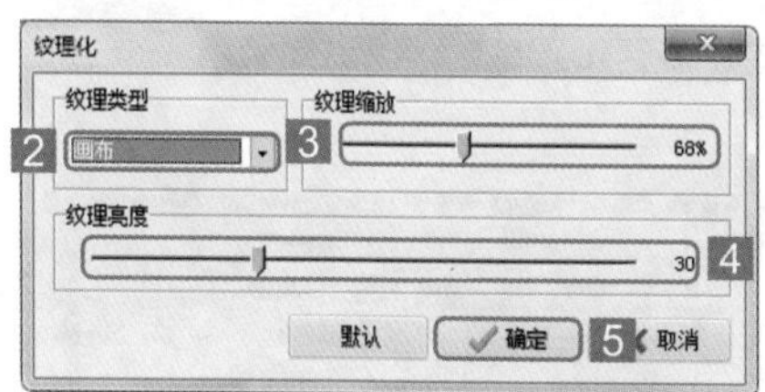

## 第2步：设置纸质效果

在“纹理类型”下拉列表框中选择“画布”选项，拖动滑块将“纹理缩放”和“纹理亮度”的值分别设置为“68%”和“30”，完成后单击确定按钮。

## 第3步：设置冷调泛黄效果

选择“效果”/“其他特效”/“冷调泛黄”命令，系统自动对照片进行泛黄效果处理，完成后可看到照片色调偏黄。

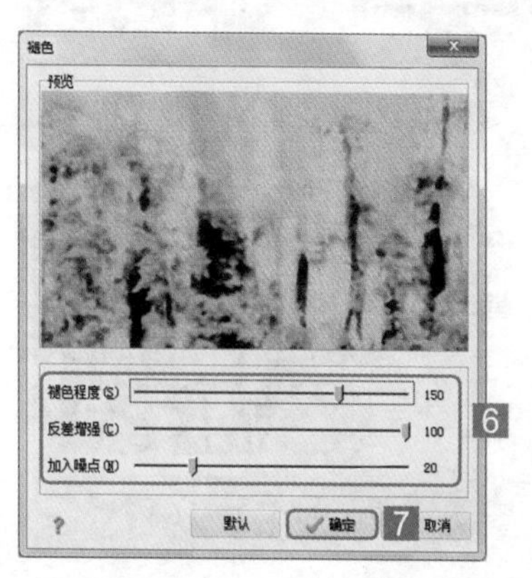

## 第4步：设置褪色参数

选择“效果”/“其他特效”/“褪色旧相”命令，打开“褪色”对话框。在该对话框中拖动滑块设置“褪色程度”、“反差增强”和“加入噪点”的值分别为“150”、“100”和“20”，完成后单击确定按钮。

**第5步：查看效果**

返回光影魔术手工作界面，可看到褪色后的效果。

## 10.1.6 为照片换背景

水墨画一般都是和画轴搭配的，为了使效果更加逼真，可以为照片换一个逼真的背景。在光影魔术手中可为照片应用场景。

**第1步：打开“场景”对话框**

在光影魔术手工作界面中选择“工具”/“场景”命令，打开“场景”对话框。

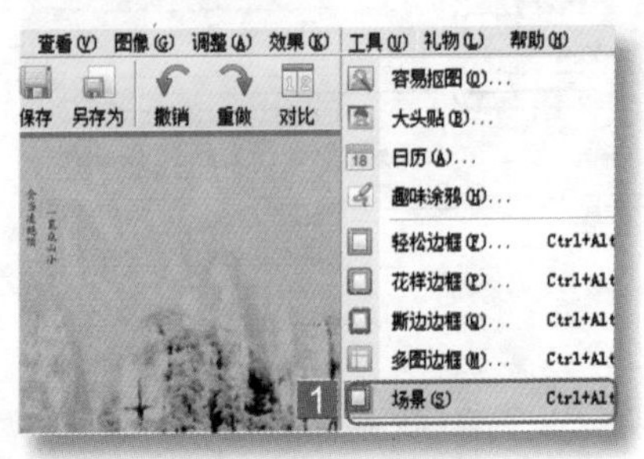

**第2步：应用场景**

在该对话框中选择如图所示的场景，然后在“请指定照片在边框中的显示区域”栏中调整照片的显示位置，完成后单击 确定 按钮。

**第3步：查看效果**

返回光影魔术手工作界面，查看最终效果（光盘\效果文件\第5章\水墨山水画.jpg）。

提示：用户可根据自己的喜好选择不同的场景，也可通过"裁剪"和"抠图"的方式为照片换一张自己喜欢的背景。

# 10.2 美化人物照片

娜娜的朋友听说娜娜最近在学习处理数码照片，都争着把自己的照片发给娜娜，要娜娜帮忙把照片美化一下。看着犯愁的娜娜，阿伟笑着说："别着急，我们马上就将这些照片进行美化，下面就开始吧！"

## 10.2.1 美容人物皮肤

俗话说"人无完人"，相信没有一个人对自己的容貌是完全满意的。特别是脸上经常长痘痘、熬夜工作、上了年纪或对自己的皮肤不满意的人来说，拍照是一件很令人苦恼的事。通过美图秀秀的磨皮、去斑和美化等功能能快速处理具有瑕疵的人物皮肤，使皮肤更加光滑、细腻。

### 第1步：打开照片

在美图秀秀中打开需要处理的人物图片（光盘\素材文件\第10章\美容人像.jpg），可看到人物脸色偏黄且脸上有很多瑕疵。

### 第2步：打开“磨皮/祛斑祛痘”窗口

在美图秀秀工作界面中选择“美容”选项卡，在打开的窗格中单击 磨皮祛痘 new 按钮，打开“磨皮/祛斑祛痘”窗口。

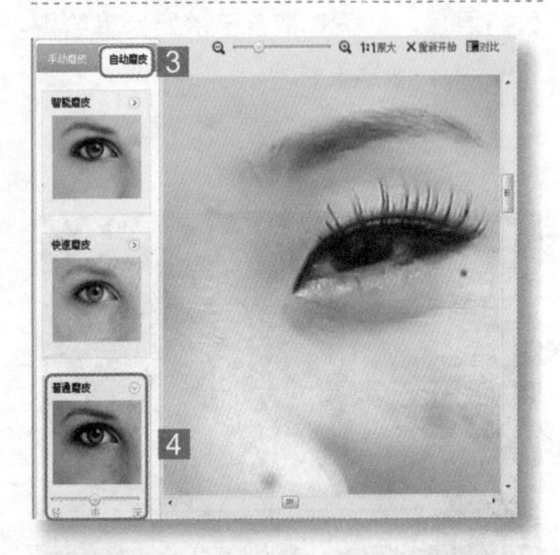


### 第3步：自动磨皮

在打开的窗口中选择“自动磨皮”选项卡，在打开的窗格中单击“普通磨皮”选项，系统自动对照片进行磨皮处理。

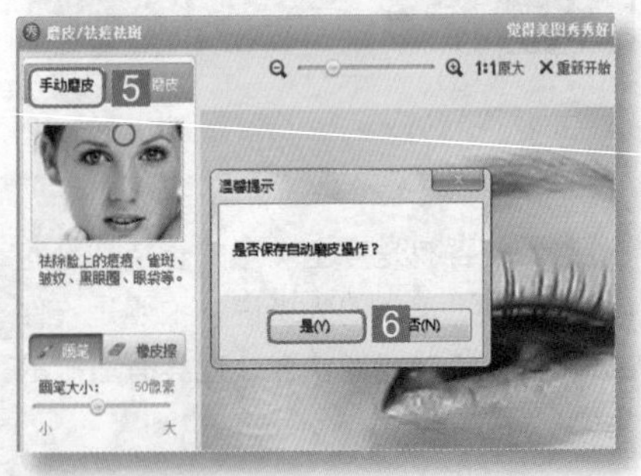


### 第4步：打开“手动磨皮”窗格

完成自动磨皮操作后，可看到人物脸上仍存在瑕疵，选择“手动磨皮”选项卡，在打开的提示对话框中单击 是(Y) 按钮，打开“手动磨皮”窗格。

## 第5步：手动磨皮

单击 画笔 按钮，激活画笔属性设置，拖动滑块设置画笔的力度和大小，然后在人物脸上有瑕疵的地方进行涂抹，完成后单击 应用 按钮。

提示：在进行手动磨皮时，用户需要不断调整画笔的力度和大小，使磨皮效果达到最佳。

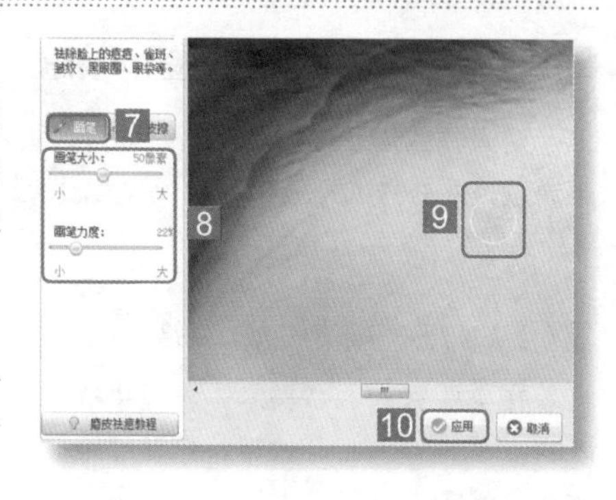

## 第6步：美化皮肤

返回美容编辑界面，可看到人物皮肤更加光滑、细腻，但人物的皮肤颜色偏黄，然后选择“美化”选项卡。

## 第7步：美白皮肤

打开“美化”窗格，在右侧快捷功能区中选择“影楼”选项卡，在打开的窗格中单击“冰灵”选项缩略图，在打开的对话框中拖动滑块，将该效果的“调整透明度”设置为“50%”。

## 第8步：查看效果

完成美化操作后，返回美图秀秀工作界面，可看到人物的皮肤变得更加干净、白嫩了。

## 10.2.2 美容人物的脸和眼睛

对人物的皮肤进行美化后，可看到照片中的人物脸较宽，眼睛也比较小，接下来通过美图秀秀的“液化”和“放大眼睛”等功能美容人物的脸和眼睛。

**第1步：打开“眼睛放大”窗格**

接着在美图秀秀的“美容”界面中美化人物。单击[眼睛放大]按钮，打开“眼睛放大”窗格。

**第2步：放大眼睛**

在打开的窗格中单击[启用画笔]按钮，激活画笔设置，拖动滑块设置画笔的大小和力度，然后在人物的眼睛上单击鼠标左键，放大人物眼睛，完成后单击[返回到美容]按钮。

**提示**：如果对放大效果不满意，可单击[撤销]按钮，撤销操作，重新设置画笔属性后再进行放大操作。

**第3步：打开“眼睛变色”窗格**

返回美图秀秀的美容界面，可看到人物眼睛变大了，但眼睛瞳孔却显得不太真实，单击[眼睛变色]按钮，打开“眼睛变色”窗格。

## 第4步：改变眼睛颜色

在打开的窗格中选择如图所示的眼睛素材，将素材拖动到人物眼睛上，调整素材的大小和方向，并将眼睛的“透明度”设置为“50%”。

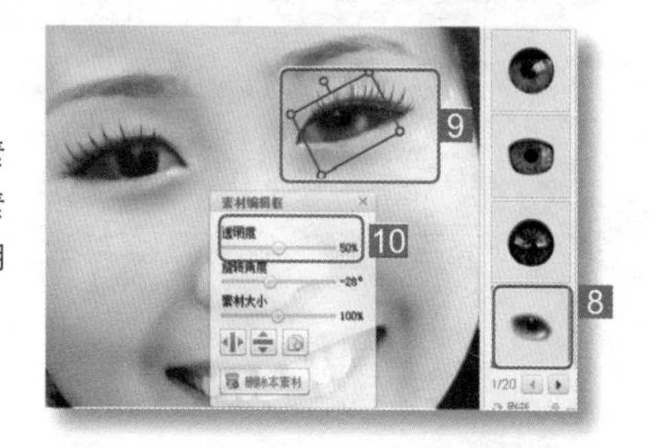


## 第5步：查看效果

使用相同的方法设置另外一只眼睛，然后合并素材，完成后可看到美化眼睛后的效果。

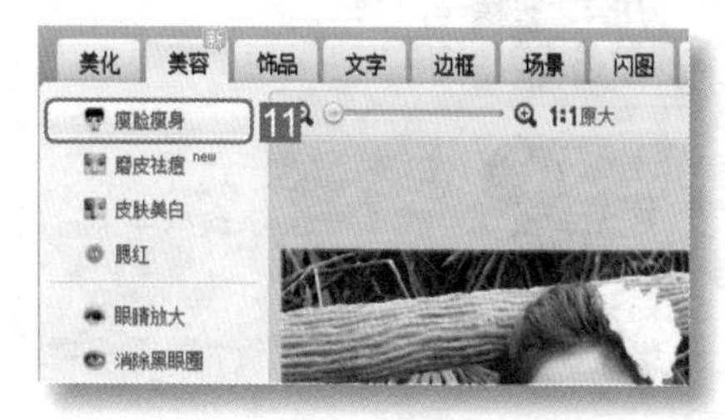


## 第6步：打开“液化”窗格

返回美图秀秀的“美容”界面，单击 瘦脸瘦身 按钮，打开“液化”窗格。

## 第7步：瘦脸

单击 启用画笔 按钮，激活画笔属性设置，拖动滑块，设置画笔的大小和力度，然后将鼠标放置在人物脸部轮廓处，向里拖动，对人物的脸部进行液化操作，美化人物的脸型。

**第8步：查看效果**

完成液化操作后，返回美图秀秀“美容”界面，可看到人物的脸变得更加漂亮了。

## 10.2.3 替换背景

美化完照片后，再通过“抠图”为人物照片换背景，使照片效果更加美观。

**第1步：选择抠图方式**

在美图秀秀的工具栏中单击“抠图”按钮，在弹出的快捷菜单中选择“手动抠图”命令。

**第2步：抠图**

使用抠图工具沿人物轮廓画线，选取需要保留的部分，选取的部分选区上会自动出现可以调节的圆圈，调整保留区域的位置，完成后单击 完成抠图 按钮。

### 第3步：导入背景图片

单击[更换背景]按钮，在打开的对话框中选择需要的背景图片（光盘\素材文件\第10章\背景.jpg），然后调整素材与背景的位置，完成后单击[应用]按钮。

### 第4步：应用场景

返回美图秀秀图片编辑界面，选择“场景”选项卡，在打开的窗格中单击[静态场景]按钮，在展开的列表框中选择“逼真场景”选项，然后在打开的窗格中选择如图所示的场景素材。

### 第5步：调整图片位置

打开“场景”窗口，在“场景调整”栏中调整图片的显示位置，完成后单击[应用]按钮。

### 第6步：查看效果

返回美图秀秀工作界面，查看最终效果（光盘\效果文件\第10章\美容人物.jpg）。

# 10.3 制作个性签名照

娜娜最近经常上网和朋友们一起分享和学习处理数码照片的一些技巧和方法，看着好友们漂亮的个性签名照片，娜娜也心动不已，真想自己也制作一个。看着兴趣盎然的娜娜，阿伟说道："好吧，下面就通过可牛影像制作一个个性化的签名照片……"

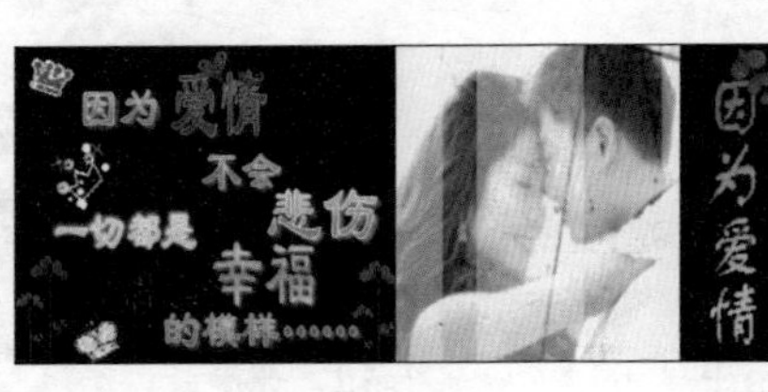


## 10.3.1 制作动感饰品

制作的个性签名照片是动态的，在这里通过可牛影像将人物照片制作为动态的饰品。

第1步：**打开照片**

在可牛影像中打开需要处理的图片（光盘\素材文件\第10章\签名图片.jpg）。

第2步：**打开"动感闪图制作"窗口**

在可牛影像图片编辑界面中选择"动感闪图"选项卡，打开"动感闪图制作"窗口。

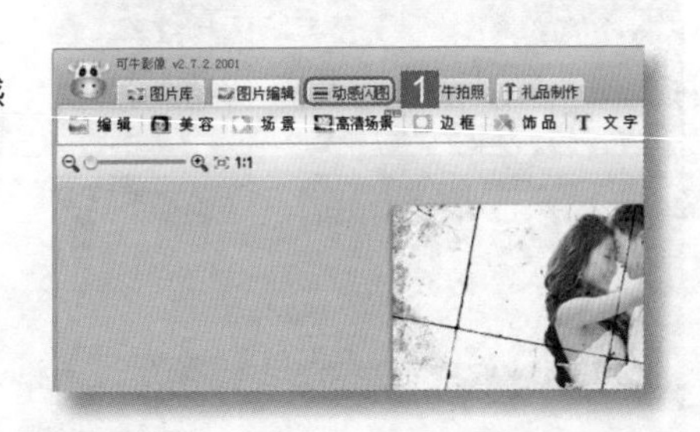

第3步：**选择闪图样式**

在“动感闪图制作”窗口中选择“特效闪图”选项卡，然后选择“非主流隐约特效闪图”选项。

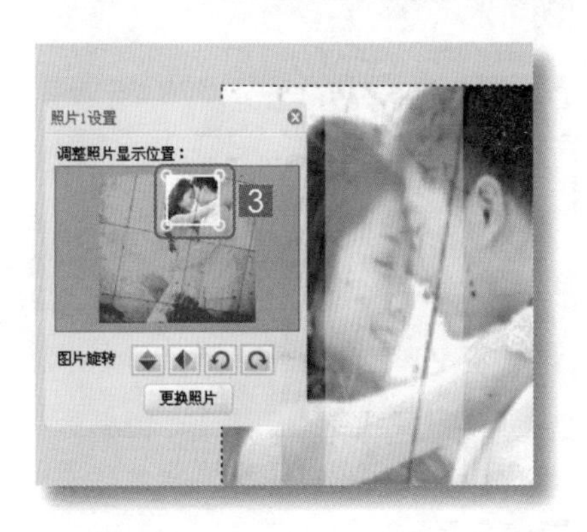


第4步：**设置闪图属性**

在“照片1设置”对话框中拖动选择框周围的4个控制点，设置图片的显示位置。

第5步：**制作饰品**

单击“另存为”按钮，在弹出的快捷菜单中选择“另存为饰品”命令，系统自动将饰品进行保存，完成后单击“退 出”按钮，退出界面。

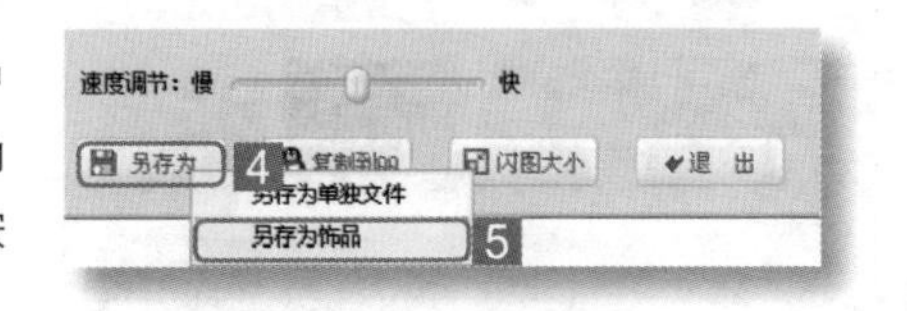


## 10.3.2 裁剪并添加文字图片

制作签名的图片像素一般为500×200，在可牛影像中通过其“裁剪”功能裁剪图片并为图片添加特效文字。

第1步：**打开背景图片**

返回可牛影像工作界面，单击“打开”按钮，打开一张纯黑色的背景图片（光盘\素材文件\第10章\黑色背景.jpg），然后单击“裁剪”按钮。

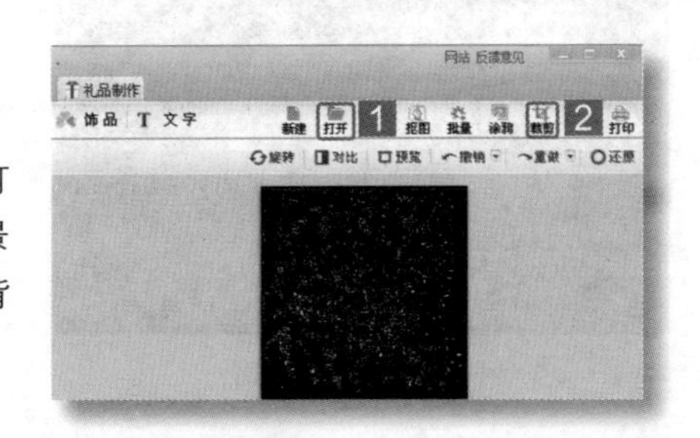

### 第2步：裁剪图片

在“宽”、“高”数值框中分别输入“500”和“200”，系统自动根据设置的值改变裁剪区域的大小，然后单击 确定 按钮。

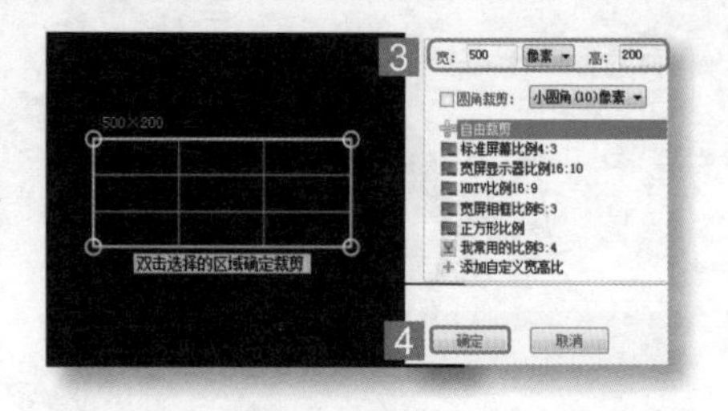


### 第3步：添加文字

返回可牛影像图片编辑界面，单击 T 文字 按钮，打开“静态文字编辑”对话框，选择“基础编辑”选项卡，在文本框中输入文字“因为”，然后单击 应用文字 按钮。

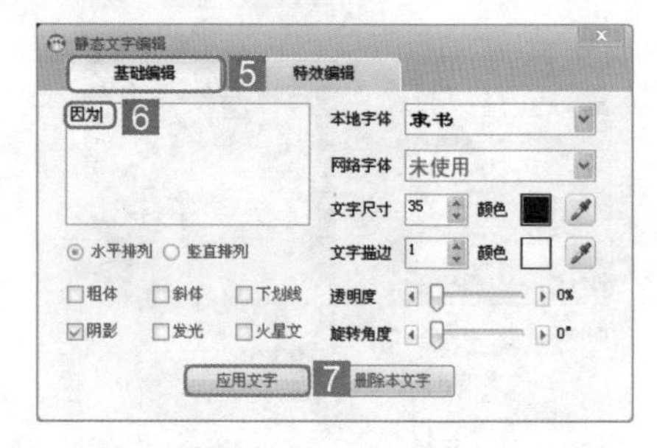


### 第4步：设置特效字体

选择“特效编辑”选项卡，在打开的窗格中选择如图所示的特效字体样式，完成后单击 x 按钮。

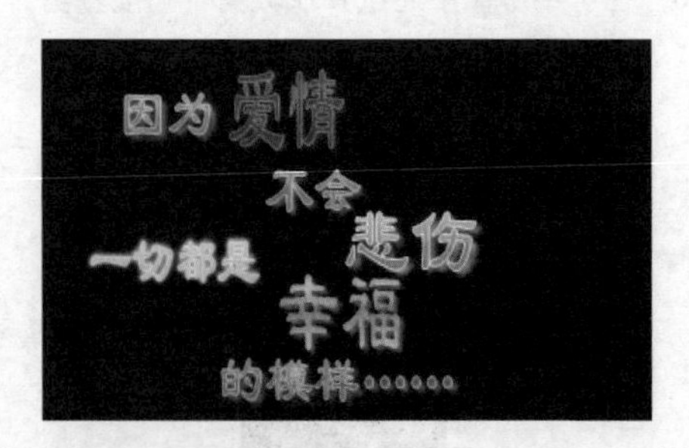


### 第5步：查看效果

使用相同的方法添加其他文字，完成后的效果如图所示。

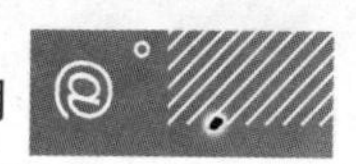

## 10.3.3 设置闪图效果

由于制作的签名图片是动态的，所以需要将照片制作为动感闪图。在这里，我们主要通过“动感饰品”和“动画闪字”制作动感闪图效果。

**第1步：打开“动感闪图制作”窗口**

在可牛影像图片编辑界面中选择“动感闪图”选项卡，打开“动感闪图制作”窗口。

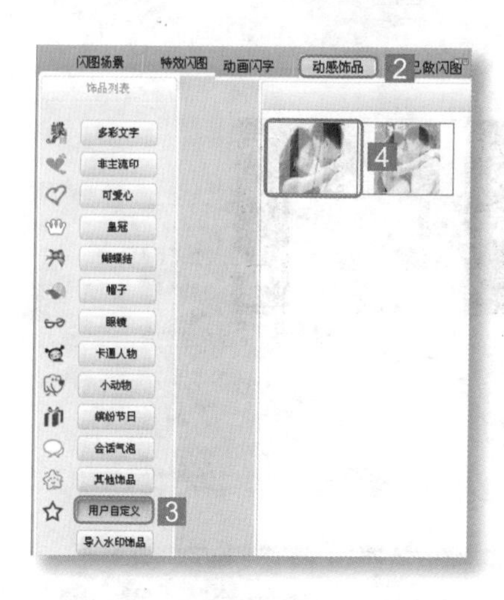


**第2步：添加制作的饰品**

在“动感闪图制作”窗口中选择“动感饰品”选项卡，在打开的窗格中单击 用户自定义 按钮，然后选择之前制作的动感饰品。

**第3步：设置饰品属性**

调整图像的大小和位置，然后将饰品拖动到合适的位置。

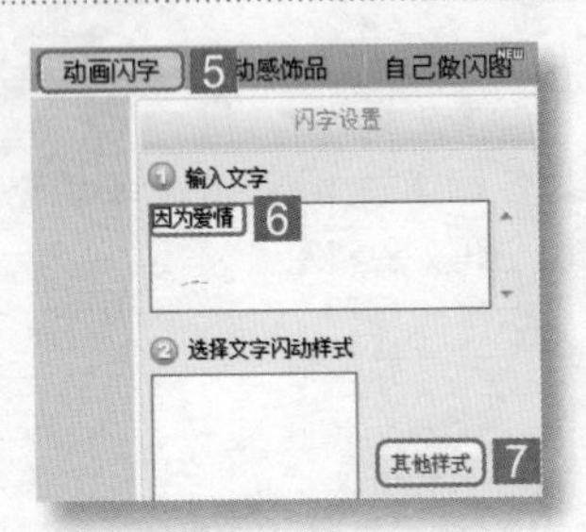


### 第4步：输入动画文字

选择“动画闪字”选项卡，在“输入文字”文本框中输入“因为爱情”，然后单击其他样式按钮。

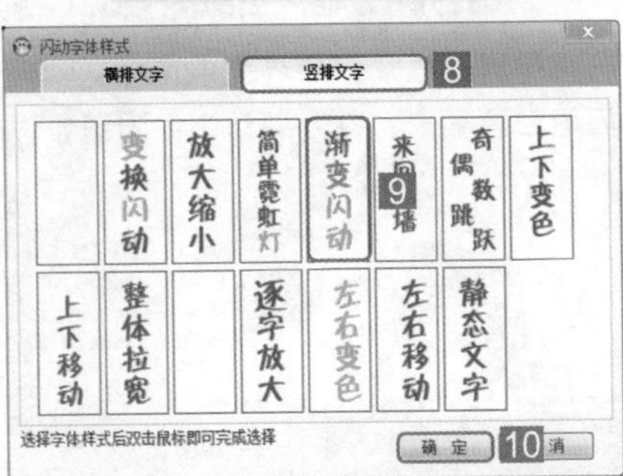


### 第5步：设置闪字样式

打开“闪动字体样式”对话框，在该对话框中选择“竖排文字”选项卡，在打开的窗格中选择“渐变闪动”选项，然后单击确 定按钮。

### 第6步：设置闪字样式

返回“动感闪图制作”窗口，在“本地字体”下拉列表框中选择“汉仪舒同体简”选项，然后单击添加闪字按钮，将闪字添加到图像中，设置闪字的大小并将其拖动到合适的位置，完成后单击保 存按钮。

### 第7步：添加皇冠饰品

返回“动感闪图制作”窗口，选择“动感饰品”选项卡，在打开的对话框中单击皇冠按钮，选择如图所示的饰品，然后调整饰品的大小和位置。

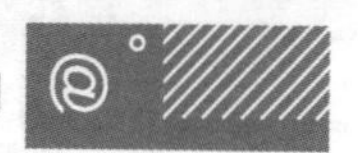

**第8步：添加其他饰品**

使用相同的方法为图片添加其他饰品，最终效果如右图所示（光盘\效果文件\第10章\个性签名.gif）。

## 10.4　更进一步——处理图片小妙招

通过上述综合案例的练习，娜娜已经完全掌握了处理数码照片的操作。不仅掌握了这些处理图片的基本方法，还能够将普通的数码照片制作出更多美观的效果。阿伟告诉娜娜，要想将照片处理得更加漂亮，还需要进一步掌握以下几个技能。

### 第1招　素材的获取

对于喜欢进行数码照片处理的人来说，素材是不可或缺的。一张质量上乘的图片可使用户在处理照片时事半功倍。获取素材的途径有以下几种：

①大多数拥有数码相机的用户都可以使用自己拍摄的数码照片。

②到专业的素材网站或摄影网站进行下载，获取更多的图片。如昵图网（http://www.nipic.com）、素材库（http://www.sccnn.com）、蜂鸟网（http://www.fengniao.com）等。

③在搜索引擎中根据关键字进行搜索，如百度、谷歌等。

## 第2招 如何选择处理工具

本书中一共讲解了3个处理数码照片的工具，即光影魔术手、美图秀秀和可牛影像。这3个软件的功能有很多相似的地方，但各有其优势，用户在处理图片时，可根据具体情况进行选择，如：

①如果对照片进行调色或画质改善等处理可选用光影魔术手。
②制作个性化、美容人物照片或非主流图片等可选用美图秀秀。
③想要使用简单的制作软件制作出专业的PS效果或效果更精美的图片，可选用可牛影像。

## 第3招 处理照片的注意事项

学会了数码照片处理软件的使用方法，在进行数码照片处理时，还需要注意以下几个方面，才能使处理后的照片效果更加美观。

①在进行图片处理时，要明确自己的方向，考虑清楚想要达到什么效果，有目标地进行操作，可使操作更加简便。
②合理搭配照片的色彩对于处理图片是非常重要的。试想一张风格诡异、色彩不搭的图片怎么能吸引人的眼球呢?
③多思考，多练习，善于总结，合理运用所学知识提高自己对软件的娴熟程度。

# 10.5 活学活用

（1）在光影魔术手中打开左图所示的照片（光盘\素材文件\第10章\瀑布.jpg），对照片进行亮度和对比度调整，然后进行黑白和纹理效果，最后应用冷蓝影楼风格和场景，最终效果如右图所示（光盘\效果文件\第10章\瀑布.jpg）。

（2）在美图秀秀中打开左图所示的人像照片（光盘\素材文件\第10章\人像美容.jpg），对人像进行瘦身、磨皮等操作后为照片应用场景，最终效果如右图所示（光盘\效果文件\第10章\人像美容.jpg）。

（3）在可牛影像中打开左图所示的照片（光盘\素材文件\第10章\照片.jpg），对人物进行美容，然后换取照片背景（光盘\素材文件\第10章\四叶草.jpg），并为照片应用文字场景，最终效果如右图所示（光盘\效果文件\第10章\照片.jpg）。

（4）在光影魔术手中打开左图所示的照片（光盘\素材文件\第10章\山水照片.jpg），先对照片进行柔化和曝光处理，然后为照片应用冷蓝影楼效果、画布纹理效果和褪色旧相等处理，最后添加文字和水印（光盘\素材文件\第10章\水印.jpg），最终效果如右图所示（光盘\效果文件\第10章\山水签名照片.jpg）。

（5）在美图秀秀中打开左图所示的宝宝照片（光盘\素材文件\第10章\宝宝照片），将照片进行多图组合，并为照片应用可爱场景，然后通过文字模板添加文字，最后再应用逼真场景，最终效果如右图所示（光盘\效果文件\第10章\宝宝照片.jpg）。

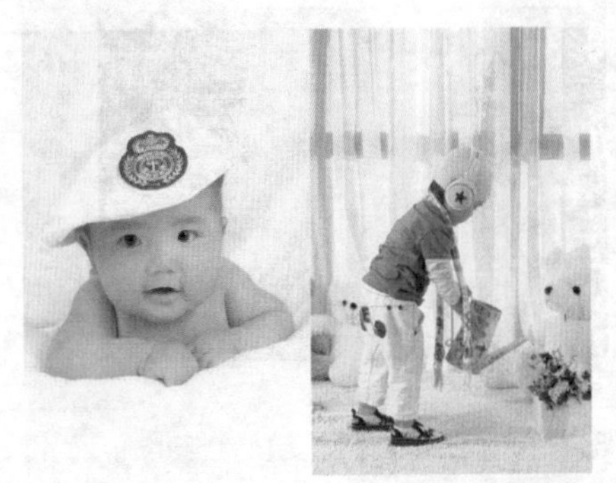

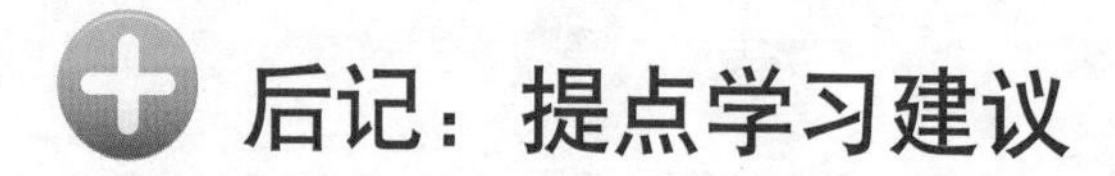

# 后记：提点学习建议

在创作本书时，虽然我们已尽可能设身处地为您着想，希望能解决您遇到的所有与数码照片处理相关的问题，但仍不能保证面面俱到。如果您想学到更多的知识，或您在学习过程中遇到了困惑，除了可以联系我们之外，还可以采取下面的方式来解决。

- **善于收集素材**：在处理数码照片时，经常需要使用其他的图片来修饰和美化照片，特别是在处理人物照片和制作一些特殊效果的照片时，通过网络或拍摄将得到的图片收集起来，便于随时使用。
- **加强实际操作**：学习的目的在于应用，所以在学习理论知识之余，一定要跟着书中所讲解的知识进行上机操作，并通过其他渠道学习相关内容，这样才能在操作的过程中不断巩固知识。
- **培养美感**：处理数码照片时，如果不知道如何构图，不懂如何感受画面的层次，不知道如何搭配照片的颜色，那处理出来的照片效果可能会很糟糕。可在空余时间多看一些色彩搭配、构图等方面的书籍或进行专业的培训。
- **多看专业人士处理的照片效果**：学习知识固然重要，但一味地死学可能会产生事倍功半的效果，多看专业人士处理的照片，可以提高自己的专业素养，从中学习和提升自己的品味。
- **加强交流与沟通**：多与朋友、前辈交流学习和实战心得，俗话说："三人行，必有我师焉"，每个人对知识的领会都是不同的。如果你身边精通数码照片处理的朋友比较少，可以在网络中寻找。现在，网上有很多此类的论坛供大家交流，也有QQ群，在工具软件的官方论坛中进行注册后，即可与朋友们一起分享和学习。